U0747530

国家社科基金艺术学项目丛书

中国传统服饰文化系列丛书

纪向宏 著

中国古代礼仪服饰制度

ZHONGGUO
GUDAI LIYI
FUSHI ZHIDU

中国纺织出版社有限公司

内 容 提 要

本书通过对中国古代礼仪服饰制度进行研究，以中国古代五礼制度为宏观框架，以"吉、凶、军、宾、嘉"五礼体系为纲目，并和有关出土文物比照，使读者能够对古代礼仪制度以及古代服饰的形制、特点、作用、森严的服饰等级制度等有较明晰的了解，为中国文化史提供一些新内容，从而拓展古代礼仪制度、服饰文化制度的研究领域。

本书深入考究我国古代礼仪服饰制度的历史，从礼仪以及服饰的角度寻觅藏于中华民族内久远、深厚的文化底蕴，将不同的礼仪服饰带入一定的礼仪场合进行深入分析，推演出礼仪服饰的适用范围，并从礼仪服饰穿用场合的变化寻找出更深层次的演化成因；本书还通过挖掘、分析传统礼仪服饰所蕴藏的现代价值，充分加以利用，使其为现代礼服发展新趋势及未来前景做出分析预测，从而为当代礼仪文化复兴与服饰设计提供历史参照。

图书在版编目（CIP）数据

中国古代礼仪服饰制度 / 纪向宏著. --北京：中国纺织出版社有限公司，2025. 8. --（国家社科基金艺术学项目丛书）（中国传统服饰文化系列丛书）.
ISBN 978-7-5229-2784-8

I. TS941. 12

中国国家版本馆 CIP 数据核字第 2025AQ3489 号

责任编辑：李春奕 　　特约编辑：谢大勇
责任校对：高 涵 　　责任印制：王艳丽

中国纺织出版社有限公司出版发行
地址：北京市朝阳区百子湾东里 A407 号楼　邮政编码：100124
销售电话：010—67004422　传真：010—87155801
http://www.c-textilep.com
中国纺织出版社天猫旗舰店
官方微博 http://weibo.com/2119887771
北京华联印刷有限公司印刷　各地新华书店经销
2025 年 8 月第 1 版第 1 次印刷
开本：787×1092　1/16　印张：12
字数：245 千字　定价：98.00 元

序·不积跬步，无以至千里

纪向宏把书稿送来，希望我给写篇序。我拿着这本沉甸甸的书稿，不禁感慨万千……

向宏在我这86个研究生中，是非常出色的一位。她这本书稿是国家社科基金艺术学项目的结项成果，而在此之前已经拿下教育部人文社科项目和多项天津市社科规划项目。可以这样说，她从2003年获取硕士学位之后就从未停下前进的脚步，而且硕果累累。

看着向宏在天津科技大学从助教到教授，看着她既要照顾父母，又要相夫教子，着实很累。可是，每当我劝她注意休息时，她总是发自内心地说，她喜欢工作，她最爱搞科研，每逢查阅资料有所收获时，就会无比兴奋……我无语了，因为我找到了知音。

我出版了70多部著作，仍然乐此不疲，很多人对此感到奇怪，不理解我年至七旬照旧笔耕不辍，为了什么？实际上，向宏和我都是先出自对科研的永不熄灭的激情。激情在燃烧，这时才会体验到写作的乐趣。探寻学问的过程会像喝咖啡那样轻松吗？当然不会。但是我也不赞成"爬格子"的说法，一个"爬"字总显得有几分无奈。其实写作更像骑着马在草原上驰骋，任凭文思如泉涌，目睹它汇成清流，岂不快哉？

当然，文思是靠着多年的积累才可以形成的。我在高校已教课40余年，曾不厌其烦地对学生们讲："不积跬步，无以至千里；不积小流，无以成江海。"向宏一直在搞科研，她曾在我主编和领衔的著作中完成多部文稿，而她的学习都是默默的，从不张扬。我在从懂得读书至今半个多世纪的生涯中，受荀子《劝学篇》的激励很多，一次次地加深理解"锲而不舍，金石可镂"。一遍遍地默诵并深刻体会"蚓无爪牙之利，筋骨之强，上食埃土，下饮黄泉，用心一也"。正如荀子所云："吾尝终日而思矣，不如须臾之所学也；吾尝跂而望矣，不如登高之博见也。"让我欣慰的是，向宏作为"70后"的年轻学者，也是秉承着中华民族传统文化的理念与宗旨。

向宏多年来的写作都体现着对中华文化深深的爱，这部书稿即探讨了中华服饰礼仪。我们新中国从站起来到富起来，而今正向强起来的国势快步迈进。重振衣冠大国雄风，展示礼仪之邦的博大与深远，是我们这一代中国人的责任。

这部书稿论及中国古代服饰制度中吉礼、凶礼、军礼、宾礼以及嘉礼中的具体规定与要求，不要小看这些规定的思想基础，我们曾经认为古人的服饰制度和礼制思维过于烦琐，过于束缚人。可是，在当今世界百年未有之大变局中，尤其是全球抗击新型冠状病毒感染的过程中，正是这些规矩和素养充分体现出中华民族的自律、自信、自强的特质。我们有中国共产党的领导，有中华民族骨子里的团结一致，特别是在礼仪中体现出的对别人的尊重，小我服从大体的优秀品质，方构成我们长城般的意志和黄河长江般势不可挡的气势！

人类社会在飞速发展，再看中华民族的服饰文化理念却并不过时。关键在于，如果仅从某一具体规定来看，如怎样晨起梳洗去侍奉父母，怎样脱鞋跣足去拜望长辈，这一类细节在儒家学说中占比很重，如今有些确实做不到了。但时代需要的是，我们透过这些细微规定去领悟中国的礼制核心，那就是民族精神和社会秩序。只有我们牢牢把握中华文化的内涵与精髓，才可能在智能化高度发展的21世纪立于不败之地。

诚然，中国的服饰文化还有许多要探索的真谛，我们的研究之路还很长，可喜的是，中国的年轻学者和学生们，已表现出对中华民族传统文化的非凡热情，这就预示着我们的文化研究前景辉煌，中华民族的血脉也会代代延续，不断壮大。相信读者们会喜欢这本书，而且会成为我们的同道。

华梅

2025 年 1 月 27 日于天津

前　言

　　中国被称为"礼仪之邦""衣冠王国"，华夏文明被称为"礼乐文明"，礼仪在中国社会的悠久历史中发挥着举足轻重的作用，它是社会制度的一部分。礼仪，从某种程度上来说，既是一种力量的感召，也是一种无声的语言。它既使我们遵守某种应有的约束，又显示出一个民族、一个人的文明素养。礼仪文化包括服饰礼仪，中国服饰礼仪源远流长，承载着深厚的历史传统，展示着我国优秀的传统文化，具有很高的文化价值，亦是世界服装文明史的重要遗产。

　　在漫长的历史进程中，服饰外在的制度构建与内在的礼仪设定，都会和政治格局及每个人的日常生活息息相关。礼仪服饰是穿在身上的文明，写在身上的历史，是文明进步的标志。它表明人与自然、社会的关系、时代的氛围及精神风貌。服饰不仅直接体现物质技术的进步，更是历史政治、经济、军事、民族、宗教、民俗诸多因素综合作用的产物，通过礼仪服饰可以透视出历代不同的社会风貌及状况。

　　为了弄清服饰礼仪制度的沿革，使我们能够对古代礼仪制度以及古代服饰的形制、特点、作用、森严的服饰等级制度等有较为明晰的了解，为中国文化史提供某些新内容，拓展古代礼仪制度、服饰制度的研究领域，我们编写了《中国古代礼仪服饰制度》一书。

　　书中对吉礼、凶礼、军礼、宾礼、嘉礼五礼中的礼仪服饰制度进行针对性的研究，对典型礼仪服饰进行深入详尽的考证和论述，并和有关出土文物比照，阐释其中蕴含的精神内涵和象征意义，使我们更加深刻地理解和传承我国优秀传统文化。另外，本书通过深入考究我国古代礼仪服饰制度的历史，从礼仪以及服饰的角度寻觅藏于中华民族内久远、深厚的文化底蕴，将不同的礼仪服饰带入一定的礼仪场合进行深入分析，推演出礼仪服饰的适用范围，并从礼仪服饰穿用场合的变化寻找出更深层次的演化成因。本书还通过挖掘、分析传统礼仪服饰所蕴藏的现代价值，充分加以利用，使其为现代礼服发展新动向及未来前景做出分析预测，同时为当今出席重大场合的社会人士提供具有现实意义的礼仪服饰规范。

　　时代物质潮流、西方文化对我国传统文化的冲击显而易见，在这样的文化现实下，对于各类传统文化的研究与宣传便有着它不可忽视的现代意义。礼仪服饰中集丰富的服饰品类、独特的着装艺术及精湛的制作工艺之大成，而且与中国传统的哲学思想、伦理道德等紧密相连，具有深邃的文化艺术内涵，这些无疑是一笔巨大的文化遗产。作为中华儿女，更应该利用本民族文化的宝藏，感悟传统礼仪服饰文化的精髓，挖掘、分析传统礼仪服饰所蕴藏的现代价值，巧妙地利用传统服饰元素与现代服饰理念相结合不仅可以追本溯源，全面掌握中国古代服饰发展脉络，更有助于理解和研究古代思想文化与物质文化，以便我们更好地确立中国21世纪的礼仪服饰，使我国的服饰文化再度辉煌。

　　本书的合著者为王春晓与刘婕两位老师，她们分别负责了书中不同章节的撰写工作。王春晓撰写了凶礼以及嘉礼中的礼仪服饰制度，阐述了凶礼以及嘉礼服饰的穿着规定、礼仪要求，通过具体的历史案例和文献记载，揭示了凶礼以及嘉礼服饰的演变过程和文化内涵；刘婕撰写了军礼及宾礼下的礼仪服饰制度，阐述了军礼以及宾礼服饰的穿着规定、象征意义，揭示了礼仪服饰的多样性和复杂性，以及在不同历史时期和社会阶层中的差异。作为本书主要负责人纪向宏撰写了服饰与礼仪制度、吉礼中的礼仪服饰制度、分析礼仪制度下的服饰文化内涵，并对各章节内容进行统筹和协调，确保各章节之间的逻辑连贯性。

　　在撰写本书内容时，除了采用史部文献、出土文物和历代笔记的有关记载之外，还参考、汲取了当代学者的一些研究成果和资料，特此说明。限于本人的水平和见识，书中难免会有疏漏、偏颇之处，祈望专家、读者不吝赐教。

纪向宏

2025年1月

目　录

第一章　服饰与礼仪制度

　　一、礼仪 // 002

　　二、礼仪的产生 // 002

　　三、礼仪与服饰 // 004

第二章　吉礼中的礼仪服饰制度

　　一、吉礼中的冕服制度 // 008

　　二、后妃贵妇礼仪服饰制度 // 028

第三章　凶礼中的礼仪服饰制度

　　一、葬服制度 // 042

　　二、丧服制度 // 048

　　三、丧服中的礼仪文化 // 060

第四章　军礼中的礼仪服饰制度

　　一、大师之礼 // 062

　　二、大田之礼 // 079

　　三、大均之礼 // 089

　　四、大役之礼 // 093

　　五、大封之礼 // 095

第五章　宾礼中的礼仪服饰制度

　　一、朝觐天子 // 100

　　二、诸侯相朝 // 107

　　三、藩邦来朝 // 114

　　四、士相见礼 // 124

第六章　嘉礼中的礼仪服饰制度

　　一、成人礼的服饰制度 // 134

　　二、婚嫁服饰制度 // 144

第七章　礼仪制度下的服饰文化内涵

　　一、礼仪服饰制度呈现出的
　　　　等级观念 // 166

　　二、礼仪服饰制度呈现出的
　　　　"天人合一"思想观 // 167

　　三、礼仪服饰制度呈现出的
　　　　伦理道德观念 // 169

参考文献 // 179

后记 // 180

烏什首長獻城
降
執渠早是被恩
榮畏遑違運隨者
近情識順料伊
將係殘勇克匪
我顧佳兵申明
睞難需出巖乞疊見
牽羊肉袒近
天佑人歸速底
績越因就業峻
彰恵
戊寅九秋月作

第一章 ❈ 服饰与礼仪制度

一、礼仪

在中国的思想体系中，"礼"就是社会道德的标准，人们的行为准则。孔子曰："夏礼，吾能言之，杞不足征也；殷礼，吾能言之，宋不足征也。文献不足故也。足，则吾能征之矣。"❶他所说的"礼"主要指服务于政权的典章制度，其中已包括礼仪。可惜"夏礼""殷礼"不见于文字详细记载，而散见于先秦古籍中且今天能见到的，当以经汉儒整理的《周礼》《仪礼》《礼记》（简称"三礼"）论述周代的"礼制""礼仪"最为详细。"三礼"被列入"十三经"，可见我国历史上一直延续着对"礼"的重视。孔子以"六艺"教授弟子，"礼"被列为"六艺"之首，而儒家思想为中国历史上的主导思想，从孔子的"六艺"也可看出中国对"礼"的重视。

传统概念的"礼仪"一词可以作两种解释，一是"礼的仪式"的缩略语，意思是指"礼"的外在表现形态；二是指"礼"和"仪"的合称，是两个有区别的概念。古代礼学虽然讲究"礼""仪"并重，但是二者之间实际上却存在着内外之分。"礼"是制度、规则和一种社会意识观念。"仪"是"礼"的具体表现形式，它是依据"礼"的规定和内容，形成的一套系统而完整的程序。所谓礼的关系，从三千多年来的史实上来理解，就是指仪式参与者之间尊卑、亲疏、贵贱、主从等被社会所公认的多方面的"合理"关系。

"礼"的作用长期以来受到统治者的高度重视，认为它是定国安邦的纲纪，可以"通神明，立人伦，正情性，节万事❷。"由此，各种礼仪久盛不衰。载于《仪礼》中的就有八纲：冠、婚、丧、祭、乡、射、朝、聘。包括十七种主要的礼仪，这八纲十七种又被礼家归纳编次为五大类：吉、凶、宾、军、嘉。"以吉礼敬鬼神，以凶礼哀邦国，以宾礼亲宾客，以军礼诛不虔，以嘉礼合姻好，谓之五礼。"吉礼为祭祀礼制，如祭天、祭地、祭山川、祭土神、祭谷神、祭祖先、祭先师先圣等；凶礼为凶事礼制，包括丧、荒、吊、袷、恤等五种；宾礼为诸侯朝见天子的礼节，有朝、宗、觐、遇、会、同、问、视八种，又指帝王礼贤下士，以宾客之礼相待；军礼多指军中礼节，尚有大师、大均、大田、大役、大封等礼，包括军制、赋税、劳役、封疆经界等仪制；嘉礼后世专指婚礼，包括饮食、婚冠、宾射、飨燕、脤膰、贺庆等礼。

二、礼仪的产生

礼仪的产生，大约可以追溯到远古时期。它起源于原始时期的祭祀活动。远古时期，人们对于自然界中出现的地震、洪水、月食、风雨、雷电、日食以及自身的生、老、病、死等自然现象不知其因，更无力加以改变，可人们总希望能够驾驭它。于是，人们认为自然界存在着一种超越现实的力量——神灵，将一切无法解释的自然现象都归咎于受神灵的

---

❶ 程树德.论语集释（上）[M].程俊英,蒋见元,点校.北京:中华书局,2013:186.
❷ 班固.汉书[M].北京:中华书局,1962:763.

支配和驱使。人们相信神灵又害怕神灵，想方设法讨好它们，祈求它消灾去祸，降福于人间。可是神灵又见不到，如何才能让它知道人们在祈求呢？古人就采取祭祀的方法，像对待活人那样，将最好的食物供奉给它，由于诸多的灾难大多来自天和地，人们便设想出了地神和天神，向地上洒酒或洒牲畜的血表示供地，并用敲击器物发出的声响来召唤鬼神，用烧烤食物后冒出的青烟表示供天，以此达到令鬼神满意，进而免除灾难。这种祭祀活动往往是十分隆重的，也有一定的仪式，这就是礼仪产生的萌芽阶段。

　　《礼记·礼运》中有一段对早期的礼仪活动的描述："夫礼之初，始诸饮食，其燔黍捭豚，污尊而抔饮，蒉桴而土鼓，犹若可以致其敬于鬼神。及其死也，升屋而号，告曰'皋！某复'。然后饭腥而苴孰。故天望而地藏也，体魄则降，知气在上，故死者北首，生者南乡，皆从其初。"❶ 礼的初期，是从饮食开始的。上古时候，人们在火石上烤谷物和小猪，在地上掘个坑当作盛酒之器，用手捧着喝，用土抟成鼓槌，筑起土堆充作鼓，这样也似乎可以向鬼神表达敬意。到了人死的时候，登上屋顶招魂，说：啊！某某人你回来呀！然后在死人嘴里放进生米，又用草苇裹着烧熟的鱼肉，为死者送行。向着天上招魂，又把死人埋在地里。躯体虽然下降入地，而灵魂却在天上飞翔。北方为阴，南方为阳，所以死者头向北，活人面朝南。所有这些礼仪，都是遵从远古的礼仪，礼的起源与人类基本生存需求饮食密切相关。

　　在大禹建立夏朝的时候，就把礼仪从祭祀活动扩大到政权建设中。他一方面设置军队、官吏、刑罚、监狱等政权机构，一方面则"铸九鼎"，用它作为权力的一种象征。由于鼎自夏朝以后，具有这种特殊的作用，而且后来又与礼仪制度相结合，所以又称为"礼器"。既然礼仪在远古时期用于祭祀活动，那么夏朝以后的统治者将它移植到政权建设中，实际是要使自己与鬼神处于同等的神化地位，让人们敬畏自己，因而最高的统治者又称为"天子"，意为天之骄子。孔子有一段"礼"的论述："夫礼，先王以承天之道，以治人之情。故失之者死，得之者生……是故夫礼，必本于天，殽于地，列于鬼神，达于丧、祭、射、御、冠、昏、朝、聘。故圣人以礼示之，故天下国家可得而正也。"❷ 孔子的这段话突出了礼的重要性和作用，即礼源于天，治于人，天地鬼神与统治者并列，礼因此是治国之本，凡是生死、祭祀、战争、治国以及人到成年、结婚和入朝、派遣使臣等一切社会活动，都应有一个礼作为标准。只有遵循礼，才能治理天下国家，不过礼作为统治阶级的工具，它是有一定范围的。所谓"礼不下庶人，刑不上大夫"❸，就是说，贫苦低贱的人终日劳动，不能参加各种"礼"的活动，所以礼和他们无缘。在这个基础上，为使"礼"成为统治阶级内部进行一切活动的依据和标准，统治者们又根据不同的用途，将"礼"分为许多类型，规定了各种"礼"的使用范围和具体的实施要求、过程，于是"仪"便成为"礼"的表现形式，不同的"礼"必有不同的"仪"。

❶ 礼记［M］. 胡平生, 张萌, 译注. 北京：中华书局, 2017: 423.
❷ 同❶: 422.
❸ 同❶: 47.

随着人类对自然与社会各种关系的认识逐渐深入，仅以祭鬼神祖先为礼已经不能满足人类日益发展的精神需要和调节日益复杂的现实关系了，于是，仪节的范围和内容就从各种神事扩展至各种人事。郭沫若在《十批判书·孔墨的批判》中认为："礼之起，起于祀神，其后扩展而为对人，更其后扩展而为吉、凶、军、宾、嘉等各种仪制。"❶ 春秋战国后，对社会生活真正具有制约作用的，并不是礼的外在仪节，而是礼的实质内容，如仁义、孝慈、忠敬等，它们不仅构成了传统伦理学的核心，也构成了中国古代文化的基本价值观。

三、礼仪与服饰

"礼仪"离不开服饰，服饰是区分尊卑、贵贱、亲疏的外在形式。自古以来，服饰就不只是简单的穿着问题，而是与治理天下相关联的。从"三礼"可以看出，不同的"礼仪"规定着不同的服饰；在同一场合进行的"礼仪"活动，不同身份的人所着的服饰也有不同的严格规定。大约在公元前22世纪末，中国进入传说中"黄帝尧舜垂衣裳而天下治"的时代，自公元前21世纪至公元前5世纪，统治者以"天命神权"为精神支柱，宣扬"道协人天"的思想，把森严的等级制度以"礼"的形式固定下来，作为"分贵贱，别等威"的工具。经过夏、商、周三代的继承和变革发展，到周代就形成了以"天子"为中心的完善的服饰制度，按礼节的轻重规定穿不同的礼服，同时规定按不同的社会地位穿不同的礼服，位高者可以穿低于规定的礼服，位低者越位穿高于规定的礼服则要受到严厉的惩罚。后宫嫔妃及百官的服饰也都有相应的定制。这些服制的思想内涵，完全从属于宣扬"天命神权"，巩固阶级统治的政治需要。因此，由服饰穿戴所体现的等级制度，实则是古代中国的基本国策之一，只有形成了"昭文章，明贵贱，辨等列，顺少长，习威仪"❷ 的社会风气，才能达到"贵有常尊，贱有等威"❸ 的社会治理目的。

根据出土文物及文献资料记载，中国冠服制度的初步建立，大约在夏商以后，到周代逐步完善起来。20世纪70年代，在殷墟妇好墓中发现了很多玉石人像，它们提供了更多的服装式样，其中也不乏礼服。如有一件跪坐的玉人，身穿装饰有云纹和虺蛇纹的长上衣，衣服对襟、窄袖，下垂到足踝，领口左右交掩，腰间束一条宽带，腹前悬挂一件长方形蔽膝，古时又称帗，或韨。在腰左侧插一件柄部作卷云形的器物，可能是武器或仪仗（图1-1）。

作为礼仪之邦，我国礼制繁多。古代将礼归纳为"五礼"，后世大致沿用此五礼体系，但根据各朝代的特点有所改变，并加入了很多细节。其中，服饰之礼是非常重要的一个方面，许多施礼法的场合都要应用着装之礼，衣冠服饰制度就是根据这种需要制定出来的。例如祭天地、宗庙，有祭祀之服，最高统治者称为"天子"，他与天帝沟通的办法即祭祀；

❶ 郭沫若.十批判书［M］.北京：中国华侨出版社，2008：75.
❷ 杨伯峻.春秋左传注［M］.北京：中华书局，2018：37.
❸ 同❷：619.

朝会之时有朝会服；从戎有军服；婚姻嫁娶有婚服；服丧之时有凶服等。按不同的礼仪场合，每位人等都可以找到符合自己身份地位的服饰。

礼仪服饰经过儒家文化熏陶以后，又被赋予了更多的伦理意义。《论语·乡党》记载了孔子对礼服的几次使用情况，经过孔子的诠释，我们知道，礼服的正确使用其实也是君子人格的重要体现。"羔裘玄冠不以吊"❶的意思是，不可以穿戴紫羔制作的朝服和黑色礼服去吊丧。紫羔玄冠是吉服，只能在祭祀神灵等吉礼中穿戴，不能在参加凶礼时穿戴。吉礼在于祈福，凶礼在于安魂，两者性质不同，强调礼服的使用场合，旨在严格区分礼的

图1-1 | 商代跪坐玉人（1976年河南省安阳殷墟妇好墓出土，中国国家博物馆藏）

种类。在孔子看来，君子应该具备维护礼之神圣性的责任心。"吉月，必朝服而朝。"❷这是说，孔子在鲁国退休之后，农历每月初一，仍必定穿上朝服去朝贺。朝贺是要进入宫廷的，所以必须穿朝服。而作为退休官员，退休后依然如旧，这就不仅仅是朝贺的问题了，而是旨在强调士大夫身份的尊严。在古代，退休前的官衔，便是永远的身份，这是值得骄傲的。所谓君子，在儒家的语境里，应该是有官阶的，在退休后继续穿戴符合官阶的礼服，这是一种光宗耀祖的君子理想的反映。

礼仪文化包括服饰，而服饰又与其他礼仪文化互有交织，可以说每一种礼仪都离不开服饰；也可以说，服饰贯穿在所有礼仪之中，并成为礼仪文化的基础。每一种礼仪都要由合适身份的人来主持和参与，穿什么、怎么穿，都属于礼仪服饰的范畴。服饰从表象上看只是一件遮体的物饰，但其中包含的文化意义却十分重大。中国古代社会是一个礼仪社会，假若没有了服饰礼仪作为文化的内涵与外在形式，中国还能成为礼仪之邦吗？中国古代的任何一场祭祀、庆典都离不开人、服饰以及服饰礼仪，如果少了礼仪服饰，我们就回到了茹毛饮血的原始社会；没有了礼仪服饰，我们就失去了社会的秩序，就缺少了文明教化的内容；没有了礼仪服饰所构建的社会差别和精美绝伦的服饰形制，中华文明就失去了源流和光彩。

---

❶ 论语 [M]. 陈晓芬，译注. 北京：中华书局，2016: 327.
❷ 同❶.

第二章 ● 吉礼中的礼仪服饰制度

古人祭祀为求吉祥，故称吉礼。古人将祭祀看作为"国之大事"，所以列位于五礼之首。夏商时，祭祀为最大的礼。"礼有五经，莫重于祭。"❶后代也几无例外。又因为祭祀的目的，是希望神灵福佑国家兴旺、战事顺利、五谷丰登、六畜平安。这就是事神致福（也就是祀神求福），所以，祭祀之礼称"吉礼"。吉礼祭祀的对象，最早是天神、地祇、人鬼三门。由于祭祀本身有公私之别、轻重之分，因此所穿着的礼仪服饰也有繁简之差。

一、吉礼中的冕服制度

吉礼是五礼之首，仪式最烦琐、隆重，规模极大，以示崇敬。祭祀是维护宗法制度的一种特殊手段，体现统治者"文明礼尚"的标志。因此，礼仪非常严格，采取哪种祭法，按照哪几步程序，多少人参加、什么人参加和主持都有严格的规定。祭祀典礼时，常由部落首领、族主、巫师等主持，一般人，除非德高望重者，是绝不能主持的。

祭服是祭祀时所穿的礼服，为各类冠服中最庄严、等级最高的服饰。视祭礼之轻重，祭服分别有数种形制。古代凡有祭祀之礼，帝王百官皆穿冕服。它在某种意义上说，是皇权的物化象征。冕服自创立以来，其基本式样一直为历朝历代数百位帝王所沿用，整个过程长达两千年左右，除清朝外直到民国才被废止，是传承时间最长的一种古代礼服（图2-1）。

图2-1 |《历代帝王图》中的皇帝穿着冕服（唐代，阎立本，选自《中国古代服饰大观》）

（一）冕服的起源

"冕服"的起源很古老，最初的六冕制度见于古书《周礼》之中。据汉末郑玄对《周礼》的解说，六冕是为大裘冕、衮冕、鷩冕、毳冕、绣冕、玄冕六等冕服。

《尚书·大传》："黄帝始制冠冕，垂衣裳。"❷《册府元龟》记载"作轩冕之服，故谓之轩辕"❸，暗示"轩辕"之名与冕服相关。在汉代画像石中，黄帝、尧、舜都戴冕。明朝张居正主编的《帝鉴图说》，于古人冠服皆以意画之，不过从唐尧到周文王都不画冕，直

❶ 礼记［M］. 胡平生, 张萌, 译注. 北京:中华书局, 2017: 926.
❷ 郭仁成. 尚书图文本［M］. 长沙:岳麓书社, 2007: 80.
❸ 王钦若, 等. 册府元龟［M］. 南京:凤凰出版社, 2006: 28.

到周武王才画上了旒冕，看上去是很谨慎的。现今各地所建的炎帝、黄帝像，有的有冕，有的无冕。《尚书》有"王曰：格尔众庶，悉听朕言"❶的告诫，表示国王有至高的权力。殷墟甲骨文中有王、臣、牧、奴、夷、王令等文字，表明阶级等级制度已经形成。《尚书·太甲》还有"伊尹以冕服奉嗣王归于亳"❷的记载，表明奴隶主贵族穿冕服举行祭祀。以上文献记载说明夏、商两代已有冕服。

（二）冕服的构成

冕服由玄衣及纁裳、冕冠、舄等组成，采用上衣下裳制。玄衣即青黑色上衣，纁裳是绛色围裳；上衣纹饰一般用绘，下裳纹饰则用刺绣，所绘绣的纹样为十二章。冕服的衣裳曾以被称为"缯"的丝织品来制作，直到北宋景祐二年（1035年）改为罗制衣。上衣的领口处开衽都是"右衽"，即以左前襟压在右前襟上，掩向右腋系带，在华夏服制传统中，一直坚持着以右衽为正统。服饰的颜色，历代冕服中上衣用玄、皂、黑青之类相近的黑色系；下裳大多是纁、红、绛之类的红色系。

冕冠，古代帝王、诸侯及卿大夫参加重大祭祀时所戴的最贵重的一种礼冠。"冕"具有一定的礼制性属性，是对佩戴者身份的一种反映，按照规定，凡戴冕冠者，必须穿着冕服。凡是地位高的人可以穿低于规定的礼服，而地位低的人不允许越位穿高于规定的礼服，否则要受到惩罚。《大雅·文王》中提道："厥作裸将，常服黼冔"❸，其中"冔"是商代祭祀时所戴的礼冠，作用与冕冠同。这首诗是歌颂周王朝的奠基者文王姬昌，商代的贵族在裸礼上服役，身穿祭服头戴殷冕《说文解字》："周曰冕，殷曰冔，夏曰收。"❹说明早在夏商已有冕冠

这种形制，只是叫法不同，夏称"收"，商代承继之，称"冔"，到了周代改称"冕"又称"冕冠"。其具体形制，据《周礼·夏官·弁师》及郑玄注和明刘绩的《三礼图》得知：冕冠的基本式样是在一个圆筒式的帽卷上面，覆盖一块冕板，这块冕板称为"延"或"綖"。延的上下包以麻布，上用玄色，下用纁色；木板一般多作长形，尺寸是广八寸，长一尺六寸，前端略圆，后部方正，隐喻天圆地方，整个冕板后高九寸五分，前高八寸五分，后面比前面高出有前倾之势，象征国王应勤政爱民，冕的名称即由此而来（图2-2）。

在冕板的前后两端檐下，则垂以数条五彩丝线编成的"藻"，藻上穿以数颗玉珠，名"旒"，一串玉珠即为

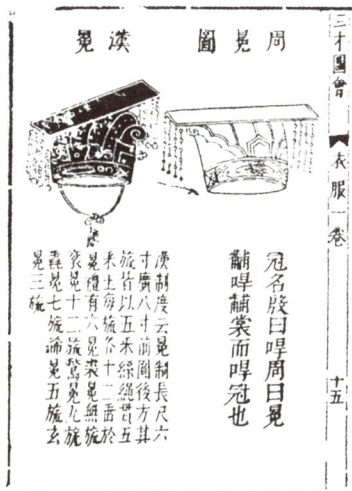

图2-2 《三才图会》中的冕冠图

❶ 尚书.［M］.王世舜，王翠叶，译注.北京：中华书局，2012：208.
❷ 郭仁成.尚书图文本［M］.长沙：岳麓书社，2007：72.
❸ 袁梅.诗经译注［M］.济南：齐鲁书社，1985：709.
❹ 许慎.说文解字［M］.北京：中华书局，2013：76.

一旒。有三旒、五旒、七旒、九旒及十二旒之别，按朱、白、苍、黄、玄的顺次排列，每颗玉珠相间距离各1寸，每旒长12寸❶。用旒的多少视戴冠者身份而定。以五彩丝绳为藻，以藻穿玉，以玉饰藻，故称"玉藻"，象征着五行生克及岁月运转。后来玉藻也有用白珠、珊瑚来做的。《礼记·玉藻》记载："天子玉藻，十有二旒，前后邃延，龙卷以祭。"❷说明皇帝冕冠用12旒，每旒贯玉12颗，质用白玉珠，悬于延板前后，衣服上有卷龙纹为饰。

冕冠上的帽卷以木作中干，即胎架，后来改用竹丝、玉草（夏）或皮革（冬）制成筒状胎架，外裱玄色纱，里衬红绢，帽卷底部有帽圈，叫作"武"。冠身两侧各施小孔，名"纽"，戴冠后在纽内贯以发笄，以便使冠体与发髻拴住，免得坠落。在玉笄的两端，则结有冠带，名"纮"，使用时绕颔而上，固定在笄的两端，戴冠时由下屈上，多余部分垂下，颔下不再系结。礼仪规定：冠无笄者施缨，有笄者则施纮。《诗经·齐风·南山》："冠緌（緌）双止"❸。"緌"就是冠带下垂部分，冠緌以丝绳制成，下垂胸前，左右各一。

和冠相关的饰物还有"充耳"，即悬挂于冕冠两侧的丸状玉石，下垂及耳，可以塞耳，其目的在于"止听"——象征不听信谗言，不完全是为了装饰，故谓之"充耳"，亦谓之"瑱"。清代金鹗《求古录礼说·笄瑱考》"瑱之制：悬之以纮，上系于笄，瑱与纮谓之充耳"❹。从而得知，瑱是系在纮上的，纮是垂在两耳附近的一段丝绳，天子诸侯丝用五色，人臣则用三色。使用时上系于冠，下垂至耳，在纮的末端再各系一"瑱"。充耳的质料有所分别，以示等差，天子用玉，诸侯用石，士用象牙，其形圆而略长。

在冕服上还搭配有蔽膝。"蔽"为障蔽之意，因多垂至膝前而称为"蔽膝"。蔽膝起源于一种非常古老的服饰"韨"，《左传·桓公二年》，郑玄注曰："韨，大（太）古蔽膝之象也。冕服谓之韨，其他服谓之韠，以韦（熟皮）为之"❺。诗云："朱韨斯皇"，又云："赤韨在股"，则韨是当股之衣，因在膝前所以称蔽膝。天子的蔽膝多为朱色，以与冕服纁裳的颜色相配。在南朝宋和明代洪武十六年（1383年）、嘉靖八年（1529年）的冕制中，下裳的颜色被改为黄色，直接对应"天玄地黄"，所以与之相配的蔽膝颜色也被定为黄色。由于最早衣服的形成是先有蔽前之衣，所以后来把蔽膝施之于尊严的冕服上，以表示不忘古之意。

冕服的腰带可以分为大带和革带两种，而且是在穿着时同时使用的，大带用来束衣，革带则用来挂佩各种物件。大带束腰后，在身前自然下垂的部分叫作"绅"，所以也被称为"绅带"。古人认为系腰带有一种自我约束的寓意，如汉代班固著的《白虎通义》记载："所以必有绅带者，示谨敬自约整"❻。天子所束的大带以丝制成，宽四寸，系的位置比较高，按照《礼记》的记载是"高于心"。革带，顾名思义是以皮革制成的腰带，宽约二寸，其作用主要是佩挂蔽

---

❶ 古代1尺=10寸，1寸=10分，1寸≈3.3cm。
❷ 礼记［M］．胡平生，张萌，译注．北京：中华书局，2017：561.
❸ 袁梅．诗经译注［M］．济南：齐鲁书社，1985：279.
❹ 金鹗．求古录礼说［M］．济南：山东友谊书社，1992：25.
❺ 杨伯峻．春秋左传注［M］．北京：中华书局，2018：216.
❻ 班固．白虎通义［M］．北京：中国文史出版社，1999：1298.

膝、珮、绶、剑等物。春秋以前系束革带时，是在革带两端加窄丝绦打结，春秋以后开始流行使用带钩。带钩主要有青铜制和玉制，使得革带的系连更加方便，造型上也有了更多变化。

在先秦的各式屦中，有一种浅帮、厚木底的鞋，也就是"舄"。舄是一种有双重鞋底的高级鞋履，在一些祭祀、朝会的场合穿着。由于参加仪典的人往往要站立许久，所以其鞋底的上层为皮或帛，以使穿着舒适，下层为木制，可以隔绝湿气，防止泥水沾染丝质的鞋面，具有很强的实用性。天子所穿的舄有红、白、黑三种颜色，由于冕服为纁裳，所以穿冕服时以赤舄相配。直到明代洪武十六年（1383年），将舄的颜色改为黄色，以与当时改为黄色的冕服下裳相配。舄的鞋头有翘起的饰物，称为"絇（约）"，是以多层丝织物制成的鞋鼻。"絇"既有挽起垂地的下裳方便行走的实用性，也有象征性的意义，意为穿舄者行要足有戒意，不可任意妄行。

在祭祀活动中还使用长条形玉质礼器"圭"，也写作"珪"。先秦时代，圭的主要作用是"示信"的凭证。对周天子而言，在祭天仪典中"天子受瑞于天"意味着天子身份来自上天之命，拥有合法统治的凭据。到秦汉时期，天子印玺制度建立起来，印玺成为承天之命的新凭信，圭逐渐演变为只是穿着礼服时使用的一种礼器。文献中记载的圭有很多种，如大圭、镇圭、桓圭、信圭、躬圭、瑗圭等，各自有着不同的象征意义。其中与冕服相配的是大圭和镇圭，且是唯有天子可用的礼器。大圭长三尺，表面没有任何花纹图案，对此《礼记》解释说，"大圭不琢，美其质也"❶，以体现礼制中以素为贵的观念。《周礼》载："镇圭尺有二寸，天子守之。"❷ 又说："天子圭中必"，❸ 这个圭就是长一尺二寸的镇圭，中间有一穿孔，直径约三寸，穿孔上有四寸半，穿孔下也有四寸半。大概圭的穿孔多在下部，用来系缚而已。天子使用的圭，穿孔在中央，可以用手拿着。镇圭因"镇"含有"安四方"的意思，所以在四边以山纹为饰。这两种圭在春分朝日、秋分夕月的时候要同时使用，仪典上将大圭插在大带与革带之间，镇圭则执于手中。为了体现天子的尊贵与独特，只有天子所用之圭可以用纯玉制作，诸侯所用的圭只能用"似玉之石"。

中华古文化有着相当丰富的玉器文明根基，早期的玉器不仅是宗教仪典充当天人沟通的媒介，也是代表着"君子如玉"的高级饰品。按照佩挂的方式，佩玉可以分为玉珮和大珮两类，单件的为玉珮，数件一起成串使用的为大珮，冕服上所用的佩玉就属于大珮。既然是一串玉饰，丝织物制成的柔软飘逸的大带肯定承受不住佩玉的重量，因此佩玉就与其他佩件一起挂在冕服的革带上。

佩绶最早是古代穿冕服时与之相配的官印之带，由佩玉和组绶组成。周代的古礼中是没有绶的，绶的使用大概始于秦代。至汉代的礼仪服制中，佩绶成为一大特点（图2-3）。汉代的朝服为袍，在袍服外要佩挂组绶，"组"是官印上的绦带，"绶"就是用彩丝织成的长条

---

❶ 礼记［M］. 胡平生,张萌,译注.北京:中华书局,2017: 494.
❷ 周礼［M］. 杨天宇,译注.上海:上海古籍出版社,2016: 844.
❸ 同❷.

图 2-3 │《中东宫冠服》中的洪武年间皇帝的冕服佩绶（明人绘）

形饰物，盖住装印的鞶囊，故称"印绶"。绶带平时多数悬挂在腰间，垂下复摺上，比较拖沓。《礼记·玉藻》记载："天子佩白玉而玄组绶，公侯佩山玄玉而朱组绶，大夫佩水苍玉而纯组绶，世子佩瑜玉而綦组绶，士佩瓀玟而缊组绶。孔子佩象环五寸，而綦组绶。"[1] 从文献记载可以看出，佩玉与组绶的佩戴是古代礼制中"以玉彰礼"的典型体现。汉代官员的绶是和印一同由朝廷颁发，统称为"印绶"。待到官员退职或故去时，还要将印和绶一同交还朝廷。

绶带的长度也随着官品的降低而缩短，根据官品不同而分别为不同的颜色花纹。如《旧唐书·舆服志》记载："诸佩绶者，皆双绶。亲王纁朱绶，四彩，赤、黄、缥、绀。纯朱质，纁文织。长一丈八尺，二百四十首，广九寸。一品绿綟绶，四彩，紫、黄、赤。纯绿质，长一丈八尺，二百四十首，广九寸。二品、三品紫绶，三彩，紫、黄、赤。纯紫质，长一丈六尺，一百八十首，广八寸。四品青绶，三彩，青、白、红。纯青质，长一丈四尺，一百四十首，广七寸。五品黑绶，二彩，青、绀。纯绀质，长一丈二尺，一百首，广六寸。……有绶者则有纷，皆长六尺四寸，广二尺四分，各随绶色。诸鞶囊，二品以上金镂，三品金银镂，四品银镂，五品彩镂。诸佩，一品佩山玄玉，二品以下、五品以上，佩水苍玉。"[2] 绶本来能起"以采之粗缛异尊卑"的作用。但隋以后与冠服相搭配的绶，只在若干隆重的典礼上偶尔佩戴一下，使用范围日益狭小。

穿冕服时佩剑，不仅是出于彰显武力的目的，还有"显其能制断"的寓意。两面长刃的短柄随身兵器被称为剑。《说文解字》曰："剑，人所带兵也。从刃，金声。"[3] 可见，在众多冷兵器中，剑是与人的关系相当亲密的一种。剑始于商代，至东周开始流行，起初质地为青铜，后来演进为铁，更加坚硬锋利。从春秋中期到西汉，贵族们佩用的剑上普遍装饰有玉饰，如玉首（镶嵌于圆形的剑柄底面上）、玉剑格（镶嵌于剑柄与剑身交接处以护手）、玉璏（镶嵌于剑鞘上以便穿带）和玉珌（镶嵌于剑鞘尾端）。天子冕服的佩剑依照制度，上部以玉为装饰，下部以"珧"（蚌蛤的贝壳）为装饰。所佩剑的位置一般会在腰际大带与革带之间，露出上下两端。插剑的位置通常是在身体的左侧，可以便于右手取剑。又如《春秋繁露》云："剑之在左，青龙之象也；刀之在右，白虎之象也；韨之在前，赤鸟之象也；冠之在首，玄武之象也。"[4] 刀、剑、韨、冠等这些容服盛饰的佩戴位置及其意义非常重要，威严之象并不需要用武力杀人来显现，只要在服饰上显示就可以了。圣人以礼义文德为贵

[1] 礼记 [M]. 胡平生，张萌，译注. 北京：中华书局，2017：2018.
[2] 刘昫，等. 旧唐书 [M]. 北京：中华书局，1975：1944，1945.
[3] 段玉裁. 说文解字注 [M]. 北京：中华书局，2013：185.
[4] 董仲舒. 春秋繁露 [M]. 张世亮，钟肇鹏，周桂钿，译注. 北京：中华书局，2012：171.

而以威武为下，偃武修文，这正是天下得以长治久安的原因所在。

（三）冕服的种类

《周礼·春官·司服》记载："王之吉服，祀昊天上帝，则服大裘而冕；祀五帝，亦如之；享先王，则衮冕；享先公、飨、射，则鷩冕；祀四望山川，则毳冕；祭社稷、五祀，则希冕；祭群小祀，则玄冕。"❶说明天子在举行各种祭祀时，要根据典礼的轻重，分别穿不同种类的冕服。

每种"冕服"画在上衣和绣在下裳的纹饰图案各不相同，分别用在不同的祭祀场合；上述六种"冕服"，自"衮冕"至"玄冕"五服，又可分别用为公、侯、伯、子、男、孤、卿大夫朝聘天子及助祭之服。上列"六冕服"，上可兼下，而下不能僭越，如天子在不同场合可六服，而公只能服"衮冕"以下五服，侯、伯只能服"鷩冕"以下四服。

六种冕服中列第一的是大裘冕，是王祀昊天上帝的礼服（图2-4）。大裘冕只有天子才能穿着。大裘冕与中单、玄衣、纁裳配套。纁即黄赤色，玄即青黑色，玄与纁象征天与地的色彩，上衣绘日、月、星辰、山、龙、华虫六章花纹，下裳绣藻、火、粉米、宗彝、黼、黻六章花纹，共十二章。

《周礼·天官·司裘》："司裘掌为大裘，以共王祀天之服。"❷郑司农云："大裘，黑羔裘，服以祀天，示质。"唐贾公彦疏曰："言为大裘者，谓造作黑羔裘。裘言大者，以其祭天地之服，故以大言之，非谓裘体侈大，则义同于大射也。"❸可见大裘是用黑羔皮制成，其冕冠无旒。

《说文解字》："裘，从皮，皮衣也，从衣求声。一曰，象形，与衰同意。"段玉裁注："裘之制，毛在外，故象毛文。"❹裘，即是以动物皮毛制成的衣物，因为保暖性能好，从先秦以来就是常见的服装材质。《初学记》引《白虎通义》："古者缁衣羔裘，黄衣狐裘。禽兽众多，独以狐羔，取其轻暖。"❺按照使用场合及身份的不同而使用。《礼记》中记载有种类繁多的裘衣：羊羔皮的"羊裘"、鹿皮的"鹿裘"、幼鹿皮的"麑裘"、虎皮的"虎裘"、狼皮的"狼裘"、羊羔皮和"狐白"混制成黑白相间的"黼裘"等。

例如，《诗经》中一共有七首诗以"羔裘"和"狐裘"为话题。诗中提到的裘有羔裘和狐裘，不论"羔裘"或"狐裘"都是毛在

图2-4 | 大裘冕（选自《新定三礼图》）

❶ 吕友仁.周礼译注［M］. 郑州:中州古籍出版社,2004:276.
❷ 同❶:91.
❸ 李学勤.周礼注疏:卷七（十三经注疏标点本）［M］. 北京:北京大学出版社,1999:171.
❹ 许慎.说文解字注［M］. 段玉裁,注.上海:上海古籍出版社,1981:390.
❺ 徐坚.初学记:卷二十六［M］. 北京:中华书局,1962:630.

外,《邶风·旄丘》"狐裘蒙戎"❶,"蒙戎"犹尨茸,乱貌,正是形容年久的狐裘表面其毛乱蓬蓬的样子,而甲骨文"裘"作"🐾",象形,也可为证。就质料而言,狐贵于羔,狐裘中又以白狐裘为珍贵。狐裘除本身柔软温暖之外,还有"狐死首丘"的说法,传说狐死后头朝向洞穴一方,有不忘其本的象征意义。《豳风·七月》:"取彼狐狸,为公子裘。"❷(狐皮剥下洗清爽,好给公子做衣裳)指的就是狐裘。就礼义而言,则羔重于狐,羔羊吸乳多取跪式,有谦逊之态,故被用于卿大夫礼服。《召南·羔羊》《郑风·羔裘》《唐风·羔裘》中的羔裘,指的是朝服。而裘的形制为对襟(直领),非交领(依据高亨《诗经今注》说,合情理,可信);古代衣无纽扣,系衣用分段固定于襟下的带子(依据沈从文说),古人的"事佩"有"佩觿",这种似角形的骨锥,主要是用来解系衣带的。《召南·羔羊》:"羔羊之皮,素丝五纰。退食自公,委蛇委蛇。"❸讽刺身着羔裘的卿大夫自公朝还来之时,一派从容、阔绰之态。其中"素丝五纰""素丝五緎""素丝五总"之"素丝",就是用以系裘的白丝带,对"纰、緎、总"的解释虽各家不同,但都是形容白丝带下垂之貌则无疑;那个"五"字,既取其字形"╳"(从甲骨文到秦篆均作此),即在对襟的两边对称地各固定十条白丝带,然后右上角之丝带与左下角之丝带相结,左上角之丝带与右下角之丝带相结,四条丝带组成"╳(五)"字形,而且"╳"字形正好五个,也与"五"的字义相符。羔裘有黑、白二色,"素丝五纰"之羔裘,当系黑色,故一望而见以素丝带系裘之"╳"形;而《郑风·羔裘》"羔裘如濡"❹,则为白色;至于"退食自公",当以马瑞辰训释"谓自公食而退"为合理,故不论黑或白色之羔裘,均为大夫之朝服。而且当时天子、诸侯的裘用全裘不加袖饰,下卿、大夫则以豹皮饰作袖端。如《唐风·羔裘》:"羔裘豹祛,自我人居居。……羔裘豹褎,自我人究究。"❺其中,祛和褎都指袖口,豹祛、豹褎即镶着豹皮的袖口。从"羔裘豹祛"的描写来看,推断所写的是当时的一位卿大夫。此外,天子、诸侯、卿大夫还在裘外披裼衣,裼衣是罩在裘上的半袖外衣。古代贵族冬季行礼穿着裘服,裘外加裼,裼外再加朝服,三者不具被视为失敬。有的开朝服之前衿而显露裼衣,有的掩其上衿而不露裼衣。而且裼衣一定要和裘色相配,如狐青裘用玄衣为裼,黑羔裘有缁衣为裼,则狐白裘,亦当锦衣为裼,唯特别装饰锦领以见鲜丽。"狐裘黄黄"就是指狐裘上配有的黄色罩衫。《礼记·玉藻》:"狐裘,黄衣以裼之。"❻可见,当时这样的衣着是相当讲究而又美观的。

衮冕仅次于大裘,天子、上公祭祀先王则服之,是以龙纹为首章的礼服和冕冠的组合。天子用十二旒,每旒用珠十二颗(图2-5)。《说文解字》:"衮,天子享先王,卷龙绣于下幅,

❶ 袁梅.诗经译注 [M].济南:齐鲁书社,1985:153.

❷ 同❶:380.

❸ 同❶:110.

❹ 同❶:365.

❺ 同❶:316.

❻ 礼记 [M].胡平生,张萌,译注.北京:中华书局,2017:1963.

一龙蟠阿上乡。从衣公声。"❶古"衮"通"卷""裷",故称"衮冕"。

鷩冕服制又次于衮冕,是古代帝王贵族祭先公,行飨射典礼时所着之服,以华虫为首章的礼服和冕冠的组合。《说文解字》:"鷩,赤雉也。从鸟敝声。"❷君王鷩冕,冠用九旒;衣裳只用七章:上衣绘纹三章:华虫、宗彝、藻;下裳绣纹四章:火、粉米、黼、黻。

毳冕又次于鷩冕,用于遥祀山川,是以毳毛虎蜼为纹饰的、宗彝作首章的礼服和冕冠的组合(图2-6)。《周礼·大宗伯》:"国有大故,则旅上帝及四望。"❸《说文解字》:"毳,兽细毛也。"❹至于为何以毳而名,孔颖达《尚书正义·益稷》曰:"毳冕五章,虎蜼为首,虎蜼毛浅,毳是乱毛,故以毳为名。"❺《释名·释首饰》:"毳冕,毳,芮也。画藻文于衣,象水草之毳芮,温暖而洁也。"❻天子毳冕冠用七旒,衣裳绣绘五章,上衣为宗彝、藻、粉米三章;下裳为黼、黻二章。

例如,《王风·大车》载:"毳衣如菼""毳衣如璊(璊)"❼中之"毳衣",《毛传》:"毳衣,大夫之服……天子大夫四命(四命为主之大夫、公之孤),其出封五命,如子男之服,乘其大车槛槛然,服毳冕以决讼。"《郑笺》:"古者天子大夫,服毳冕以巡行邦国,而决男女之讼……毳衣之属,衣绘而裳绣……"❽若从毛、郑之说,则"毳衣"即"毳冕"。所谓"毳衣"是以细兽毛所织于上衣,其上画有宗彝、藻、粉米三章,下裳绣有黼、黻二章,共五章,故称"其出封五命"。"毳衣"之颜色为嫩绿色(菼)或赤色(璊)。"毳冕"本为祭服,而"天子大夫"却可以"服毳冕以巡行邦国",说明它既是祭服也是朝服(命服),说明祭服和朝服可以互用的事实。

绨冕是王祀社稷五谷的礼服,与中单、玄衣、纁裳配套。《周礼·司服》:"祭社稷、

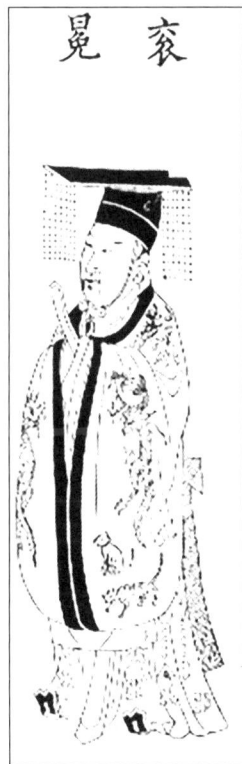

图2-5 | 衮冕(选自《新定三礼图》)

图2-6 | 毳冕(选自《新定三礼图》)

❶ 许慎.说文解字注[M].段玉裁,注.上海:上海书店出版社,1992:467.
❷ 许慎.说文解字[M].北京:九州出版社,2001:362.
❸ 吕友仁.周礼译注[M].郑州:中州古籍出版社,2004:280.
❹ 同❷:484.
❺ 李学勤.尚书正义:卷五(十三经注疏标点本)[M].北京:北京大学出版社,1999:120.
❻ 刘熙.释名:卷四(丛书集成初编)[M].上海:商务印书馆,1939:72.
❼ 袁梅.诗经译注[M].济南:齐鲁书社,1985:235.
❽ 郑玄.毛诗郑笺[M].台北:台湾中华书局,1983:167.

五祀，则希冕。"❶贾公彦疏："衣是阳，应画。今绨（绤）冕三章，在裳者自然刺绣。但粉米不可画之物，今虽在衣，亦刺之不变，故得绨（绤）名。"❷"绨"通"黹"。因绨是绣的意思，所以上衣下裳均是绣。衣绣粉米一章花纹，裳绣黼黻两章花纹。

玄冕是"祭群小祀"之礼服，与中单、玄衣、纁裳配套，衣不加章饰，裳绣黻一章花纹，因其上衣玄色而无纹故名"玄冕"。《周礼·春官·司服》："祭群小祀，则玄冕。"❸《周礼·酒人》："凡祭祀，共酒以往。"郑玄注："小祭祀，王玄冕所祭。"❹可见玄冕是出席小祭祀的礼服，是各种冕服中最轻的一种礼服。

（四）冕服之十二章

除了冕旒，服章是六冕上的又一种等级元素，服章就是装饰于中国帝王冕服和贵族礼服上的"十二章"，即十二种图案，用法是将不同色彩的章纹通过绘、绣的方式呈现在冕服上。最初记载于《尚书·益稷》中："帝曰：予欲观古人之象，日月星辰山龙华虫作会宗彝藻火粉米黼黻绤绣，以五采彰施于五色作服汝明。"❺这段话原来没有标点，如果断句不同，则可以引出不同的解析。

永平二年（59年）正月，汉明帝率群臣在明堂祭祀东汉的开国皇帝汉光武帝，君臣冕制共三级，皇帝祭祀时穿衮冕，衣裳上饰有十二章纹，所戴冕冠前后各垂旒十二串，用白玉珠。臣下助祭时，冕冠都只有前部有垂旒，三公诸侯是七旒，用青玉珠，服章可用九章；卿大夫是五旒，用黑玉珠，服章可用七章。"永平冕制"取消了"以素为贵""无章无旒"的大裘冕。"永平冕制"是经汉儒重组、复兴的冕冠制度全面施行的开端，一场历时超过千年的"服周之冕"古礼复兴运动正式拉开了序幕。汉明帝颁行的永平冕制，对古礼所持的就是为我所用的态度，永平冕制规定，天子祭天时要穿十二章十二旒的衮冕，以最多的章纹表现对上天最高的敬意。自东汉永平冕制起，天子冕服上的服章确定为十二种，统称"十二章"，通常指的是日、月、星辰、山、龙、华虫、宗彝、藻、火、粉米、黼、黻（图2-7）。其中龙有两只，向上的称"升龙"，向下的称"降龙"。天子所用为两龙，臣下只有"降龙"而无"升龙"。

在中国古代传统文化中，"十二"是一个被概念化的数字，称为"天之大数"。《左传·哀公七年》记："周之王也，制礼上物不过十二，以为天之大数也。"❻这个"天之大数"与古人对自然的认识密切相关。在古天文学中，一岁之中日、月十二次交会于东方，于是一年分为十二个月（闰年为十三个月）；岁星（木星）十二年移动一周天，于是十二年为一周期。祭祀本就

❶ 吕友仁.周礼译注［M］. 郑州:中州古籍出版社,2004: 276.
❷ 李学勤.周礼注疏:卷二十一（十三经注疏标点本）［M］. 郑玄,注／贾公彦,疏.北京:北京大学出版社,1999:551.
❸ 同❶.
❹ 同❷: 129.
❺ 冯作民.白话左传［M］. 长沙:岳麓书社,1989: 319.
❻ 同❺.

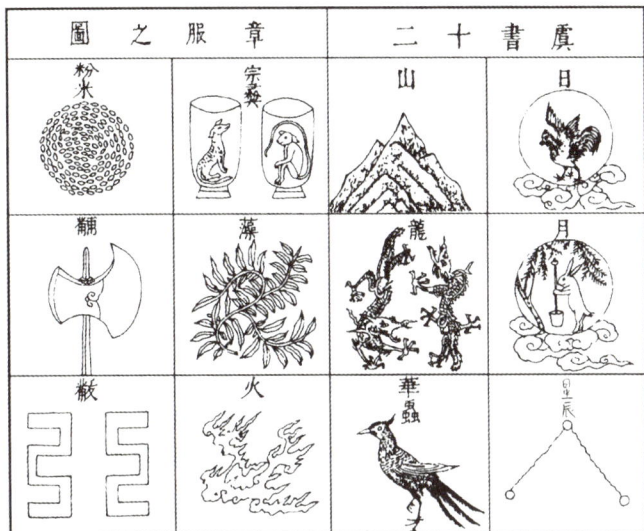

图2-7 |《三才图会》中的十二章（明代）

是一种追求天人沟通的活动，因此天子除大裘冕的冕冠最为特别，除无旒的外，衮冕前后各用十二旒，每一条旒穿十二颗五彩玉珠；鷩冕各九旒，毳冕各七旒，絺冕各五旒，玄冕各三旒，每旒都用五彩玉珠十二颗，以上应天意。衣裳上刺绣的章纹也是日、月、星辰等十二种，并称为"十二章"。

十二章中，将自然中的日、月、星辰放于首位，分别绣在上衣左右肩，取其光芒之意。

在造型上，日、月早期多为简单圆形，明清时期在圆形基础上，下边加了祥云，太阳中添了一只中国古代神话中的"三足乌"（三爪的神鸟），月亮中画了一棵桂树，树下是正在捣药的玉兔。星辰通常绣在日、月之下，纹样借鉴北斗七星的排列方式，折线连接三个圆圈，形式简单明了，取照耀指引的寓意。在中国人思维中，日、月、星辰在宇宙中主宰万物轮回，将这些形象以纹样形式描绘在帝王服饰上，便能显示出统治者至高无上的权力和地位，这是典型的中国礼仪服饰特色。

独立形成纹样的十二章，在中国服饰纹样中历史久远，是最具代表性的服装纹样表现形式，几乎涵盖自然万象的完整美学意念，可视为古代礼仪服饰纹样的经典。

（五）冕服的变迁

冕服，作为古代帝王、官员的重要礼仪服饰，不仅具有象征意义，也体现了古代社会对于礼仪、秩序和等级的重视。从秦汉到唐代，冕服逐渐发展完善，形成了较为完整的冕服制度。在这一时期，冕服的种类、颜色、配饰等都得到了明确规定，成为官员身份、地位的重要象征。同时，冕服也成为帝王举行祭祀、朝会等大典时的必备服饰，彰显着皇权的神圣与威严。进入五代至明代，冕服制度逐渐进入成熟期及简化期。在这一阶段，冕服的样式、配饰等都有所调整，以适应不同朝代的需求。然而，到了清代，冕服制度逐渐走向废止。随着满族的入关和清朝的建立，满族的传统服饰逐渐成为官方礼服，而汉族的冕服制度则逐渐淡出历史舞台。尽管如此，冕服作为古代礼仪文化的重要组成部分，仍然在历史文献和艺术作品中留下了深刻的印记。

周朝实行分封制，以及与之相应的等级君主制、等级祭祀制。在"等级君主制"中，天子与公侯伯子男诸爵没有本质的区别，不过是一级高于公侯的爵位而已。当时人称天子是"君"，君的本意就是有封地的贵族。除了天子之外，诸侯有封国，卿大夫有采邑，他们在天子面前是"臣"，回到自己的封国、采邑之内，也都是"君"，只不过是等级较低的君而已。在"等级祭祀制"之下，爵位最高的周王可以穿戴全部六等冕服；等级较低者可以进行的祭祀等级就会逐级减少，如公爵只能从事五等祭祀，并穿戴衮冕以下的五等冕服，侯、伯可从事四等祭祀，相应地可服鷩冕以下四等冕服，子、男可祭祀及服三等，孤二等，卿大夫仅一等。等级较低的祭祀者虽然可祭祀的等级较少，可穿的冕服种类也较少，但他们在从事自己身份之内的某等级祭祀时，所穿的该等级冕服与周王在从事该等级祭祀时所穿戴的是一样的。他们也是自己封土之内的"君"，如《周礼》所言，他们的冕服是可以"如王之服"的。这个"如王之服"存在的基础，就是周王朝的"等级君主制"。

魏晋时期冕制的最大特点其实是尊君卑臣。汉冕原本是三公诸侯九旒九章、九卿七旒七章的，魏晋减为三公七旒七章，九卿五旒五章，都减了黼、黻两章。元会、朔望等典礼上，依照制度诸公本要穿着衮服，与皇帝衮服一样服章中都有龙纹，但魏晋的皇帝大概并不愿意看到臣下穿龙纹，可又碍于这是六冕的内容，不好直接发作，于是另想了一个办法，给本应服衮的诸公"加侍官"。所谓"加侍官"就是在本官之外再加一个侍中或散骑常侍之类的号，依制有加官者就要穿加官的礼服，戴武冠貂蝉，不能再服衮戴冕了。

到了西晋末年永嘉之乱（311年）后，衣冠南渡，定都建康（今南京）建立东晋，政局又变了一个样子。同时国家的祭祀仪典也在萎缩，《宋书》记载东晋没有建明堂，舆服制度也破败不堪，礼仪的缺失一时难以收拾。至于冕制，东晋并不是没有，但也因陋就简，出现许多不合古礼的改变。例如《晋书》记载东晋南渡以后，国库家底都已亏空，要给皇帝重新制备冕服的时候，需要准备冠上的翡翠、珊瑚、玉珠等饰件，可是侍中顾和奏报，穿制本应享用白玉珠的，但因为凑不齐前后共24串288颗，请用蚌珠（白璇珠）代替，至少仍是纯白一色，好过拼凑些杂色珠好。

东晋十六国时期的南北分裂，在南北朝时开始趋向民族融合和政治统一，这时包括冠冕在内的"制礼作乐"，就成为体现政权正统性和号召力的大事情，礼制复兴和政治复兴紧密地联系在了一起。

南朝宋、齐、梁、陈几朝对冕制各有增删，除了以《周礼》为楷模之外，"汉制"也成为另一个标杆。大概是因为汉代那强盛而统一的帝国，令皇帝们心向往之吧。在崇汉的思想指引下，南朝皇帝们继续加强冕服的"尊君"意味。梁武帝时创新性地把皇帝衮服上的华虫由雉的形象改为凤凰，认为凤凰既可以与衮服上的龙对应，又可以与臣下冕服上的雉区分开来，正可以凸显皇帝的尊贵身份。

历史上北魏分裂为东魏、西魏，然后又分别改朝换代为北齐、北周。虽然东魏、北齐地处关东，经济文化相对繁荣，但最终统一北方的却是北地处西北一隅的西魏、北周君臣们，在逆境中奋力扭转劣势，在礼制上全面"复古"，而且还不乏"创新"，创造出一套比《周礼》更加宏大的冕服制度。《周礼》只有六冕，北周引入"五行"因素，苍冕、青冕、朱冕、黄冕等各色冠冕，把皇帝冕服扩充到十冕。

隋文帝统一中国后，在重定祭祀服制的时候，嫌弃北周的冠冕制度不尊古礼乱作创新，故没有袭用北周的天子十冕，而是承袭北齐的服制，天子的冕服向汉制回归，只穿用衮冕，鷩冕以下的各等冕服都抛弃不用。

唐朝结束了家国一体和贵族门阀政治的国家体制，开启了皇帝——官僚政治体制。《旧唐书·舆服志》中的许多服饰制度的规定，就来源于唐令典中所记录的《衣服令》。唐高祖武德七年（624年）颁布了有关服饰的令文，计有天子之服十四、皇后之服三、皇太子之服六、太子妃之服三、群臣之服二十二、命妇之服六，史称"武德令"。这也是自汉明帝恢复"礼制"以来及隋炀帝"宪章古则，创造衣冠"❶之后所拟定的又一较为系统、完备的舆服规定。但同时需要指出的是，"武德令"中所规定的内容，在推行以后又在不断地修改和完善。

唐初尽管完全恢复了周代礼制中"六冕"，可是具体内容有所不同，冕服制度也在时代发展中不断地进行着调整。据《旧唐书·舆服志》记载："唐制，天子衣服，有大裘之冕、衮冕、鷩冕、毳冕、绣冕、玄冕、通天冠、武弁、黑介帻、白纱帽、平巾帻、白帢，凡十二等。"❷后《新唐书·车服志》又记："凡天子之服十四"❸，比前者多"缁布冠"和"弁服"。关于唐时帝王的冕服之制，事实上是经历了一系列的商讨与奏议的。唐太宗指示要"欲崇重今朝冠冕"❹，虽然其意旨在说明现实社会地位比出身门第更重要，但也从另一个侧面证实了唐代君主制的权威性。

唐高宗显庆元年（656年）九月，长孙无忌、于志宁、许敬宗等一批大臣，向皇帝进上了一份语调激愤的奏疏，矛头直指现行冕服制度。其内容是："准武德初撰《衣服令》，天子祀天地，服大裘冕，无旒。臣无忌、志宁、敬宗等谨按《郊特牲》云：'周之始郊，日以至。''被衮以象天，戴冕藻十有二旒，则天数也。'而此二礼，俱说周郊，衮与大裘，事乃有异。按《月令》：'孟冬，天子始裘。'明以御寒，理非当暑，若启蛰祈谷，冬至报天，行事服裘，义归通允。至于季夏迎气，龙见而雩，炎炽方隆，如何可服？"❺从上述奏文中能够了解到大裘冕在冬季可以用，但是在夏季迎节气时，正值炎热的夏季，这种服装怎么穿呢？于是长孙无忌等人请求废除大裘冕，在祭祀天地时都服用衮冕。除此之外，还提到一个祭祀礼服上"君少臣多"的问题。

《旧唐书·舆服志》中提到的冕服，始自周代，但在西汉已经失传，到了东汉明帝时期，特令一批学者参稽古籍，重新制定了冕服制度。唐代承袭古制，把皇帝参与的祭祀和礼仪活动分成了六等，每一等都穿着不同冕服（图2-8）。

据《旧唐书·舆服志》记载："大裘冕，无旒，……裘以黑羔皮为之……祀天神地祇则服之。

衮冕，金饰，垂白珠十二旒……诸祭祀及庙、遣上将、征还、饮至、践阼、加元服、

❶ 刘昫，等.旧唐书［M］. 北京：中华书局，1975：1951.
❷ 同❶：1936.
❸ 欧阳修，宋祁，等.新唐书［M］. 北京：中华书局，1975：514.
❹ 同❶：2444.
❺ 同❶：1938.

图2-8 | 冕服帝王，朝服从臣和平巾帻，裲裆裤褶掌扇人（唐代，敦煌220窟贞观时壁画维摩变下部）

纳后、若元日受朝，则服之。

鷩冕，服七章……余同衮冕。有事还主则服之。

毳冕，服五章……余同鷩冕。祭海岳则服之。

绣冕，服三章……余同毳冕。祭社稷、帝社则服之。

玄冕服，衣无章，裳刺黼一章。余同绣冕。蜡祭百神、朝日夕月则服之。" ❶

在这些冕服中，大裘冕是皇帝专用的，臣下不能用。其余五冕，既是皇帝的礼服，也是官员的礼服。但是皇帝的衮冕和官员衮冕略异，一个是十二旒十二章，一个是九旒九章，其余四冕，皇帝和官员的区别则不大了。

《旧唐书·舆服志》又记："武德令，侍臣服有衮、鷩、毳、绣、玄冕，及爵弁、远游、进贤冠，武弁，獬豸冠，凡十等。

衮冕，垂青珠九旒，……青衣，纁裳，服九章……第一品服之。

鷩冕，七旒，服七章……余同衮冕，第二品服之。

毳冕，五旒，服五章……余同鷩冕，第三品服之。

绣冕，四旒，服三章……余并同毳冕，第四品服之。

玄冕，衣无章，裳刻黻一章，余同绣冕，第五品服之。" ❷

通过比较和分析可以看出来，上面所说的皇帝冕服依祭祀等级而变，而官员冕服主要按官品而定，在各种场合变化不大。如此问题就出现了，在皇帝祭祀还主而服鷩冕时，一

---

❶ 刘昫, 等.旧唐书［M］. 北京:中华书局, 1975: 1936–1937.

❷ 同❶: 1942–1943.

品官为衮冕，高于皇帝的鷩冕。在皇帝为祭祀海岳而服毳冕时，二品官的鷩冕也高于皇帝了。随后就是大臣们所指责的情况。皇帝祭祀社稷，其冕服变为四旒三章的绣冕，而这时一品官的衮冕九旒九章，二品官的鷩冕七旒七章，三品官的毳冕五旒五章，都比皇帝的绣冕要高，就连四品官的绣冕，也跟皇帝并驾齐驱。尤其是祭祀百神、日月时，问题更严重，皇帝变为玄冕，只是三旒一章，其冕服等级只与五品官相当，一、二、三、四品官员冕服都比皇帝高，这就是长孙无忌等大臣们所说的"君少臣多"或"与臣无别"的意思。所以他们请求以汉魏为准，在各种祭祀礼仪上皇帝只服用衮冕。

另外，隋代没有对皇太子服饰作出规定，随着皇权的进一步明确与巩固，《旧唐书·舆服志》记载："武德令，皇太子衣服，有衮冕、具服远游三梁冠、公服远游冠、乌纱帽、平巾帻五等。贞观已后，又加弁服、进德冠之制。"❶接着后面写道："自永徽已后，唯服衮冕、具服、公服而已。若乘马袴褶，则著进德冠，自余并废。若谦服、常服，紫衫袍与诸王同。"❷

当然，这不是一成不变的。唐玄宗开元二十六年（738年），李亨升为皇太子，受册封，太常所撰定的仪注中有穿"绛纱袍"一项。这种袍服是出现在"具服远游三梁冠"所加的具体服制中。以红色纱为之，红里，领、袖、襟、裾俱以皂缘。交领大袖，下长及膝。通常与通天冠、白纱中单、白裙襦、绛纱蔽膝等配用。太子认为此衣着与皇帝的相同，上表推辞不敢承受，请求改换。玄宗下令百官仔细讨论。尚书左丞相裴耀卿、太子太师萧嵩等上奏说："谨按《衣服令》，皇太子具服，有远游冠，三梁，加金附蝉九首，施珠翠，黑介帻，发缨緌，犀簪导，绛纱袍，白纱中单，皂领、襈、裾，白裙襦，方心曲领，绛纱蔽膝，革带、剑、珮、绶等，谒庙还宫、元日冬至朔日入朝、释奠则服之。其绛纱袍则是冠衣之内一物之数，与裙襦、剑、珮等无别。至于贵贱之差，尊卑之异，则冠为首饰，名制有殊，并珠旒及裳彩章之数，多少有别，自外不可事事差异。亦有上下通服，名制是同，礼重则具服，礼轻则从省。今以至敬之情，有所未敢，衣服不可减省，称谓须更变名。望所撰仪注，不以绛纱袍为称，但称为具服，则尊卑有差，谦光成德。"❸议状奏上，皇帝亲写敕令将"绛纱袍"改为"朱明服"，下达有关部门凭此施行使用。从上述记载可以看出，皇太子对自己所处的位置以及应守的服饰礼仪是十分重视的，而唐代统治者会针对某些情况，进行具体问题具体分析，体现出其开明与变通的舆服政策。

自唐代皇帝不再穿用鷩冕以下等级的冕服以后，其后历代再没有仿照周礼"君臣通用"的制度执行过全套的六冕，"尊君"和"实用"的标准成为冕制变迁的主流。

宋代冕服制度经历了显著的礼制转型，其核心特征体现为使用范围的收缩与等级标识的异化。相较于前代，宋代冕服被严格限定于祭祀场合，这种制度性收缩既反映出宋代官

❶ 刘昫，等.旧唐书［M］.北京：中华书局，1975：1940.
❷ 同❶：1941.
❸ 同❶：1941-1942.

僚服饰体系的精细化发展，也暗含君主对礼制象征的集权化控制。

在等级标识体系层面，宋代完成了中国冕制史上关键的范式转换。自先秦以降遵循的奇数等差传统，至北宋大观年间（1107—1110年）被礼官宇文粹中以"古者诸侯旒用奇数，今臣下不宜僭拟"为由打破。这场由政治姻亲发动的礼制改革，通过将公卿冕旒数减为偶数的操作，既消解了传统奇数序列的等级张力，又构建起天子独尊奇数的新型象征体系。这种制度调整在南宋时期进一步深化，结合地方祭祀中代祭官的身份标识需求，最终形成无论京朝外任，人臣必以偶数明分的刚性规范。

曾经象征着盛世周礼的群臣祭服，至宋代其地位一落千丈。依照宋代的祭祀服制，群臣祭服变得像今天学校、单位在集体活动时发的制服一样，只在特别场合要求统一穿着，穿完之后便收回去统一存放，下次活动时重新再发。宋代群臣祭服平时由"朝服法物库"统一保管，大典前分发。由于保管不善，经常拿出来要用的时候发现祭服已经损坏了，要修补后才能使用，而群臣领用的时候还要给公差赏赐，官差上下都以此为累。所以每每到了该发祭服之前，掌事的官员就先上书求恩典，请皇帝照例降旨，特免去穿戴祭服的要求了事。即使不得已一定要穿着使用的时候，冕服的形制也常常出现各种错乱不妥之处，如用错了冕板的颜色，旒色、旒数不依古制，服章数量没有用全，或蔽膝、大带穿戴不当，等等。原本君臣崇高而精致的冕制，诸臣部分已经破败没落了。

宋明之间，辽、金、元等少数民族王朝虽然各有民族服饰传统，但在冕服制度上也都不同程度地借鉴、吸纳了华夏舆服。辽代皇帝在本民族的服饰之外也会穿衮冕十二章，如《辽史·仪卫志》载："大祀，皇帝服金文金冠，白绫袍，红带，悬鱼，三山红垂。饰犀玉刀错，络缝乌靴。"❶白绫袍，以白色丝绫缝制的契丹传统袍服。红带，即腰扎红色的带。三山红垂，该物是何形状？在赵伯骕的《番骑猎归图》中调箭人物腰间所佩的上为方形、下有流苏的物品，周锡保先生考其为"三山绛垂"。红垂与绛垂，只不过是足下边流苏的颜色之区别而已。犀玉刀错，足错金纹饰的刀鞘，刀柄饰有犀角与玉石的小刀。"小祀，皇帝硬帽，红克丝龟文袍。皇后戴红帕，服络缝红袍，悬玉佩，双同心帕，络缝乌靴"❷。红克丝即红缂丝，缂丝亦称刻丝，它是我国特有的一种丝织手工艺，织时先架好经线按照纹饰底衬颜色用小梭子引各种颜色的纬线，断断续续地织出图案纹饰。如宋人庄绰所谓："承空视之，如雕镂之象，故名刻丝。如妇人一衣，终岁可就"❸由此可见，缂丝的面料是相当贵重的，一件衣服要织一年时间才能完成，其工艺的复杂程度可见。辽帝之红缂丝龟纹袍即为上述工艺织成的龟背纹红色丝绸缝制的契丹民族袍服。络缝红袍，即以红色绫锦裁出多条，缝以线连络在一起的契丹式袍服。悬玉佩，双同心帕者，即腰间扎系的布帛带，结有同心结。参加祭祀活动，臣僚及命妇们的服饰，要随从本部旗帜之色。

❶ 脱脱，等.辽史 [M]. 北京:中华书局,1974: 165.
❷ 同❶.
❸ 庄绰.宋人小说之十六:鸡肋编 [M]. 上海:上海书店出版社,1990: 150.

金代皇帝穿衮冕十二旒十二章，另皇太子九旒九章。但共同之处是，诸臣都不再服冕了。元代，忽必烈也曾制礼作乐，而且史载"考古昔之制而制服焉"❶。元朝冕制，皇帝衮冕十二旒十二章，皇太子也可以服衮冕九旒九章，除此以外臣下们就没有服冕的资格了。在祭祀大典的时候，助祭诸臣用笼巾貂蝉冠为祭冠，诸执事官分别用貂蝉冠、獬豸冠、七梁冠、六梁冠、五梁冠、四梁冠、三梁冠、二梁冠以区别品级身份，总之都不可服冕。《元史》载元文宗至顺年间（1330—1333年）曾使用过大裘冕以祭昊天上帝，皇帝之冕无旒，服大裘披衮冕。

明太祖朱元璋在重建汉族政权后，虽着力恢复华夏衣冠制度，但对于辽金元时期形成的强化皇权的冕服礼制却采取选择性继承策略。据《明史·舆服志》记载，洪武元年（1368年）礼官奏请恢复周制五冕之礼，太祖以五冕太繁为由驳回，确立重大祭祀仅着衮冕的简省制度（图2-9）。这一改制既保持了天子威仪，又契合明初崇尚简朴的治国理念。至洪武二十六年（1393年）更定冕服体系，形成等级森严的宗室冠服制度：皇太子在祭祀天地、社稷、宗庙及大朝会、受册、纳妃等重要场合服九旒九章衮冕；亲王冕服规格与太子等同；亲王世子则降等使用七旒七章。永乐年间进一步扩展服冕范围，增设郡王七旒五章之制，但严格限定为皇室近支宗亲特权。

图2-9 | 明洪武年冠服图（选自《明宫冠服仪仗图》）

❶ 苏天爵.元文类［M］.上海：商务印书馆，1936：724.

　　清初时便将祭祀活动定分成三个等级：大祀、中祀和群祀。"圜丘、方泽、祈穀、太庙、社稷为大祀。天神、地祇、太岁、朝日、夕月、历代帝王、先师、先农为中祀。先医等庙，贤良、昭忠等祠为群祀。"❶乾隆皇帝在位时，增加"常雩"为大祀，增加"先蚕"为中祀；咸丰时期，增加"文昌"为中祀；光绪时期，将祭先师孔子改为大祀。根据祭祀的等级、场合和时节不同，所用祭服也有差异。《皇朝政典类纂》中记载"康熙二十二年定，凡大典礼及祭坛、庙……礼服用黄色、秋香色、蓝色""雍正元年定祭服用天青、明黄、大红、月白四色"❷。乾隆年间的《钦定大清会典则例》中详细规定了大祀和中祀所用服装"圜丘、祈穀、雩祀，前祀一日，皇帝御斋宫御龙袍衮服，祀日御天青礼服，祭方泽御明黄礼服，朝日御大红礼服，夕月御玉色礼服，其余各祀皆御明黄礼服"❸。《钦定大清会典》中有对不同祭祀场合皇帝所穿祭服颜色的规定"皇帝有事于郊庙，皆御祭服。祀天青色，祭地黄色，朝日赤色，夕月玉色，余祭均黄色。陪祀王公百官咸朝服"❹。《钦定大清会典图》中亦有对不同颜色祭服在不同祭祀场合中穿用的记载："朝服色用明黄，惟南郊、祈穀、雩祭用蓝，朝日用红，夕月用月白。朝服色用明黄、惟圜丘祈穀用蓝、惟朝日用红、惟常雩用蓝，夕月用月白"❺。有关祭服用色的文字记载中，均在红、蓝、月白用色前特别加了一个"惟"字，既而限定了这三色帝用祭服的使用范围和使用场合，意即这三色祭服始终都须专服专用。然与前三色所不同的是，明黄色帝用服装的用称有所不一，如有"祭服用天青明黄""朝服色用明黄""方泽礼服明黄色"等。礼服是指皇帝在朝会、祭祀等场合所穿用的服饰，正如光绪《清会典》所言"皇帝朝祭冠服，皆为礼服"❻,皇帝在天坛祭天、祈穀和常雩之时，依照天空之色故穿蓝色祭服；在日坛祭朝日时，服用红色；在月坛祀夕月时，则穿月白色祭服。而明黄色帝用祭祀之服，既可祀地于方泽即祭地坛、祭太庙、祭先农坛、祭社稷坛，也可用作祭先师孔子、祭历代帝王庙等祭祀所用服色。此规定同《礼记·玉藻》中对先秦祭服颜色的规定"凡祭，容貌颜色，如见所祭者"❼一致，这也说明了清代虽为满族政权，但其吉礼所用服饰在颜色上依旧沿袭了汉族传统。

　　随着清政权的建立，中国古代社会沿用两千年的冕服制度结束了其历史使命，从服饰制度中消失了，在祭天仪典上再也看不到玄衣纁裳的章旒衣冠，取而代之的是明黄色的龙袍，成为皇帝新的标准服装。最后剩下的冕服遗迹，也只有清代皇帝朝服上并不显眼的十二章纹。清代虽仍保留了衮服的名目，但与前代的衮服已名同实异。十二章纹改用在清代的朝服上，继续存在于中国古代的服饰制度中。

　　在清代皇帝的典制冠服中，衮服是因袭古制而定，始于顺治十四年（1657年），在此之

❶ 赵尔巽，等.清史稿：卷八十二［M］．北京：中华书局，1977：2485.
❷ 席裕福，沈师徐.皇朝政典类纂：卷三百七［M］．台北：文海出版社，1982：6481.
❸ 允祹，等.钦定大清会典［M］．长春：吉林出版集团有限责任公司，2005：126.
❹ 同❸：208.
❺ 同❸：339.
❻ 清宫修政书：清会典（影印本）［M］．北京：中华书局，1991：240.
❼ 阮元.十三经注疏：卷三〇［M］．杭州：浙江古籍出版社，1998：1485.

前的清代史料中，并无皇帝着衮服的记载。按清朝典制规定，衮服虽然不作为皇帝奉祀之服，但它却是皇帝比较重要的大礼服，用处颇多，诸如皇帝亲耕着龙袍、衮服；皇帝于圆明园、避暑山庄、盛京朝贺，御龙袍、衮服；固伦公主初定礼、成婚礼，皇帝着龙袍、衮服升座；诣皇太后宫请安，皇帝着龙袍、衮服；皇帝亲行郊劳礼，着龙袍、衮服；皇帝受俘，亦着龙袍、衮服在午门登楼升座；皇帝万寿也是着龙袍、衮服等。它与龙袍搭配而穿，即套在龙袍外面，有时也可套在朝服之外，它是清朝皇帝唯一的一种非明黄色的衣服，在祭祀、祈谷、祈雨等重大典礼时穿在礼服外的衣服，颜色为石青色。

清代衮服是皇帝每年祭圜丘、祈谷、祈雨时所穿，款式颇为简单，即为圆领、对襟、平袖、袖长及肘，四面开衩的外褂，衣长可至双膝，因为套在龙袍或朝服的外面，袖要露出箭袖，下幅要露出"海水"，在前胸至腹部以上，用五枚纽扣相系（图2-10）。

衮服的纹饰并不复杂，按《清史稿》规定：皇帝衮服"色用石青，绣五爪正面金龙四团，两肩前后各一。其章左日右月，前后万寿篆文，间以五色云。春、秋棉、袷、冬裘、夏纱惟其时。"[1]因循古制，故在衮服上，清朝也不饰十二章，但也不饰九章，而只是在两肩上饰日、月二章。它采用了顺治三年（1646年）五月谕户部的"五爪龙、凤凰及通身八补、四团龙补，一应上用袍服花样，俱不许官民买卖，著严行禁止，违者依律治罪。"[2]规定中的四团补制，即是彩绣的四枚五爪正面金龙大圆补，两肩前后各饰一团，在左肩团补的正龙头上绣一只引颈向上的五彩雄鸡表示太阳，在右肩团补的正龙头上绣一只执杵捣药的玉兔表示月亮，以喻皇帝"肩担日月"与"日月齐辉"，实质上是饰了十二章中的日月二章。

清代的服饰制度比中国历史上任何一代的服饰制度更为繁缛，而宫廷服饰又是其中等级制度最复杂、最严密者，此为其特色。清代礼服由朝服、朝冠、端罩、衮服、朝珠及朝带所组成，是皇帝在重大庆典及祭祀活动时穿用的服饰和佩饰。

《礼记·祭统》中载："凡治人之道，莫急于礼；礼有五经，莫重于祭。"[3]据咸丰四年（1854年）档和光绪二十二年（1896年）档记载，皇帝在祭祀时所穿的服饰皆为朝袍，腰间的束带既有朝带也有

图2-10　|　石青色缎绣四团云龙纹衮服（选自《清代宫廷服饰》）

❶ 赵尔巽，等.清史稿［M］.许凯，等标点.长春:吉林人民出版社，1995: 2063.
❷ 万依，王树卿，刘璐，等.清代宫廷史［M］.沈阳:辽宁人民出版社，1990: 87.
❸ 礼记［M］.胡平生，张萌，译注.北京:中华书局，2017: 3103.

祭带。皇帝穿朝服，群臣亦要跟着穿朝服。清代皇帝朝服的款式在历代皇帝冕服衣裳的基础上，融入满族服饰的特色而成。服饰的款式是右衽，上衣下裳相连的长袍式结构，裳有襞积（裥褶），衽内有半幅里襟。袖分三截，臂肘至袖端，是一段间隔很窄的捏褶接袖，满语称为"赫特赫"，可用石青色或明黄色，即"马蹄袖"，外戴大领（披肩领）。在纹饰上，除必有的云龙海水纹之外，又增加了象征皇权

图 2-11 ｜ 黄缎绣云金龙男朝袍（选自《清代宫廷服饰》）

而作为中国历代皇帝必备专用的"十二章纹"（图 2-11）。

另外，清代礼服上还配有朝带，用丝编织，带扣用金、银、錾花，分列腰两侧，用以系汉巾、刀、帕、荷包等物。朝带为朝服所用的腰带。皇帝有两种，其余百官为一种。君臣朝带的不同之处是朝带颜色、带板纹样、佩绦。皇帝腰带、囊、绦皆为明黄色，上饰东珠、宝石。带板根据祭祀更换板饰：祭天用青金石，祭地用黄玉，祭日用珊瑚，祭月用白玉。皇子以下至辅国公的朝服带，除用色、珠数不同外，其他相同。《大清会典》规定：皇帝朝带为明黄色，皇子等宗室人员为金黄色，觉罗宗室为红色，其他人等均为石青色或蓝色，以朝带颜色及其饰件就能分出等级、辨出名分，即以"红带子""黄带子"指称努尔哈赤直系宗亲或旁系皇族。

从上述记载可以看出，清代礼服上的朝带与祭带、朝服与祭服的功用日益模糊，可是从服饰礼仪制度层面而言，还遵守着祭服之制。皇帝明黄色朝袍是用作朝服还是祭服，可以通过接袖的颜色来区分。清代袍服的一大特点是改革了历代宽衣大袖，而创造出适合满族生活需要的衣袖形式——箭袖，祭服"袖同衣色"，清代唯有皇帝才有祭服，其余人员朝祭合一。这是清代皇家服饰有别于其他朝代的地方。朝服"袖异衣色"，即袖子和衣服不同色彩。男朝服没有接袖，女朝服袍有接袖。

皇帝祭服中服饰颜色黄色使用次数最多，蓝色其次。清朝皇帝是从清太祖努尔哈赤开始穿"黄袍、锦衣"。他显然是接受汉族皇帝穿黄袍的传统，因为他是后金汗国的汗王，当然要穿这种黄色的锦袍，这也是对明朝皇帝的一种挑战。不过由于当时冠服制度还没有建立，限制又不严，颇为混乱，直至天聪六年（1632 年）十二月，皇太极在初定

后金冠服饰制度时，提出不许贝勒们"擅服黄缎及五爪龙等服"，这是清史上关于黄色的最早禁令。当然黄色包括许多种黄，如明黄、金黄、杏黄、淡黄、蜡黄、土黄、姜黄等，而清代皇帝采用的是太阳照耀大地的颜色——明黄色，其明快、靓丽，所以皇帝的一切用具都是明黄色。

《清史稿·舆服志》中，就有明文规定，无论皇帝的冬朝冠或夏朝冠，都是"上缀朱纬，前缀金佛，饰东珠十五……"❶这就是说用十五颗东珠，围绕一尊用黄金打造的小佛像，戴在皇帝朝冠的正前方，作为皇帝朝冠的"帽正"，这种做法历代绝无，可谓是努尔哈赤的独创。按《钦定大清会典图》之规定：上自皇帝、后妃，下至亲王大臣、文武百官，凡穿朝服时都要戴朝冠。朝冠分冬朝冠和夏朝冠两种，冬朝冠就是皮帽、暖帽，夏朝冠就是草帽、凉帽。

按《清史稿》之规定，皇帝冬朝冠"冬用薰貂，十一月朔至上元用黑狐。上缀朱纬。顶三层，贯东珠各一，皆承以金龙四，余东珠如其数，上衔大珍珠一。"❷这就是宫中惯称的"苍龙教子珠顶冠"。这三层珠顶的每一层都用四条立体镂雕、引颈向上攀行的小金龙，攫一颗大珍珠，叠摞三层，最上擎一颗大珍珠。而夏朝冠顶亦如此，只是"夏织玉草或藤竹丝为之，缘石青片金二层，里用红片金或红纱。上缀朱纬，前缀金佛，饰东珠十五。后缀舍林，饰东珠七，顶如冬制。"❸"舍林"是满语护额的意思，也就是古代行军打仗戴的帽子上放"舍林"起到保护头部的作用。后来经过演变发展起到帽子的装饰作用，也就是说，皇帝的夏朝冠亦是三层珠冠顶。而皇子、亲王的朝冠，比皇帝少了一层冠顶，只有两层。

在清代的礼服制度中，从皇帝、皇子、亲王、贝勒到各级官员，都有一种毛朝外穿的皮礼服，叫作端罩。满语称为"打呼儿"。这是北方骑射民族一种衣皮的生活习惯。它是在冬季（从十一月初至正月十五日前后）时套在朝服、龙袍或蟒袍外面穿的裘皮外褂。其款式为圆领、对襟、平袖，这也是满族衣皮习惯在礼服制度中的反映（图2-12）。这种皮褂早在后金时期已为官员们普遍穿着，努尔哈赤也经常以此来赏赐下属或归附的蒙古首领及明朝的降官降将。然而等级不同，所赐端罩的用皮亦不同。按《大清会典》的规定，帝王及地位较高的达官显贵之人才有，君臣的端罩，其制有两种的，也有一种的。唯皇帝的端罩制度为两种，其余王公文武百官皆为一种。皇帝的端罩，有黑狐、紫貂两种，皆以明黄色缎为里："十一月朔至上元用黑狐"❹。也就是说，在冬季其余应穿端罩的时间里，穿用紫貂皮端罩。皇子的端罩，则以紫貂皮制成，其里以金黄色缎制成。亲王、亲王世子、郡王、贝勒、贝子皆以青狐皮制成，其里则为月白色缎。

❶ 赵尔巽，等.清史稿［M］．北京:中华书局，1976: 3033.
❷ 赵尔巽，等.清史稿［M］．许凯，等标点.长春:吉林人民出版社，1995: 2063.
❸ 同❷.
❹ 同❷.

图 2-12 │ 貂皮端罩（选自《清代宫廷服饰》）

二、后妃贵妇礼仪服饰制度

（一）六服制度

六服是周代对贵妇礼服的规定，据《周礼·天官·内司服》记载："内司服掌王后之六服：祎衣、揄狄、阙狄、鞠衣、展衣、褖衣，素纱。"[1] 最后一种素纱实际上不包括在六服之内，而是一种白色的纱制衬袍类的服饰，衬在六服之内服用。六服的前三种是祭服，是皇后陪从帝王祭先王、祭先公、祭群小时服用。

作为王后、命妇的祭服与帝王、诸侯的祭服即冕服等一样，鲜明而森严地体现了氏族宗法制社会的等级观念和等级制度。如周代王后，"从王祭先王则服祎衣""祭先公则服揄狄""祭群小祀则服阙狄"。其次，在后妃与命妇之中，自然是等级森严，不可僭越的。如祭祀、礼见时，侯伯夫人服揄狄；子、男夫人服阙狄；九嫔服鞠衣；世妇服禫衣；女御服褖衣。三孤夫人服鞠衣；卿夫人服禫衣。因此，命妇"六服"即祎衣、揄狄、阙狄、鞠衣、禫衣、褖衣与王侯"六冕"即大裘冕、衮冕、鷩冕、毳冕、绨冕、玄冕相匹配，其身份地位的高贵卑微，在服饰方面通过等级森严、不容僭越的装束标准，区分得一清二楚，从而达到以服饰制度来维护封建政治体制的目的和初衷。这六种礼服，在用料和式样上差别不大，但色彩、纹样却各不相同（图 2-13）。祎衣色玄、揄狄色青、阙狄色赤。

据《周礼·天官·内司服》载"王后六服"得知，王后的"六服皆袍制"，都是上衣下裳相连的，近似男子的深衣，其含义是妇人以专一为美德。深衣，本身即是一种具有中

---

[1] 吕友仁.周礼译注 [M]．郑州:中州古籍出版社，2004: 91.

图2-13 |《三礼图》中后妃及命妇的礼服（宋代）

华民族意识的传统服装，其构成服装款式的内涵主要是儒家思想。《礼记》中专门有深衣篇："古者深衣，盖有制度，以应规、矩、绳、权、衡。短毋见肤，长毋被土。续衽钩边，要缝半下。袼之高下，可以运肘。袂之长短，反诎之及肘。带下毋厌髀，上毋厌胁，当无骨者。"❶这里说的是深衣的款式和各部位的具体要求，以切合于圆规、矩尺、墨线、秤锤、秤杆。不能短到露出小腿肚，不能长得拖地。裳的衽连在右边，中间收小，呈上下广中间狭的形状，腰际的宽度是裳下摆的一半。腋下袖缝的高低，以可以使胳膊运动自如为标准。袖子在手以外的部分，以反折过来刚好到手肘为合度。腰间的大带，不能太下盖住股骨，也不能太上盖住肋骨。适当的位置，是在肋骨下股骨上的无骨之处。古代深衣的这种制作规格是根据什么呢？深衣裁制的方式为：上六幅、下六幅，共十二幅，以合于一年十二个月。袖口圆，像圆规；方形的衣领似矩，表示应该方正；背缝似一直线到脚后跟，表示应该正直；裳的下摆似秤锤秤杆，表示应该公平。袖口如圆规，则揖让有仪容；背缝一条直线和方形的衣领，表示要为政正直，行为合于义理。到了东汉，由于男性礼服为衣裳，朝服以及常服以长袍为主，因此深衣就主要为女性所穿用了。

狄，就是翟，也就是雉（长尾野鸡）羽。命妇"六服"中的祭服：袆衣、揄狄、阙狄，总称"三翟"，即谓此三种祭服之上，都或刻或绘有"翟"（袆衣、揄狄为画，阙狄"刻而不画"）。关于"三翟"之"翟"，即于祭服上或刻或绘"翟"——另说刻画"翚"形。其实，"翟"和"翚"均系指长尾山雉。

袆衣是王后的祭服，位居于诸服之首，相当于天子的冕服，是跟随帝王祭祀先祖时的穿着。袆衣的样式为上下连属，衣为黑色，刻缯为翟而加以彩绘，缝缀于衣上以为纹饰。衬里则用白色纱縠，以期透过纱縠能隐现出五采衣饰。与袆衣相配的还有大带、蔽膝及黑舄。《礼记·明堂位》记载："君卷冕立于阼，夫人副袆立于房中。"❷郑玄注："袆，王后之上服"。❸

---

❶ 朱彬.礼记训纂［M］.北京:中华书局,1996: 846-847.

❷ 礼记［M］.陈澔,注/金晓东,校点.上海:上海古籍出版社,2016: 364.

❸ 礼记［M］.钱玄,等注译.长沙:岳麓书社,2001: 430.

揄狄是王后祭祀先公时穿的礼服，位次于祭先王的袆衣，侯伯夫人从君祭庙时亦着此。其式通为袍制，衣色用青，衬里用白，因衣上刻画着长尾野鸡，故名揄狄。另配以大带、蔽膝及青袜、青舄。秦汉以后，揄狄多用于嫔妃，皇后则不再着此。

阙狄是贵妇的礼服。列为于袆衣、揄狄之下，上自后妃、下至士妻，参加祭祀及宴见时均可着之。衣式亦用袍制，外表用赤，衬里用白。穿着时配以大带、蔽膝、赤舄。

与"六服"相配的首饰是"副笄六珈"，亦称"衡笄六珈"，通常为祭祀所戴。《周礼·天官·追师》"追师掌王后之首服，为副、编、次、追、衡、笄"❶。《通典》记载："追师，掌冠冕之官，故并主王后之首服。郑玄谓：'副之言覆，所以覆首为之饰，其遗象若今步摇矣，服之以从王祭祀。编，编列发为之，其遗象若今假紒（紒）矣，服之以桑也。次，次第发长短为之，所谓髢髢也，服之以见王。王后之燕居，亦纚（纚）笄总而已。追犹治也，诗云'追琢其璋'。王后之衡笄，皆以玉为之，惟祭服有衡，垂于副之两旁，当耳，其下以纮悬瑱。诗云'玼兮玼兮，其之翟也。鬒发如云，不屑髢也。玉之瑱也'是也。笄，卷发者。外内命妇衣鞠衣襢衣者服编，衣褖衣者服次。'追音堆。髢，徒计反。髢，皮寄反。襢，知善反。褖音彖。"❷由此可知，王后穿礼服时首服相配情况为副配袆衣，编配鞠衣，次配襢衣。

"笄"即簪子，这里指"衡笄"，用玉制成，"王后之衡笄皆以玉为之，唯祭服有衡，垂于副之两旁，当耳，其下以纮悬瑱"❸。按笄有二，一用以拢住头发，另一用以固定头戴之冠，妇女虽然没有冠，但戴上假发髻（副）为首饰时，则必须用笄来固定它，这就是"副笄"，也称为"衡"或"衡笄"。《毛传》中有"副者后夫人之首饰"，可见这种"首饰"是贵族"后夫人"才能享受的。《诗经·鄘风·君子偕老》中描写的卫宣公夫人宣姜其头饰就有"副笄六珈""玉之瑱也，象之掦也"等，同时还提到"髢"（假发）。据《毛传》等训释："副"是假发编成的假髻。清人王念孙撰《广雅疏证》卷七载："副之异于编次者，副有衡笄六珈以为饰，而编次无之。其实副与编次，皆取他人之发合已发以为结，则皆是假结也"❹；"珈"即古代妇女簪上之金玉饰物，犹后世之钗头；"六珈"即固定假发的华贵的六枝玉簪。《诗经》上所言之"副笄六珈"和《周礼·天宫·追师》所说的"为副、编、次、追、衡、笄"是可以达到统一的。《诗经》中的"副笄六珈"的"副"，即王后用以合他人之发编结假髻的首饰；"笄六珈"，即于"副"（即"假髻"）上，簪或笄端另加玉饰而类乎步摇之类的六枝笄。而"编"和"次"都没有。此外，所谓的"衡"，是一种垂在"副"两旁，正当耳际，其下用一种称为"纮"的丝带，悬着称为"瑱"的塞耳之玉的首饰。这种"衡"的首饰只悬于"副"的假髻两侧，而"编"和"次"的假髻两侧均没有，以此区分王后与其他嫔妃及公侯夫人的等级差异。"玉之瑱也"，"瑱"就是耳旁垂玉，左右各一，以丝

❶ 周礼［M］. 徐正英, 常佩雨, 译注. 北京: 中华书局, 2014: 367.
❷ 杜佑. 通典［M］. 北京: 中华书局, 2016: 151.
❸ 李学勤. 周礼注疏: 卷七（十三经注疏标点本）［M］. 北京: 北京大学出版社, 1999: 763.
❹ 王念孙. 广雅疏证［M］. 钟宇讯, 点校. 北京: 中华书局, 1983: 226.

绳系之，绳的上端连在首饰上，下端有穗，垂到胸前（依高亨说）。"象之搪也"，"搪"即搔头的簪子，用象骨制成，故称"象搪"。全诗对宣姜的服饰作了多侧面的描写：她穿的有华贵的"象服""翟衣""展衣"和白内衣外罩极细的白葛布衫，头上又有上述那样讲究的首饰，自然能给人留下"委委佗佗，如山如河""胡然而天也，胡然而帝也"的印象了。

（二）亲蚕之服

在六服之中，比较有特点的是皇后的亲蚕之服——鞠衣。《周礼·天官·内司服》："掌王后之六服：……鞠衣……"郑玄注："鞠衣，黄桑服也。色如鞠尘，象桑叶始生。"又："内命妇之服：鞠衣，九嫔也……。"❶《吕氏春秋》记载："《内司服》章：王后之六服有菊衣。衣黄如菊花，故谓之菊衣。……盖后妃服以躬桑者。"❷《释名·释衣服》载："鞠衣，黄如菊花色也。"❸

鞠衣，亦作"菊衣"，又称"黄桑服"，使用更为广泛，后妃命妇皆可穿着，王后着此以躬亲蚕。亲蚕的祭祀仪式象征意义颇浓，是皇后亲蚕以此来体现统治者对农业生产的重视。《礼记·祭统》："天子亲耕于南郊，以共齐盛；……诸侯耕于东郊，亦以共齐盛。"❹在每年三月，养蚕即将开始之时，由王后出面主持祭祀之礼，向先帝祷告桑事时服用鞠衣，所以服色像桑叶初生之黄色，以示"男耕女织"，九嫔、卿妻则用于朝会。衣式也用袍制，外表用黄，衬里用白。所用蔽膝、大带、袜、舄等各随衣色。

中国是桑蚕的故乡，早在西周王朝，养蚕业以及丝织品加工业就相当发达，如《诗经·豳风·七月》记载："春日载阳，有鸣仓庚。女执懿筐，遵彼微行，爰求柔桑。"❺如同皇帝籍田礼一样，皇后亲蚕礼也是来源于原始时期对于桑蚕重视的古老习俗。同样，亲蚕礼由古俗演变为宫廷礼仪，亦经历了籍田礼类似的轨迹。《礼记·祭统》中记载："古者天子、诸侯，必有公桑蚕室，近川而为之。筑宫仞有三尺，棘墙而外闭之。"❻上古时代，王朝统治阶级往往在河流附近种植桑树，修筑蚕室，并用荆棘围成三尺高的篱笆。《礼记·祭统》又说："王后蚕于北郊，以共纯服……夫人蚕于北郊，以共冕服。"❼皇后嫔妃采桑养蚕，缫出的丝，织出的绢帛，主要用途是制作祭礼和朝会上的礼服。

早期的皇后亲蚕仪式已无具体记载，《通志略·礼一》记载：周王朝的制度是仲春之月举行亲蚕礼，由天官内宰传诏，王后率领内外命妇"始蚕于北郊，以为祭服"❽，为鼓励蚕桑生产，由皇后率嫔妃举行此典，历代行之，形成祀先蚕，也称"祀蚕桑""亲蚕"，成为

❶ 李学勤.周礼注疏：卷七（十三经注疏标点本）[M]．北京：北京大学出版社，1999: 690.
❷ 吕氏春秋[M]．高诱，注.上海：上海古籍出版社，2014: 46.
❸ 刘熙.释名[M]．上海：商务印书馆，1939: 1493.
❹ 礼记[M]．钱玄，等注译.长沙：岳麓书社，2001: 270.
❺ 袁梅.诗经译注[M]．济南：齐鲁书社，1985: 380.
❻ 同❹: 650.
❼ 同❻.
❽ 郑樵.通志略[M]．上海：上海古籍出版社，1990: 96.

古代吉礼之一种。之后，西汉王朝、东汉王朝、三国曹魏王朝，都曾有皇后亲蚕仪式举行，但仍然没有仪式的有关细节记载。直到西晋武帝太康六年（285年），皇后亲蚕仪式才见于具体记载。

亲蚕仪式通常于西郊举行，因为要与皇帝籍田仪式的方位相对称。亲蚕处所须修筑"先蚕坛"，在皇后采桑坛东南面，设置帷幕。在蚕室的西南面是桑树林。举行仪式之前，要在列侯夫人中间选出六名命妇充当"蚕母"。

亲蚕仪式往往在第一批蚕卵出壳时择吉日举行，皇后头戴十二笄步摇，身着鞠衣，乘坐六匹骏马拉的"云母安车"，由女尚书戴貂蝉佩玺携筐钩相陪，筐用来盛桑叶，钩用来拉曳桑枝。另外，公主、三夫人、九嫔、世妇、诸太妃、太夫人及县乡君、郡公侯特进夫人、外世妇、命妇，皆头戴步摇，身着鞠衣相随。

仪式当天清晨，先由太祝令以太牢（即牛）告祀，祭享时并有谒者监祠。祀毕，撤去馔肴，届时颁发给跟从皇后采桑的各级命妇和奉祀女官。仪式开始，皇后从采桑坛南阶登上，公主以下依次排列于坛东。皇后面朝东向采桑，只采三条桑枝，诸嫔妃、公主各采五枝，其他命妇均采九枝。这显然是与皇帝籍田仪式相对应的。采桑时皆有执筐执钩女官相随，桑叶采下后，将筐箩交给六位"蚕母"由她们送到蚕室去。接下来，皇后设飨宴慰劳嫔妃命妇，并按等级依次赏赐绢帛，亲蚕仪式在一片欢乐声中进入尾声。

《初学记》引《舆服志注》记载："太后入庙，服绀上皂下，蚕，青上缥下，簪以玳瑁，长一尺，端为华胜，上为凤皇。"[1] 所以后世常以"缥服华簪"来形容皇后亲蚕。隋唐之后，综观各正史《后妃传》记载，凡是富庶的王朝，皆有皇后亲蚕的举动。如唐代，皇后亲蚕被列于依循时令举行的常祀，即每年春季举行，仪式也较前代繁缛，不但融入了一些佛教观念，而且进一步套用了不少皇帝籍田礼中的内容。仪式前，皇后要教斋四日，仪式上讲究方位、方向，动用大量宫廷仪仗，祭祀仪式是用太牢，但其他享献须分三次，所谓初献、亚献、终献。实质上，亲蚕仪式的主要仪节并无多大变化，在一派隆重盛大的气氛中，皇后依然是只采三条桑枝，一品命妇采五条，二品以下均采九条。唐代皇后亲蚕仪式之所以盛况空前，与武则天有极大关系。唐显庆三年（658年）春，武则天曾举行过亲蚕仪典，后来她做了皇帝，亲蚕仪式自然要比原先高一规格，车驾仪仗特为隆盛。《旧唐书·舆服志》记述了皇后亲蚕礼服："鞠衣，黄罗为之。其蔽膝、大带及衣革带、舄随衣色。余与祎衣同，唯无雉也。亲蚕则服之。钿钗礼衣，十二钿，服通用杂色，制与上同，唯无雉及珮绶，去舄，加履。宴见宾客则服之。"[2]

宋王朝以后，皇后亲蚕礼渐显松弛，皇后亲蚕礼已经不大受重视。当然，其中的原因是多方面的，这大约与当时的政局有关。北宋以后，南北对峙，无暇也无实力去举行那些"象征性"仪典。再者，宋代之后，棉花的种植及加工业的普及推广，纺织女工不再局限于

❶ 徐坚, 等.初学记 [M]. 北京:中华书局, 1962: 263.
❷ 刘昫, 等.旧唐书 [M]. 北京:中华书局, 1975: 1955.

桑蚕缫丝，这大约也是客观原因之一吧。据《宋史》记载："季春之月，太史择日，皇后亲蚕，命有司享先蚕氏于本坛。"❶祭祀当日，外命妇应当采桑还有从采桑者，先要到亲蚕所等候，在祭祀前一刻，内命妇各服其服，内侍引内命妇妃嫔以下，到殿庭起居处等候。皇后佩戴首饰、穿着鞠衣，乘厌翟车，皇后就采桑位采桑三条，内外命妇一品各采五条，二品、三品各采九条。交给蚕母切碎后喂蚕，礼毕皇后回宫。

　　到了明代，据《明会典》记载："国初，无亲蚕礼，肃皇帝始敕礼部，以每岁季春，皇后亲蚕于北郊，后改于西苑，未久即罢。"❷一直到嘉靖九年（1530年），明王朝才重新拟定亲蚕仪，其主要仪节虽无重大变化，但乍行乍止，一直沿用到清王朝，仪式日期由钦天监择定，顺天府选出"蚕母"数名送至蚕室，由工部准备钩、箱、筐、架及一应养蚕什物，并送至蚕室。另外，顺天府还须将蚕种和一副精制的钩筐捧自西华门，置彩舆中，鼓乐声中送至蚕室，这是给皇后准备的。仪式的前一日，蚕宫令承设皇后采桑位于桑台东向，执钩筐者位于稍东，设公主及内外命妇位于皇后位东。当日四更，宿卫陈兵，卫女乐工，备乐司设监备仪仗和重翟车蚕宫，令承备钩筐俱候于西华门外。天将明，内侍女官去坤宁宫奏请皇后至先蚕坛，皇后身着常服，导引女官导皇后出宫门，乘肩舆到先蚕坛所，侍卫警跸，肃穆隆重。祀享完毕，皇后至具服殿少憩，换下祭服，着"缥服华簪"，由司宾引导至采桑台，公主、内外命妇及执钩筐女侍各随于后。皇后采桑三条，然后升坛南位坐观命妇采桑，三公命妇以次采五条，列侯九卿命妇以次采九条。完毕，各以筐授女侍，司宾引内命妇一人送到蚕室。"蚕母"受桑，缕切沥净，以备蚕食。司宾引内命妇还，尚仪前奏采桑礼毕。皇后回到具服殿，升座接受公主、嫔妃、命妇们的四拜礼，然后赐宴于殿内，并赐酒食于"蚕母"，由女侍送至蚕室。享宴中，有教坊司女乐伴奏，进膳进汤，一派热闹气氛中宣告亲蚕仪式结束。

　　清代先蚕礼由宫廷后妃、大臣命妇和内务府妇女共同完成，皇帝有时也派遣男性官员代为祭祀，整个典礼要进行多日。据乾隆年间修撰的《钦定大清会典》规定：皇后祭祀先蚕神分为五个阶段：出宫，预备，初献礼、亚献礼、终献礼，送瘗，视瘗。《国朝宫史》记载："辰正初刻，太常寺卿暨内务府总管赴乾清门奏时，宫殿监转奏，皇后御礼服，乘凤舆出宫陪祀，皇贵妃以下咸乘舆从，由顺贞门、神武门北上门入陟山门至内墙左门。"❸皇后以及各位陪祀嫔妃的仪驾在先蚕门外恭候皇后的拜位幄、祭祀蚕神神位的先蚕幄都准备完毕，均为明黄色。各位女官和乐部司乐队成员也已一一就位。在"降舆"之后，皇后正在具服殿中，陪祀嫔妃在东西配殿中，公主、命妇等于具服殿门外东西殿立祗候，都在等待时辰一到皇后主持进行祭蚕神礼。接着皇后主持躬桑礼，完成采桑仪式后，身着吉服坐于台北正中观桑台之上，随祀嫔妃侍立皇后宝座前左右。皇后金钩，妃、嫔银钩，均黄筐；

❶ 脱脱，等.宋史［M］.北京：中华书局，1985：1036.
❷ 蒋廷锡，等.古今图书集成［M］.上海：中华书局，1934：310.
❸ 鄂尔泰，张廷玉，等.国朝宫史［M］.北京：北京古籍出版社，1987：104.

公主、福晋、夫人、命妇均铁钩，朱筐，礼制全面、等级森严。茧成之日，皇后端坐于织室内宝座上，妃、嫔侍立，蚕母四人跪拜于座前左右，渍茧于盆，高捧至皇后面前。皇后亲自动手缫丝，按礼制规定，皇后亲缫三盆之后，则开始检阅妃嫔与蚕妇丝。之后，这些后妃将亲蚕礼中缫成的丝线分别染成各色以供缝制祭服之用。由此，一年一度的亲蚕典礼就结束了。

（三）后妃贵妇礼仪服饰制度演变

《周礼》记载的后妃命妇的礼仪服饰制度，成为历代仿古定服制的蓝本。但后人对其形制的解释不尽相同。宋代聂崇义编纂的《三礼图》将其绘制成图，不过这只是宋人对其形制的理解而已。

东汉妇女的服饰受礼教道德规范的限制，在特定仪式中服饰是否得体或为守礼遵规的一种表现。如祭祀、婚礼、朝会等，所有参与者都要按照礼制所规定的要求穿戴。服装礼制不仅规范了皇后、皇太后、贵妃等人的衣着，还规范了官员夫人、公主等人的穿衣形式。

《后汉书·舆服志》："太皇太后、皇太后入庙服，绀上皂下，蚕，青上缥下，皆深衣制，隐领袖缘以绦。翦牦蔮，簪珥。珥，耳珰垂珠也。簪以玳瑁为摘，长一尺，端为华胜，上为凤皇爵，以翡翠为毛羽，下有白珠，垂黄金镊。左右一横簪之，以安蔮结。诸簪珥皆同制，其摘有等级焉。" ❶

《后汉书·舆服志》中记皇后的谒庙服和蚕服与太皇太后、皇太后一样，"贵人助蚕服，纯缥上下，深衣制"。长公主和公主封君以上就简单多了，如："自公主封君以上皆带绶，以采组为绲带，各如其绶色。黄金辟邪，首为带镊，饰以白珠。" ❷ 至于公、卿、列侯、中二千石、二千石夫人，"绀缯蔮，黄金龙首衔白珠，鱼须摘，长一尺，为簪珥。入庙佐祭者皂绢上下，助蚕者缥绢上下，皆深衣制，缘。自二千石夫人以上至皇后，皆以蚕衣为朝服"❸。进入宗庙辅佐祭祀的女性要穿皂绢衣服，辅助祭蚕的女性要穿缥绢的衣服，都是深衣形制，镶边。从二千石夫人以上到皇后，均以祭蚕礼服作为朝服。

魏晋南北朝的后妃命妇服制大体与汉相同，略有变动，仍为深衣之制。北魏王朝的服饰制度确立于道武帝时期，随着汉化的不断推进，服饰制度也随之逐步发展。孝文帝时期实行全面的汉化改革，鲜卑族的语言、服饰、习俗、文化在此时都仿照汉族进行了相应的改变。北魏后宫服饰制度也于此时建立，史载"至高祖太和中，始考旧典，以制冠服，百僚六宫，各有差次。早世升遐，犹未周洽"❹孝文帝由此下令禁胡服，命群臣皆服汉魏衣冠，北魏开始全面采纳中原王朝服饰。北魏后期随着汉化进程的不断深入，礼仪服饰制度有了新的发展，经过孝明帝时期的改革，北魏后宫服饰制度得以完备，成为后宫人员身份、

❶ 范晔.后汉书［M］.北京：中华书局，1965：3676.
❷ 同❶.
❸ 同❶.
❹ 魏收.百衲本二十四史：魏书［M］.上海：商务印书馆，1934：1398.

地位的重要标志。皇后是后宫中地位最高的女性，她的服饰是后宫中为数最多、等级最高的。《唐六典·内官宫官内侍省·宫官》尚服局条注曰："后魏，北齐皇后玺、绶、佩同乘舆，假髻，步摇，十二钿，八爵、九华。助祭、朝会以祎衣，郊、禖以褕翟，小宴以阙翟，亲蚕以鞠衣，见皇帝以展衣，宴居以褖衣，俱有蔽膝、织成绲带。"❶

晋皇后礼服为上下纯青，此时期的首饰增加一种"钿"，即金铂制作的花钿，"钿"即是填嵌宝石的金花，《说文新附·金部》："钿，金华也。"❷《集韵·先韵》："钿，金华饰也。"❸钿依等级有七钿、五钿、三钿之分，以首饰"钿"的多少区别等级。首饰最尊贵的皇后是假髻步摇十二钿；诸王妃、长公主饰大手髻，七钿蔽髻；九嫔以下五钿；世妇三钿。

南朝服制，皇后谒庙服祎衣。其余服饰仍袭旧制。隋代后妃命妇服制沿用祎衣、鞠衣、褕翟、阙狄等名称，又有青衣、朱衣等名目。褕翟、阙翟以衣服上翟的章纹多少区分等级，最高九章，最低五章。《隋书》记载："皇后玺、绶、佩同乘舆，假髻，步摇，十二钿，八雀九华。助祭朝会以祎衣，祠郊禖以褕狄，小宴以阙狄，亲蚕以鞠衣，礼见皇帝以展衣，宴居以褖衣。六服俱有蔽膝、织成绲带。"❹

唐代皇后的礼服既不同于汉魏继承周代传统的"六服"之制，也不同于北周系统的十二等之服，而是比它们都简单。隋初文帝立制，定皇后服为四等，即祎衣、鞠衣、青服、朱服，隋炀帝沿而不变。到了唐代、可能嫌青服、朱服之名不合体统，唐高祖便将皇后服简省为三等。《旧唐书·舆服志》记载："武德令：皇后服有祎衣、鞠衣、钿钗礼衣三等。"❺因为皇后的身份具有一定的政治意义，除了主持后宫事务之外，还要参与一些例行的典礼，如拜陵、宴宾，并主持与妇女有关的仪式，如亲蚕、献茧。因此，皇后的三种礼服，在面料、颜色、形式上各有所不同，以供皇后在不同场合中穿着。❻

《旧唐书·舆服志》中记载："祎衣，首饰花十二树，并两博鬓，其衣以深青织成为之，文为翚翟之形。素质，五色，十二等。素纱中单，黼领、罗縠褾、襈，褾、襈皆用朱色也。蔽膝，随裳色，以緅为领，用翟为章，三等。大带，随衣色，朱里，纰其外，上以朱锦，下以绿锦，纽约用青细。以青衣，革带，青袜、舄，舄加金饰。白玉双珮，玄组双大绶。章彩尺寸与乘舆同。受册、助祭、朝会诸大事则服之。"❼文中的"首饰花十二树"即花树钗，花树钗的流行，大致自中晚唐直到五代十国，并列入唐代舆服制度中。花树钗以银制为多，两支修长的钗脚，顶端处结作一树，然后秀出一树花枝一般的钗首，细薄的金片银片，镂空作成剪纸式图案化的缠枝花草，花叶间对飞着鸟，多半是衔枝或者衔绶的鸿雁、鸳鸯、鸾雀、凤凰、蜂蝶。

❶ 李林雨.唐六典［M］.北京:中华书局,2014:351.
❷ 钮树玉.说文新附考［M］.台北:台湾商务印书馆,1930:82.
❸ 丁度,等.集韵［M］.北京:中国书店,1983:653.
❹ 魏徵,等.隋书［M］.北京:中华书局,1973:156.
❺ 刘昫,等.旧唐书［M］.北京:中华书局,1975:1955.
❻ 纪向宏.两《书·(车)舆服志》中的礼仪服饰探析［J］.艺术与设计,2014（7）:100-102.
❼ 刘昫,等.旧唐书［M］.北京:中华书局,1975:1955.

关于皇太子妃所穿礼服，正史亦皆有记载。《旧唐书·舆服志》记载："皇太子妃服，首饰花九树，小花如大花之数，并两博鬓也。褕翟，青织成为之，文为摇翟之形，青质，五色，九等也。素纱中单，黼领、罗縠褾、襈，褾、襈皆用朱也。蔽膝，随裳色，用缯为领缘，以摇翟为章，二等也。大带，随衣色，朱里，纰其外，上以朱锦，下以绿锦，纽用青细。以青衣，革带，青袜、舄，舄加金饰。瑜玉珮，红朱双大绶。章彩尺寸与皇太子同。受册、助祭、朝会诸大事则服之。" ❶

还有唐代命妇礼服分为翟衣、钿钗礼衣、礼衣、公服、花钗礼衣、大袖连裳六种，为不同等级、不同场合所穿着的各种礼服。据《旧唐书·舆服志》记载："外命妇五品已上，皆准夫、子，即非因夫、子别加邑号者，亦准品。妇人宴服，准令各依夫色，上得兼下，下不得僭上。" ❷钿钗礼衣由花钗、宝钿、衣裳、中单、蔽膝、大带、革带、履袜、双佩及小绶花等组成。制同翟衣，加双佩小绶，着履。衣用杂色，素而无纹；首饰之数各品不一。内命妇用于常参，外命妇用于朝参、辞见及礼会。尽管宫廷对礼服的规定非常严格、非常具体，但唐代妇女地位相比其他朝代还是较高的，因此实施起来相对宽松。❸

作为皇后、皇太子妃以及命妇的礼服与皇帝、诸侯的礼服一样，不但鲜明地体现了唐代的舆服等级制度，而且每一种礼服体现的内涵是不同的。那种垂下大袖的宽袍、服装上华美的翟鸟纹、礼服上的每一种颜色，都显示出唐代妇女们雍容华贵的风韵和大唐独有的开放与大胆（图2-14、图2-15）。

宋代后妃命妇服制基本同唐代。在礼服的服用和分档上可分为袆衣、鞠衣、朱衣和礼衣等四等。南宋孝宗改为三等，皇后袆衣、礼衣，妃备翟。袆衣，皇后最贵重的服式，平时很少穿用，只有在受册、祀典、朝谒等重大场合才穿用。其制仍袭《周礼》，以深青色织成，

图2-14 │ 送子天王图（传吴道子作）

图2-15 │ 宋英宗之高皇后（选自《大宋衣冠》）

❶ 刘昫, 等.旧唐书 [M]. 北京:中华书局, 1975: 1955.
❷ 同❶: 1957.
❸ 纪向宏.两《唐书·（车）舆服志》中的礼仪服饰探析 [J]. 艺术与设计, 2014（7）: 100–102.

上列五彩翚雉（翟文）十二等。领、袖、襈、裾都用红色镶缘，上缀云龙图纹。内穿青纱中单，腰饰深青蔽膝。另挂白玉双佩、玉绶环等饰物。足穿青袜、青舄。皇后戴龙凤花钗冠，上缀小花二十四株，与皇帝天平冠的旒数、通天冠的梁数相对应；鞠衣为亲蚕之服，黄罗为之，蔽膝、大带，无翟文。舄随衣色，余同袆衣。朱衣，乘辇和朝谒圣容时穿用的礼服。以绯罗为之，加蔽膝、革带、大带、佩绶、履随衣色，金饰履。礼衣，宴见宾客时穿用的礼服，服通用杂色，制同鞠衣，加双佩小绶。此外，妃受册时服褕翟，以青罗为之。

命妇礼服为青罗翟衣，绣翟，编次于衣裳。内穿青纱中单，黼领，朱褾襈。蔽膝随裳色，用緅色（深青透红的颜色）为领缘，加文绣重雉，为章二等。大带、青袜、青舄，各有佩、绶。这种礼服一般只在受册、从蚕时服用。宋代宫中妇女及其他贵族妇女服饰方面，虽然恢复了传统礼序旧制，然而在整体风格上，除加了些衣饰以外，其他方面如衣式、服色上则与周秦有很大的变异。其礼装风格仍是上着大袖青色衣、下着长裳、带、蔽膝、青色舄袜等，所不同的是附加了"霞帔、玉坠子"，在宋代也成为命妇礼服的一种重要配饰。

金代后妃命妇礼仪服饰制度大致与宋代同。皇后冠服规定用花株冠，以青罗为表，九龙四凤，前后花株各十二树，两博鬓。袆衣为青深色罗织成，翚翟文十二等，素质。领、褾、襈织成红罗云龙纹。足着青罗织成的如意头舄。嫔妃及命妇的服制，大抵与宋代相仿。五品官以上的母、妻可以披霞帔。

元代的蒙古族妇女礼服，多穿宽大的长袍。袍料用织金锦、青贝锦或被称为蒙茸、琐里的细毡制成。所用颜色比较鲜明，如大红、鹅黄、官绿、胭脂红、鸡冠紫等，考究者还在袍上用金线盘绣大朵花纹。元末明初陶宗仪《南村辍耕录》："国朝妇人礼服，鞑靼曰袍，汉人曰团衫，南人曰大衣，无贵贱皆如之。服章但有金素之别耳。"❶说的就是这种情况。

由于北地气候寒冷，蒙古族妇女的冬服衣料，一般多用兽皮为之，显贵者用珍贵的貂鼠，其次则用羊皮、毳毡，袍式宽大而长，袖身宽博，近袖口处收缩紧窄。春秋季节的服装，则用织锦、毡罽及绸缎等材料制成。服装形式以左衽为多，下身一般多穿长裤。另在颈下胸背之处，围以织金锦制成的云肩。

元代蒙古族妇女所戴的冠帽颇具特色（图2-16）。在敦煌莫高窟及安西榆林窟壁画中，常见一些元代妇女的形象，这些妇女的冠帽形制与历代女冠不同，一般从额眉处开始，覆一层头箍形状的软帽，帽顶正中，直竖起一个上广下狭的高大饰物，饰物的外表，还装饰着各种珠宝。这是宋元时期蒙古族贵妇所特有的一种礼冠，名叫"顾姑冠"。"顾姑"一名，为蒙古族土

图2-16 | 元代皇后冠（选自《南薰殿历代帝后图像》）

---

❶ 陶宗仪.南村辍耕录［M］. 武克忠，尹贵友，校点.济南：齐鲁书社，2007：310.

语，汉语音译则作罟罟、箍箍、姑姑、囫姑、故姑、罟姑、括罟、古库勒等，物异名，取其同音。其冠体狭长，是顾姑冠的一大特征。制作一顶顾姑，需要用很多材料，如铁丝、桦木、皮革、硬纸、绢绒、金箔、珠花、柳枝及野鸡的羽毛等。通常用铁丝和桦木做成骨架，外面用皮、纸绒、绢等包裹，再加上金箔珠花，以为装饰。宋代赵珙《蒙鞑备录》中就有"凡诸酋之妻，则有顾姑冠，用铁丝结成，形如竹夫人。长三尺许，用红青锦绣或珠金饰之"❶的记载。

在顾姑冠的顶上，一般还加有一节饰物，饰物的材料视戴冠者的身份而定，如《黑鞑事略》中记称："其向上人，则用我朝翠花或五采帛饰之，令其飞动。以下人则野鸡毛。"❷据元代杨允孚《滦京杂咏》等书记载，由于顾姑冠的冠体过长，插上翎枝以后，长度又有增加，妇女戴此出入营帐，只能将头低下，如果坐辇外出，只好将翎枝拔下。从北京故宫南薰殿旧藏《历代帝后像轴》中的元代皇后画像中还可以看出，在当时顾姑冠的顶部，还有一挂珠串垂下，这种珠串随着人体的晃动会不停地摇曳，故被元末明初大学者叶子奇称为"唐金步摇冠之遗制"。

明初太祖为了巩固皇权，服饰上特别强化皇族成员与众不同的身份，并以严格的刑罚保证制度的实施。明代服制规定，翡翠珠冠、龙凤服饰，是只有皇后、王妃才可以使用的；命妇的礼冠，四品以上才可以用黄金饰品，五品以下可以用银制描金饰品等。

明代皇后的礼服，初定于洪武元年（1368年）十一月。其"冠为圆匡，冒以翡翠，上饰九龙四凤，大花十二树，小花如之。两博鬓十二钿"❸。服为袆衣，以"深青为质，画翟，赤质，五色十二等。素纱中单，黼领，朱罗縠褾襈裾。蔽膝随衣色，以缂为领缘用翟为章，三等。大带随衣色，朱里纰其外，上以朱锦，下以绿锦，纽约用青纽。玉革带，青袜舄，舄以金饰"❹，凡遇朝会、受册、谒庙等重大礼仪活动时就穿着此服，永乐三年（1405年）又定新制。凤冠比洪武年间更华丽。最明显的变化是冠上配件增多，装饰更为复杂。具体为九龙四凤冠以漆竹丝为圆框，冒以翡翠，上面装饰九条翠龙和四只金凤，正中一龙衔一颗大珠，上有翠盖，下垂珠结，余皆口衔珠滴。另外装饰珠翠云四十片、大珠花（牡丹花）十二树、小珠花十二树，三博鬓装饰以金龙翠云，皆垂珠滴。翠口圈一副，上面装饰珠宝钿花十二、翠钿十二，托里金口圈一副，珠翠面花五事，珠排环一对，皂罗额子一，描金龙纹，用珠二十一颗。如此复杂的装饰，如果没有高超的金银加工技术是很难做到的。这些金银饰件造型独特，色彩经久艳丽，工艺涉及焊接、花丝、镶嵌、錾雕、点翠等，金属工艺与宝石镶嵌结合，珠光宝气，富丽堂皇，非一般工匠所能制成，充分体现了明代中后期在商品经济影响下手工业发展的繁盛景象。

命妇礼服为真红大袖衫、褙子、霞帔。大袖衫的面料和霞帔、褙子的纹样依品级有所不

❶ 赵珙，彭大雅.蒙鞑备录［M］.孟和吉雅，译.呼和浩特：内蒙古人民出版社，1979：130.

❷ 许全胜.黑鞑事略校注［M］.兰州：兰州大学出版社，2014：210.

❸ 明实录［M］.上海：上海书店出版社，2015：867.

❹ 同❸.

同。公、侯、伯夫人与一品夫人用真红大袖衫，深青色霞帔、褙子；六品至九品夫人用绫或罗绸绢大袖衫。褙子、霞帔的纹样：一品、二品用云霞翟纹，三品、四品用云霞孔雀纹，五品用云霞鸳鸯纹，六品、七品用云霞练鹊纹，八品、九品褙子用摘枝团花，霞帔用缠枝花。

　　清代就女礼服中的朝褂来说，皇太后、皇后、皇贵妃、贵妃、妃、嫔的朝褂有三式。第一式为前后身饰立龙各二，行龙各四；第二式为前后正龙各一，腰帷行龙四，下幅行龙八；第三式为前后立龙各二。皇子福晋、亲王福晋、固伦公主、和硕公主、郡王福晋、郡主、县主的朝褂只有一式，前身饰行龙四，后身饰行龙三。贝勒夫人、贝子夫人以下至乡君的朝褂，前身饰行蟒四，后身饰行蟒三。民公夫人、侯伯夫人以下至七品命妇的朝褂，前身饰行蟒二，后身饰行蟒一。

　　女礼服中的朝袍中，以夏用朝袍为例，皇太后、皇后、皇贵妃、贵妃、妃、嫔的夏朝袍饰金龙九条，其中前后两肩正龙各一，襟行龙五，包括里襟一条。

　　皇子福晋、亲王福晋、和硕公主、固伦公主、郡王福晋、县主、郡主的夏朝袍饰金龙八条，其中前后正龙各一，两肩行龙各一，较上一等级，龙纹总数少一条，正龙数量少两条。贝勒夫人、贝子夫人、镇国公夫人、辅国公夫人，民、公、侯、伯、子、男夫人，镇国将军夫人、辅国将军夫人、郡君下至三品命妇、奉国将军淑人的夏朝袍饰四爪蟒八条，较上一等级，纹样数量未减，但龙纹改为蟒纹。四品命妇、奉恩将军恭人以下至七品命妇的夏朝袍饰行蟒四条，其中前后身各两条，较上一等级，蟒纹数量减少四条。以上数例足以看出清代服饰的等级规定之繁复。有趣的是，清代统治者仍不厌其烦、不胜其详地制定出相关典制，令全国官民严加遵守。可以说，有清一代将中国封建制的礼仪服饰制度推向了顶点。

　　皇后和皇太后的朝裙，也是在朝贺或祭祀等重大典礼时穿用，穿在外褂之内、开衩袍之外，长及脚面，为正幅、围裙式系于腰间。按《清史稿》记载："朝裙，冬用片金加海龙缘，上用红织金寿字缎，下石青行龙妆缎，皆正幅。有襞积。夏以纱为之。"❶夏朝裙用纱、罗、缂丝等质地，余制如各朝裙。

　　按《钦定大清会典则例》之规定：上自皇帝、后妃，下至亲王大臣、文武百官，凡穿朝服时都要戴朝冠。朝冠分冬朝冠和夏朝冠两种，冬朝冠就是皮帽、暖帽，夏朝冠就是草帽、凉帽。

　　皇后、皇太后的朝冠，在制作工艺上，较皇帝的朝冠繁复得多。《清史稿》记载："皇后朝冠，冬用貂，夏以青绒为之，上缀朱纬。顶三层，贯东珠各一，皆承以金凤，饰东珠各三，珍珠各十七，上衔大东珠一。朱纬上周缀金凤七，饰东珠九，猫睛石一，珍珠二十一。后金翟一，猫睛石一珍珠十六。翟尾垂珠，凡珍珠三百有二，五行二就，每行大珍珠一。中间金衔青金石结一，饰东珠、珍珠各六，末缀珊瑚。冠后护领垂明黄绦二末缀宝石，青绦为带"❷。

❶ 赵尔巽.清史稿［M］.北京:中华书局.2020:2867.
❷ 同❶.

第三章

古代丧葬礼、荒礼、吊礼、恤礼、禬礼属"凶礼"。《周礼·春官·大宗伯》："以凶礼哀邦国之忧，以丧礼哀死亡，以荒礼哀凶札，以吊礼哀祸灾，以禬礼哀围败，以恤礼哀寇乱。"❶

古代表礼分为三个部分：丧礼部分、葬礼部分及祭奠部分。其中关键内容则是丧礼部分以及在服丧期间人们需要遵循相应的规范行为；葬礼礼节需要根据亡者身份确定不同的葬礼规格，祭奠则是亲属朋友对亡者的祭奠仪式，纵观这三个过程，丧礼是核心内容。

对于葬礼从细分可以分解为两类：葬式与墓式。不同的仪式中有不同的规程，前者表示丧家需要准备相应的丧服、贡品、棺材等，后者表示要根据选择的陵地、规模、形状等做好相关建设装饰工作。祭奠表示对丧礼期间对亡者进行祭奠和吊唁。关于祭奠又可以分为两种：丧祭和吉祭，二者区分是根据时间转移确定的，从死亡到下葬再到宗庙供奉，这一过程的祭奠称为丧祭。此外对于丧祭多数情况下是针对个体祭奠的行为。吉祭则是集中对祖先们进行祭奠，例如：若是家中有喜事发生，会专门至宗庙祭奠，一方面希望祖先保佑；另一方面出于对祖先的尊重，告知祖先家中有喜。

丧期期间的服饰主要是以丧服为主，随着朝代的变化，关于丧服服饰也发生了很多变化，但基本丧服都能够通过服丧期间的丧服看出亲疏关系、死亡者的生前身份地位等，丧期期间的穿着主要体现了三种制度：服饰制度、服叙制度以及守丧制度。其指导思想是伦理关系、宗族等级观念。

一、葬服制度

我国具有几千年文化和多民族的传统，丧葬也具有许多种习俗形式，如天葬、土葬、火葬、水葬、岩棺葬、树葬等。丧葬形式不同，丧服也是各具风格和习俗规定。在民间，丧习俗及着装基于丧制可分为两种：一种是给亡者所穿的葬服，又称为"寿衣"或"老衣"；另一种是给悼念者穿的丧服，也可称为"丧礼服"。

葬服，死者所穿衣服。通常是以练帛裹头，用布遮目覆面，用长巾覆盖尸身。夏天穿屦，冬天穿白色皮屦，盖以衾，裹用的衣衾多少，按死者的地位而定，等级越高，裹得越多，质地越好，如国君用锦被、大夫用白绢被、士用黑布被。西汉墓出土的"金缕玉衣"，就是当时汉时皇帝及诸王的服饰，等级的不同分别为金缕、银缕、铜缕等。据考证从汉代开始皇帝死后穿着金缕衣，各地封王、诸侯、公主等着银缕衣，皇亲国戚依规制着铜缕衣（图3-1）。

图3-1 ｜ 出土东汉尼雅"沙漠王子"服饰［选自《中国织绣服饰全集·历代服饰卷（上）》］

❶ 周礼［M］．徐正英，常佩雨，译注．北京：中华书局，2014：733．

图3-2 ｜ 出土东汉时期墓主服饰［选自《中国织绣服饰全集·历代服饰卷（上）》］
墓主面覆麻质贴金面具，头枕绮上加绣鸡鸣枕。上身穿黄绢内衣，外着红地对人兽树纹襜袍，下着绛地毡绣长裤，足穿绢面贴金毡袜。腰间绢带上挂绮面贴金香囊、帛鱼等饰物。左肘缚蓝缣地刺绣护臂，胸前和左腕处各置一件绢质冥衣，头前放寿字锦片。该墓主人服饰华丽，纹样新颖奇特、色彩艳丽，服饰规格颇高，表明其生前地位显赫或是身份特殊。

在民间有冲喜之说，即在人未故之前，家人就已将寿衣做好，一方面是为了老人能延年益寿冲去邪气，另一方面是以备急需。事实上，一些老人对自己死后的安排也有自己的意愿。寿衣缝制更为讲究。首先要选择有闰月的日子中的"吉日"方可动手；由于寿衣是穿到阴间去的，寿衣材料尽量选择上等的面料；寿衣的袖子要长，可将手完全盖住，据说这样才能使儿孙将来不用去讨饭。寿衣缝制好以后，还要穿上去拜菩萨，表示寿衣已有主人。寿衣的件数要穿单数不能穿双数，一般是五、七、九件不等。民间的禁忌更讲究，如南方有的地区因"九"与"狗"同音，便忌穿九层寿衣。做寿衣宜用绸子而不用缎子，因缎子的谐音为"断子"，恐受到"断子绝孙"的恶报，而绸子则有"稠子"的谐音，期盼后代可多子多孙多福（图3-2）。寿衣还忌讳用动物的皮毛缝制，说辞是穿着皮毛寿衣，死者来世会转生为兽类；另一说为人尸与皮混在一处，在阴间不易辨别，因此凡是与皮毛有关的材料均不采用在寿衣制作上。

古代还有一种葬服是作为亡者替身用的。当有人客死他乡不能回归故里时，家人或者亲朋以亡者生前所穿着的衣冠埋入墓穴，称"衣冠葬"，立墓碑，墓地称为"衣冠冢"[1]（图3-3）。

此外，民间还有一些着装的禁忌习俗。如人还没有去世之前，人们忌讳男人脚肿、女人头肿，有男怕穿"靴"、女怕戴"帽"的说法，认为它是人将去世的前兆。在东北、京津一带，人们一般要抢在人即将断气之前穿好寿衣[2]（图3-4）。

根据相关记载资料显示：早在春秋战国时期，亡者在入棺椁之前都会修饰一番，需要在脸部"缀玉面盖"，身上要"缀玉衣装"，发展至汉代这样的厚葬方式逐步转化为皇家贵族专有的入葬方式，对于平民百姓只是按照常规流程埋葬。发展至东西汉时，更多权臣贵族会在死前准备好玉衣，这些由玉石串联组成的衣服，一方面显示了自身的地位尊贵，炫耀自己的身份地位；另一方面他们认为穿着玉制衣服能够防止尸骨腐烂，希望可以保持尸骨完好无损。但是从科学眼光看，这仅仅是一种愿望而已。

[1] 彭卫，杨振红.中国风俗通史［M］.上海:上海文艺出版社，2002: 489.
[2] 同[1]: 523.

图3-3 | 汉代冥衣一［选自《中国织绣服饰全集·历代服饰卷（上）》］

图3-4 | 汉代冥衣二［选自《中国织绣服饰全集·历代服饰卷（上）》］

关于玉衣制作过程是非常考究的，一般都会根据使用者的身形设计，以人体模型将玉片连接预制成衣形。这与我们所说的量体裁衣是一个意思。根据资料记载显示：将玉衣平铺开，每一个组成部分都有特定名称，文献中提及当玉衣缝制成型后各称为"以玉为襦，如铠状，连缝之"，所谓的"襦"，通过《说文解字》解释可以看出，它表示短衣，玉衣上身设计是短款衣服，故此称为"玉襦"。对于腰部以下的玉衣称为"玉札"，所谓的"札"，在《释名·释书契》给出的解释是，类似于木片有序排列的形状称为"札"。还有部分设计为裤筒，这部分也是经过玉片有序排列串联而成的，即形同于"玉札"。❶文献中还提及了"玉柙"的尺寸标准，长度为1尺，宽度为2.5寸。根据汉代尺寸标准，1尺相当于23厘米，那么可以推算出一个单位的"柙"相当于长度为23厘米、宽度为6厘米。这刚好是人体脚底的长度，因此可以判断出"玉柙"应该是脚套部分，后面也对此有所记载，表示玉衣整体分为三个部分，分别是："玉襦"即上身部分，"玉札"即下身部分，"玉柙"即足部分。

考古学家依据出土的玉衣文物可以验证这些数据，根据考古记录资料显示，玉衣的头罩和手套部分并没有很详细的说明，故此很多人也就将上衣部分和手套部分合称为"玉襦"，但是关于头套和手套部分也是有迹可循的，如在《仪礼·士丧礼》中就有提及："幎目，用缁，方尺二寸，赪里；著，组系。"❷著：谓充之以絮。组系：编结而成的带子，可以系结。从出土文物资料可以证明，在出土的墓葬中的确有死者脸上覆盖了玉片，这玉片都是经过缝制串联一体的，故后人对此称为"缀玉幎目"。

在出土的文物中，发现很多殓服中，死者手上都穿戴了一些玉石制品，更像是一个手套，称为"手握"。在《仪礼·士丧礼》中记载："握手，用玄，纁里，长尺二寸，广五寸，牢中旁寸；著，组系。"❸表示握手是使用玄纁制作而成的，长度为1尺2寸，宽度为5寸，四角有带子。

玉衣制作并不是普通组织就能完成的，尤其是很多知名的制作玉工坊都是专门为贵族服

❶ 孙机.汉代物质文化资料图说［M］.北京:文物出版社,1991:409-412.
❷ 杨天宇.仪礼译注［M］.上海:上海古籍出版社,2016:390.
❸ 同❷.

务的，在古代社会中这类制作生产组织分为两类：一类是专门负责为朝廷服务的玉作坊；二是诸侯国下属官方经营的玉作坊。皇家都会提前为自己做好玉衣，并将这些重要任务分配给玉作坊完成制作。有的作坊则是专门为皇帝制作玉衣，一件玉衣制作有可能要消耗十年八载才能成型；还有一些实力强的诸侯则是由官营的作坊制作。不同玉衣制作材料、精致程度都不同，也就是根据玉衣能够推测出亡者的身份及地位高低，制作材料昂贵，且制作工艺精致的玉衣一般是由位高权重者所享用。

需要提醒的是，并不是所有人都能有资格享受玉衣，即便是很有钱，若是没有官品也是不能使用玉衣的，在《后汉书·礼仪（下）》中有对玉衣使用规定做出明确解释"诸侯王、列侯、始封贵人、公主薨，皆令赠印玺、玉柙银缕；大贵人、长公主铜缕"。❶通过上文可以看出，身份不同，官衔不同，所使用的玉衣也是不同的，这与生前地位是对等的。

关于玉衣使用具有严格的等级制度要求，这最早起源于西汉初期，发展至东汉末年，关于玉衣使用制度更加完善，这一发展历程经过近100多年才完善。在汉朝前的朝代，虽然已经有玉衣作为葬衣的习俗，但是并没有成文的规定，使用者财富积累越多，则对玉衣制作越高档精美，但是发展至汉朝后，玉衣的使用是与官衔阶品对应的，若是富裕者没有官衔职务，同样是不能使用玉衣的，如《后汉书》中的记载，不同品级的官员应该搭配不同的玉衣，同时在汉朝的出土资料中也可以看出（图3-5）。如1968年河北满城汉墓中出土了两套玉衣，经过考证后这两套玉衣是经过金线穿制而成，但从墓地主人的身份看，与《后汉书》所规定的明显不符，可以看出在西汉之前，关于玉衣制度的要求并不严格，金缕玉衣的使用是比较广泛的，文献记载曾提及："皇帝驾崩后，需要口中含玉珠，并缠绕缇缯十二层，并以玉襦、玉札，运用金线缝制成为一套完整的玉衣，穿着在身上。"由此可以看出，对于玉衣的使用，到了西汉后期只能是皇帝级别的身份才能使用❷。口含是我国一种古老的丧葬风俗习惯，尊重死者的一种形式，至今亦有沿袭。古代人根据身份的不同，口里含的东西也不同，如含玉、含璧、含珠、含瑁、含米、含贝、含铜钱、含食物等。

图3-5 | 金缕玉衣［汉代，选自《中国织绣服饰全集·历代服饰卷（上）》。金缕玉衣即玉衣，又称玉匣或是玉柙，是汉代皇帝和皇族死后的殓服。由于等级不同，玉衣的材质有所分别］

❶ 陈寿.三国志·魏书·文帝纪［M］.北京:中华书局,1964:81-82.
❷ 卫宏.汉旧仪及其他三种［M］.北京:商务印书馆,1965:35.

发展到东汉时期，玉衣应用更加频繁，而对应的玉衣使用制度也更加成熟，并被写入历史典籍，相关记载内容比较丰富，考虑到文化保护，加上汉皇陵发掘还没有正式开始，因此东汉时期出土的文物并没有这些实证资料，但是在诸侯王的出土文物中却发现了一些银缕玉衣，其数量比较多。东汉时期玉衣使用制度非常严格，基本都是按照《后汉书·礼仪志》的规定进行的，如定州北庄子汉墓中出土了刘焉及妻子的玉衣，它是使用鎏金铜线穿制而成的，这是东汉出土玉衣文物的典型案例，有些学者推测对于银缕玉衣的使用者，其身份等级应该是诸侯，但是在历史记载中刘焉生前较得皇帝及太后的青睐，故此在其下葬中"加赗钱一亿"。那么，什么样的身份可以使用玉衣？根据历史记载与考古资料可以推导出来，玉衣使用者的身份主要集中以下几类：

首先，皇室人员，如皇帝、皇后及妃嫔等，如《汉书·外戚传》中记载了傅太后、丁太后在陵墓中使用玉衣进行下葬，《后汉书·礼仪志下》中也明确规定了皇帝死后使用金缕玉衣。

其次，受分封的诸侯、长公主、列侯等成员，他们在自己的诸侯国中成立了很多玉作坊，这些作坊能够完成规模较大的玉衣制作。根据《后汉书·礼仪志下》相关记载显示，在诸侯家族成员中有少部分人员使用了玉衣下葬，这部分玉衣都是由东园匠（官名，秦汉置，在东园主持制作皇陵内器物的官员）制作而成，多数都是在诸侯国内的官营作坊完成制作的。

最后，功臣或皇亲国戚，这部分人员下葬后使用的玉衣多数都是朝廷恩赏的，很少一部分人能够享受到，但是一些功臣生前为国家所做出的贡献，若是被赏赐玉衣都会被记载于史册，在辞世后会被封赏使用玉衣下葬。如汉朝功臣霍光、董贤、耿秉、梁商等人都是位高权重的人物，他们备受皇帝信赖，故此在去世后皇帝都赏赐了玉衣，这些玉衣制作单位均为东园匠机构完成。

另外，少数民族地区藩王或首领，这部分人员使用玉衣下葬，在史册中也曾经有所记载，根据出土的文物也验证了这一说法。如云南晋宁石寨山古墓群M6出土的文物中有一件玉衣，这是云南滇王的墓地，玉衣制作工艺比较精致。他们使用的玉衣要么来源于自己封地作坊制作而成，要么就是中央朝廷的赏赐。

还有一些地方豪强，这部分人属于比较小众的群体，他们并非王室成员，也非诸侯列侯，更不具有什么贡献，生前没有得到朝廷重用，但仍有部分地方豪强死后使用了玉衣下葬。当然这在当时是僭越了国家礼节，因此他们的下葬也多数是私密使用了玉衣制度，如东汉末年宦官赵忠厚葬了自己的父亲，就使用了玉衣。

玉衣制度反映了汉王朝君权统治的思想，体现了社会普遍意识，西汉玉衣制度最初的使用存在很多不规范标准，相关礼制建设也不完善，并没有形成统一制度，很多诸侯或地方强势也会使用金缕玉衣，从而推行了厚葬奢靡之风。发展到东汉时期，玉衣使用制度趋于严谨，对于诸侯等级的人员不能再使用玉衣，更多出土文物及资料也验证了这一历史说法。纵观整个玉衣制度的发展，可以看出其从不规范到严格规范，其背后的原因则是汉代高度中央集权的发展，汉朝实现了大一统天下，诸侯力量逐步削弱。玉衣制度最早发源于西汉前，楚国是最早使用玉衣制度的国家，楚国也是受封最大的诸侯国之一。西汉很多兴盛发展制度也在楚国领域中，楚国制造而成的玉衣，质地较佳，设计工艺精致，多数为皇族所用。其玉衣制造技法与其他国家相比相对较高，如徐州狮子山出土的金缕玉衣，使用了1576克金丝连缀4248片大小不等的玉石片穿制而成，每一片玉石都是晶莹剔透的上佳之品，其制作工艺更是不在话下。❶

西汉中期，皇室为实现统一，不断强化中央集权制度，并实施了"推恩令"，将诸侯国的领地范围不断缩小，其中史书记载内容显示，稍微大的诸侯国差不多有10多个城池；相对较小的诸侯国不过数十里地，汉郡错落交叉分布，形成了分割包围的布局，自此诸侯王虽然顶着诸侯的加冕，却很少有机会问朝政，这也是政府弱化地方权力的表现，对于建国初的誓言"共享天下"已经不复实现。基于这样的发展背景，加上出土的玉衣文物可以看出，在西汉前期玉衣制作及使用都是比较频繁的，西汉前出土的玉衣精美且数量较多，如汉墓M1墓主刘胜虽然并非诸侯，但是所使用玉衣的精美设计并不亚于皇室玉衣。

东汉初年皇权改制，各种修订章程的工作被提上日程，这为中央集团夯实了礼制基础，其中修订礼制之一是玉衣制度逐步被明确和规范，主要修改之处：一是明确了金缕玉衣只能皇帝丧服专属使用，诸侯使用银缕、列侯使用铜缕。《后汉书·礼仪志》中更有明确记载："帝崩，唅以珠，缠以缇缯十二重。以玉为襦，如铠状，连缝之，以黄金为缕。腰以下以玉为札，长一尺，广二寸半，为柙，下至足，亦缝以黄金缕。诸衣衿敛之。凡乘舆衣服，已御，辄藏之，崩皆以敛……诸侯王、列侯、始封贵人、公主薨，皆令赠印玺、玉柙银缕；大贵人、长公主铜缕。"❷二是强化了执行范围，东汉时期的陵墓丧服基本是按照规定执行的，如定州中山简王刘焉使用了金缕玉衣，而其他诸侯陵墓中使用银缕玉衣。此外值得一提的是，对于这一时期的玉衣并非使用玉片，还有一些精美的白玉石、大理石等逐步成为制作材料，制作工艺也一级比一级差，这些都验证了王权集中，诸侯势力逐步削弱。在用料上逐步使用了替代材料，这说明厚葬奢靡之风开始有所缓和。

东汉末年三国鼎立，各大群雄乍起，社会动荡不安，原本稳定的机制逐步受到动摇，玉衣的使用出现了僭越规定的现象，很多制作工艺也逐步流失，玉衣制度受到了严重毁灭，尤其是曹魏建国之后，东汉大一统的局面正式被打破，玉衣制度随之瓦解。从整个发展历程看，厚葬风俗促进了玉衣制度的发展，更多玉衣制作工艺也因此提升，制作周期长，消耗成本大，对技术工艺要求较高。迄今为止玉衣作品最为精美的时代集中在文景之治时期。武帝发展期间经济稳定，社会富裕，人们使用玉衣的频率增加，地方面积拓展，两汉时期各国诸侯纷纷开办了玉作坊，大量的玉衣生产一方面满足了诸侯国的需求，另一方面也满足了每年进贡中央朝廷的需求。朝廷还有一项不成文的规定，对于具有功德的诸侯将相都会赏赐玉衣。到了东汉时期，国家经济实力开始下滑，玉衣制作也受到影响，为降低财政

❶ 王仲殊.汉代考古学概说［M］.北京:中华书局，1984: 95~97.
❷ 范晔.后汉书［M］.北京:中华书局，2024: 1621.

压力，玉衣出现等级化发展，制作数量、材料等都大大缩水，玉衣制度的发展虽然体现了社会政治的变化，从深层看也折射出了社会经济问题。东汉末年天灾人祸不断，流民四起，民间起义不断，经济濒临破产，基于这样的现实状况，玉衣制作即被搁浅。曹魏建国之后，下令禁止厚葬，要实施简葬，禁止使用玉衣入殓。汉代推崇的文化思想是"罢黜百家，独尊儒术"，这一思想主张一定程度上促进了玉衣制度的发展，尤其是在汉武帝时代，儒家思想成为正统思想，被提升至最高政治地位，成为社会主导思想，并宣传孝道，兴起了死者为大，厚葬奢靡之风。在《潜夫论·浮侈篇》中记载"生不极养，死乃崇丧"。[1]虽然当时有部分官员表示厚葬之风严重影响了经济建设和发展，但也无法阻挡社会的热潮，这一时期社会发展促进了玉衣制度的发展，地方民众僭越礼仪，私下使用了玉衣厚葬逝世的老人，一方面促进了玉衣制度的完善发展，另一方面也提出了对等级制度的无声抵抗，社会矛盾激化最终促使玉衣制度逐步走上消亡之路。

二、丧服制度

古代礼仪中，一般有"礼莫重于丧"之说。因为普通的礼仪进行一天或几个时辰就基本完成，如果丧礼时长三年者，礼仪和环节就非常复杂，内涵也相当丰富。丧服制度简称"服制"，是丧礼的重要组成部分，规定了中国古代亲疏关系的等级规范，具体又可分解为服饰制度、服叙制度与守丧制度。服饰制度是亲疏关系等级的外在符号标志，也是丧服制度命名之发轫；服叙制度是亲疏关系的内在等级序列，也是丧服制度的主干部分；守丧制度是亲疏关系等级的外在行为规范，也是丧服制度的伦理目标。

丧服制度是"丧礼"的重要组成部分，规定的是生者为死者守丧时每个环节里所应遵循的行为规则。古人认为：人死之后灵魂寄予另一世界，故"不忍言死而言丧，丧者，弃亡之辞。若全存于彼焉，已亡之耳"[2]。对生者则要求"事死如事生"，以实现儒家强调之"慎终追远"之要义。

丧服制度究竟始于何时？唐贾公彦据《易·系辞》中"古之葬者，厚衣之以薪，葬之中野，不封不树，丧期无数"[3]之辞，认为早在黄帝之时，人们"朴略尚质，行心丧之礼，终身不变。唐虞之日，淳朴渐亏，虽行心丧，更以三年为限"。

据贾公彦此论出于《虞书》所载，"二十有八载，帝乃殂落。百姓如丧考妣，三载，四海遏密八音。"[4]帝尧死后，百姓感德思慕，如丧考妣，为之行心丧三年，四海之人即蛮夷戎狄亦皆绝静八音而不复作乐。但此时仍未制定丧服服制。《礼记·郊特牲》云："大古冠布，

[1] 王符.潜夫论［M］.马世年，译注.北京：中华书局，2020：101.
[2] 郑玄，贾公彦.仪礼注疏［M］.上海：上海古籍出版社，2018：1783.
[3] 王道正.易经全本详解［M］.成都：四川大学出版社，2014：296.
[4] 刘本沛.虞书［M］.虞山丁氏初园，1932：73.

齐则缧之。"郑玄注云："唐虞已上曰大古。"❶又云："此重古而冠之耳。三代改制，齐冠不复用也。以白布冠质，以为丧冠也。"据考唐虞太古时期，凡遇丧者需"着白布衣、戴白布冠而已"，推论此时尚未制定专门的丧服定制。❷而"三王已降，浇伪渐起，故制丧服，以表哀情者"❸史迹可见，丧服之制，应该是始于尧舜禹三王之后。

随着社会的演进，夏商周时期，丧葬礼仪逐步程序化、系统化，丧服制度开始规范成型。《尚书·顾命》记载："王麻冕黼裳，由宾阶隮。卿士、邦君，麻冕蚁裳，入即位。太保、太史、太宗皆麻冕彤裳。太保承介圭，上宗奉同瑁，由阼阶隮。太史秉书，由宾阶隮，御王册命。"❹周成王死，康王行即位大典时，为王者头戴剑麻特制的礼帽，穿着饰有花纹的礼服，从殿阶而上。重要官员和诸侯国君也都戴着麻制的礼帽，穿着黑色礼服，分别站在应在的位置上。太保、太史、太宗也都戴着麻制的礼帽，穿着红色礼服。有当代学者据此推断，认为当时君王和臣属头上所戴的麻冠可能便是当时的丧服形式，抑或是丧服的起源。

《诗经·桧风》有一首《素冠》诗这样写道："庶见素冠兮，棘人栾栾兮，劳心慱慱兮。庶见素衣兮，我心伤悲兮，聊与子同归兮。庶见素韠兮，我心蕴结兮，聊与子如一兮。"❺桧位于今河南密县东北，公元前769年被郑桓公所灭。汉毛亨解释《素冠》题意时说："此诗讥讽的是不能行三年之丧。"作者感叹很少见到为亲人穿孝服服丧的情形，表明至迟在西周晚期，有些诸侯国已形成亲人去世穿素衣素服和戴素冠的习俗，但是大约并未流行。从《周礼》等典籍中的记述看，到周朝，丧葬礼制已经基本形成。自春秋时期开始，儒家结合礼法制的社会结构，在王室或者民间流行的简单丧服式样的基础上不断加工、改造，最终完善成了影响深远的五服制度。❻

现今，我们基本可以追溯的有关丧服制度的记载，大多出于先秦时期之《仪礼·丧服》篇。据此传述《仪礼》可归于孔子，他发扬光大了周公制礼之成果，传为后世，以至于儒者议丧礼者皆以此为总纲及要义。到了秦汉以后，丧服制度作为人伦教化的重要内容，加以大力倡导，故而使守丧之礼盛行，整个社会都须遵循此重要制度。如有违者不仅礼教不容，而且要遭受法礼问责、判处。随着儒家思想指导下的社会法律的修制，许多法律制度逐步健全，也进一步规范和充实了丧服制的条款，如规定姻亲、婚姻、准五服的丧服以及制罪规定等。丧服制度从世袭到官制，在传承完善之中成为古代法律中重要的组成部分。

（一）五服制度的确立

自周代始，一般将凶服分为五个等级，即"斩衰、齐衰、大功、小功、缌麻"，合称

---

❶ 礼记［M］. 钱玄，等注译. 长沙:岳麓书社，2001: 332.

❷ 郑玄，贾公彦. 仪礼注疏［M］. 北京:中华书局，1980: 48–52.

❸ 同❷.

❹ 尚书［M］. 顾迁，译注. 北京:中华书局，2016: 902–903.

❺ 袁梅. 诗经译注［M］. 济南:齐鲁书社，1985: 366.

❻ 丁凌华. 中国丧服制度史［M］. 上海:上海人民出版社，2000: 56–57.

"五衰"或称"五服"。这五种服饰从形制和材质都有所不同，穿着几天几月的时间长短也要求不一，需要根据亲疏关系而定。五服的材质大都是由粗疏的麻布制成的上衣、下裳以及头上、腰上系的麻绳、草鞋等，可以说是类似现今所说的"披麻戴孝"。头上系的麻绳称为"首绖"，腰间所系的带子称为"腰绖"。依据亲疏关系，守孝人的饮食要食素，睡觉用品寝具要素净，规定还有禁忌：有的人要禁酒，有的人不许吃荤，有的人甚至不能吃白米饭只能喝粥，清食素简以表示哀悼悲痛的心情。❶

在周代如遇父母之丧："男子冠而妇人笄，男子免而妇人髽。其意思是，若男子免冠，妇人要饰髽。"❷这里的"冠"是所谓的丧冠。丧冠的形制是这样的，以麻绳绕头为冠圈（即武），又用一条宽二寸的布捏褶，一般是有三条纵向的捏成褶皱，从冠圈的前边沿（即前额处）覆盖至后项，缝制在冠圈之上，称作冠梁，或简称为"冠"。若父亲亡故服丧时，要求用六升布为冠，为母亲服丧需要用七升布为冠。而"笄"则是丧笄。为父亲戴孝以小竹子为笄，为母亲戴孝则以榛木为笄。髽是妇女多用的丧髻。髽也制作为两种，服斩衰要求用麻缠髽，服齐衰则可以用布缠髽，这两种又被称为露纷（露着的发髻）。❸

《礼记·问丧》中云："冠，至尊也，不居肉袒之体也，故为之免以代之也。"❹意思是冠是最贵重的，不能戴在赤膊的人的头上，所以为赤膊的人做"免"来代替。可见在丧礼中绝对不能衣冠楚楚的，悲伤之情要显露无遗。说明在古代冠很重要，一个人的身份、地位都可以被代表，同时要搭配固定的服装。如果戴在赤膊的或衣着不整的人头上，则会玷污冠冕的作用，有违礼制的规范。

五服中以"斩衰"为最重，其余四种服饰制度逐渐减轻，表示与死者的血缘关系依次渐疏。服装等级不同，材料和样式也不相同，由于中国传统丧服运用反饰的手法，所以级别越高，材料、形式就越粗恶。"衰"，古作"缞"，本指缀于丧服上衣胸口处的一方六寸长、四寸宽的不缉边的用于揩泪的佩巾，后被引申为丧服的上衣。"不言裁割而言斩者，取痛甚之意。"斩衰的上衣下裳都是用最粗的生麻布制成，《丧服郑氏学》一记文："（斩）衰三升、三升有半。"❺升是古代织物密度单位，一升为八十缕，这种丧服的密度为三升。在幅宽二尺二寸的布面上，用二百四十根经纱。制作时，将麻布斩断，不缉边，故意让断处的线头外露。所以升数越小，则布越粗；升数越大，则布越细密。斩衰用布最为粗糙。另外布的加工程度也与等级相联系，丧服越重，用布越粗；丧服越轻，则用布越细。大功、小功、缌麻使用的麻布需进行人工捶打和水沤等工序加工，而斩衰和齐衰的用布则不进行这两道工序。❻

斩衰左右衣旁和下摆都不需缝制，麻边外露，表明没有加以修饰。上衣当心缝制有衰，

❶ 王夫子.殡葬文化学［M］.北京:中国社会出版社,1998:112-116.
❷ 礼记［M］.钱玄,等注译.长沙:岳麓书社,2001:440.
❸ 周礼·仪礼·礼记［M］.陈戌国,点校.长沙:岳麓书社,2006:1220.
❹ 同❷:758.
❺ 张锡恭.丧服郑氏学［M］.北京:文物出版社,1984:69.
❻ 李如森.汉代丧葬礼俗［M］.沈阳:沈阳出版社,2003:121.

表明孝子哀悼在心；背有负版，以表其背负悲哀。左右有辟领，两腋之下有衽垂下，状如燕尾，以遮住衰裳的两边开衩。冠梁用麻布制成，麻布上有三道向右折叠的纵向褶裥，称作"三辟积"。丧冠的缨（冠带）与武（冠卷）用一条麻绳圈折而成，从额上纳之，至项后交叉，前各至耳，结之为武，两侧垂下为缨。另有一类服饰，称为绖带。因其位置不同又分作首绖、腰绖和绞带。首绖，为系于头部的麻带；腰绖，相当于常服中的大带；绞带，则相当于常服中的革带。为何称为"绞带"？唐孔颖达疏曰："知以一股所谓缠绖者，若是两股相交则谓之绞。"❶斩衰的腰绖和绞带均为直麻。鞋子是以茅草编的草鞋，和服装一样，在绱鞋之中，脚面部分的余线头是编鞋的时候特意留着的。穿斩衰时，会使用手杖，名为苴杖。手里的杖分为两种，苴杖和削杖。苴杖的材料为黄竹，父亲去世时会使用；削杖的材质为桐树，母亲去世时会使用。苴就是"粗"的意思，从字的含义上不难看出：没有任何修饰，以最自然淳朴的心思来阐释子女遭遇父亲去世的悲伤之情，自毁形象、奋不顾身地尽孝。两种材质的手杖表达了古时男女不同的家庭地位，父亲家庭地位高，要尊于母亲。从父母去世时用的手杖又可以理解为：父亲为天，母亲为地。天圆地方，故竹圆以象征"天"，削桐使方以象征"地"。

孝子在举行"成服礼"后即穿上孝服，扶孝杖而行。杖的长度依周礼为一尺二寸，因孝杖棍不能过长，而孝杖棍又必须一步一着地，这样孝子一旦穿上孝服，手执孝杖时的体态势必要弯着腰行路，这里示意恭敬，抑或是表现出羸弱含疴的体态。《礼记·问丧》："或问曰：'杖者以何为也？'曰：'孝子丧亲，哭泣无数，服勤三年，身病体羸，以杖扶病也。'"❷还有规定：凡诸侯为天子、臣为君、男子及未嫁女为父母、媳对公婆、重孙对曾祖父母、妻对夫，以上行丧事都可以服斩衰（图3-6）。

次之的重孝服为"齐衰"，齐衰用四升至六升的本色粗生麻布制成，衣裳和下摆及边缘都由本色粗生麻布制成，毛边朝外，其他形制与斩衰大同小异，只是"武""缨""绖"的佩戴方法略有一些小的区别。冠，以布围及缨。杖用桐木为之，用杖者不同材质，鞋子要用疏草或者苋麻制成。齐衰据时间分齐衰三年、齐衰杖期、齐衰不杖期、齐衰三月四个级别。在父亲早已去世的情

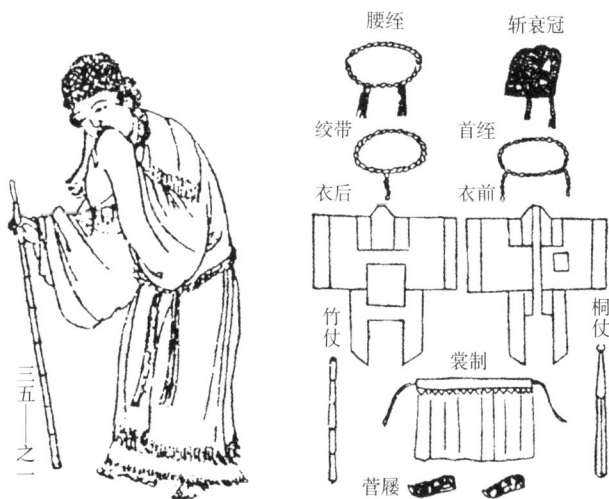

图3-6 | 着斩衰丧服的服丧者［在五服中列位第一，选自《中国织绣服饰全集·历代服饰卷（下）》］

❶ 郑玄，贾公彦.仪礼注疏［M］.北京：中华书局，1980：363.
❷ 礼记［M］.胡平生，张萌，译注.北京：中华书局，2017：3682.

况下，为母亲或是继母服齐衰三年，或是母亲为长子服齐衰三年；宗族成员的宗子为曾祖父、曾祖母或者为高祖父、高祖母戴孝均服齐衰三月❶（图3-7）。

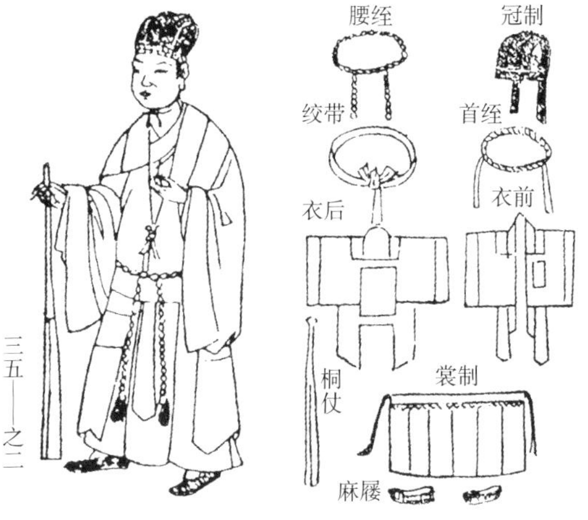

其第三级为大功。大功用布为七升至九升，一旦经过人工捶打工序，相比较布料更为柔软。可以分为殇九月、殇七月和成人九月三级服饰。如果未成年人亡故，就如同谷物尚未成熟，所以称为"殇"。"一般年十九至十六岁称为长殇，十五岁至十二岁称为中殇，十一岁至八岁叫作下殇。男女已行冠者不称为殇，女子已许配

图3-7 | 着齐衰丧服的服丧者［在五服中列位第二，选自《中国织绣服饰全集·历代服饰卷（下）》］

者也不称为殇。规定按大功服丧的亲属有儿子、女儿之长殇、中殇；叔父、姑姊妹、妻弟、夫之兄弟之子、女儿、嫡孙之长殇、中殇；夫之庶子及兄弟之长殇、中殇；公为适子之长殇、中殇；大夫为适子之长殇、中殇；等等"❷（图3-8）。

小功较之大功是较轻的丧服。丧服用小功为十升至十二升细麻布制作，布纹精密细小，所以称为小功。服丧期时间为五个月。服小功之服的人包括："叔父之下殇，适孙之下殇，昆弟之下殇"等，《仪礼注疏》中概括说："小功者，兄弟之服也。"❸如图3-9所示。

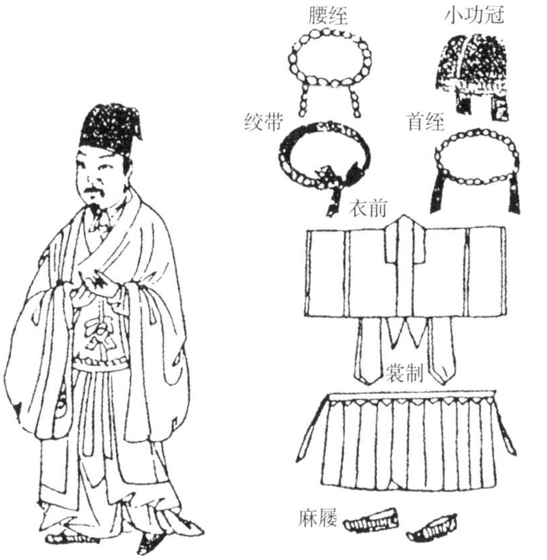

图3-8 | 着大功丧服的服丧者［在五服中列位第三，选自《中国织绣服饰全集·历代服饰卷（下）》］

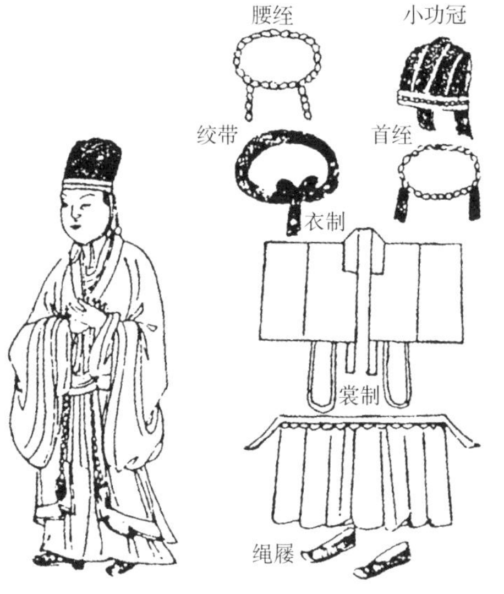

图3-9 | 着小功丧服的服丧者［在五服中列位第四，选自《中国织绣服饰全集·历代服饰卷（下）》］

---

❶ 丁凌华.中国丧服制度史［M］.上海：上海人民出版社，2000：125.

❷ 同❶：127.

❸ 郑玄，贾公彦.仪礼注疏［M］.上海：上海古籍出版社，2008：965.

　　缌麻是五服中最轻的一种丧服，服丧期为三个月。缌麻用布升数没有具体规定，《礼记·间传》认为是"缌麻十五升去其半"[1]。此种细熟麻布制作，比较小功而言，缌麻服是较为精细的一种。缌麻服丧的应用范围比较广泛，主要用于远亲和五服外的亲戚（图3-10）。

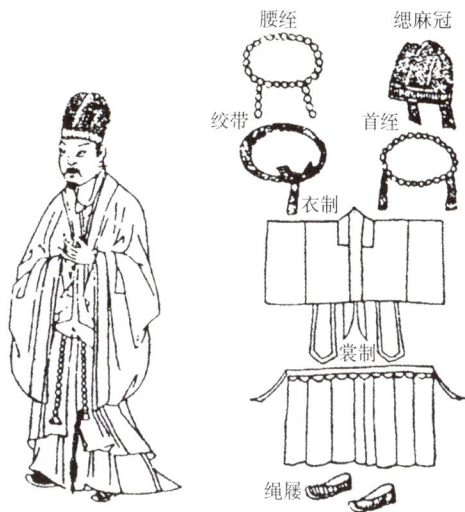

腰绖　　缌麻冠
绞带　　首绖
衣制
裳制
绳屦

图3-10 ｜ 着缌麻丧服的服丧者［在五服中列位第五，选自《中国织绣服饰全集·历代服饰卷（下）》］

　　丧服的服饰等级与亲属的等级序位要吻合和对应。为此还专门明确了各亲属关系在丧服制度中的排序规制，故称作服叙制度。随着历史社会政权体制的变更、礼法伦理道德的演进，服叙制度的变化也一直处于不断调整改革之中。

　　中国的守丧制度一直延续，传统丧服文化作为传统习俗或者规制一直是不可逾越的行为规范。它规定了守丧时应遵循的礼仪节律，如守丧期间日常起居须有哀戚之心情；在此守丧期间不能嫁娶；不可丧期中宴客作乐；不可以居丧释服从事吉庆娱乐活动等。史料记载我国自西汉始，守丧制度就已经被纳入到国家法律之中，如果有违越或者不能严谨守丧者，据情节要施以杖刑、徒刑、流刑等判处，为官者可能会因此削官废爵、降级休职。这可以说成为儒家法治文化的一个特色。反之，那些认真按照礼制守孝的人，则会得到宣传，甚至要大书其功德，或者被彪炳写进地方史志，成为官府表彰效仿的典范。

（二）丧服中的礼法制度

　　丧服制度的形成与商周时期盛行的礼法制度有着直接的关系。原始社会由于生产工具匮乏，生产力低下，男子多外出狩猎和御敌，形成父系社会，亦即形成了以父系血缘关系为纽带的礼法关系；进化到奴隶社会，剩余财富不均逐渐演变成为等级森严的奴隶制，从而人分三六九等，财富成为等级划分的标准，可以说是财权决定人权，奴隶主分封奴隶的阶级社会结构已具雏形。礼法制到周代早中期完全成熟，并成为当时维系国家、家族、家庭的最基本原则。

　　周代的礼法制度规定，继承王位的必须是嫡妻所生的长子。如果嫡妻没有生子，则立贵妾（即庶妻中地位最高者）之子。嫡长子之外的其他儿子，称为"别子"，别子自立宗统，仍由嫡长子继承，称作"继别"。别子为宗统的正支，虽经百世仍然可以祭其始祖，别子的嫡长子孙，为宗子；别子嫡长子之外的儿子仍实行嫡长子继承制，这继承关系称作"继祢"。其他不能继承的诸子奉尊继祢为宗子。为了区别这两个宗子，称继别的为"大

❶ 礼记［M］. 胡平生，张萌，译注. 北京：中华书局，2017：3724.

宗"，称"继祢"的为小宗。周代礼法又规定，一个庶子只能有一个大宗，四个小宗。五世之后，已经超出了同一个高祖的范围，便不再祭祀别子的祖先，只祭祀本族的祖先。这便是《礼记》中"有五世则迁之宗"[1]的由来。

当进入到封建社会，农业大国自给自足的自然经济祖祖辈辈延续着，所以以家庭为基本单位的礼法体系得以传承。家族成员按血缘的辈分年龄规定秩序，确定尊卑长幼，家庭成员必须绝对服从家长的管理，国家是家族的扩大，全国的人都是皇帝的"臣子"。正如家长管理全家族的财产和成员一样，皇帝则统辖全国的财产和臣民。从皇帝到农奴形成层层累积的尊卑等级关系。"君君、臣臣、父父、子子、夫夫、妇妇"，人人处在等级森严的伦理纲常的罗网中，并以之为天经地义，温情脉脉的封建伦理掩盖了赤裸裸的阶级压迫关系。

丧服制度与礼法制度二者密切的联系，互为依存，统治者为稳固和维护其政治统治，需要有社会意识形态作为根基，能够利用宗族和宗族之间的凝聚力，使之成为统治社会的重要支柱，教化人们并将其纳入封建礼法体制的轨道，这就是春秋战国为统治国民，不断设计、修订丧服制度的真正目的所在。中国古代丧服中的五服制度就是传统礼法制度的一个活生生的载体，在它的身上集中体现了这种"家国同构""忠孝同义"的礼法思想。

丧服制度与礼法制度互为表里的这种紧密关系，也造成了两者之间的联动机制。礼法制度的变化会通过丧服制度的变化显现出来。例如，秦汉以后，大礼法被以小家庭为社会基本单位的小礼法取而代之，转而强调家长在小家庭内的地位，随着丧主的变化，用杖人员也出现了变动（此处的杖为一根长及胸口的丧杖）。再如，在大礼法体制下，殇者不予立后，在宗庙祭祀中只能处于衬祭地位。到了秦汉以后，略有改变，实行小礼法制，殇者也可以立后，成年与否已不再像先秦时期的规制，所以殇服随之也就失去了存在的价值。致使明代在修订服叙时，殇服制式得以废除。

随着社会伦理的发展以及服饰的演变，到唐宋时期，丧服制度也发生了变化。正如《开元礼》所述，有四种服饰形制：降服，正服，加服，义服。服丧服饰不分时间长短，所谓的四服规定就是"正""降""义""加"。五服制度通过四服规定构成了等级限制，家庭的丧服制度最能体现五服制度。父母、祖父母及兄弟服丧穿正服。死者的儿孙不在的，其嫡曾孙顶替孝子地位，即可穿上孝子的丧服，也就是加服。降服是在本应穿的丧服上降格，如已出嫁的姐妹服丧都穿降服。从血缘或是亲属关系上不需要穿丧服，但由于感情或是道义的原因穿的丧服是义服。通过四服的规定，促使丧服服饰等级进一步分化。这是典型的封建中央集权制下的产物。

丧服服饰等级的进一步细化，透过时空可以清楚地看到：贯穿两汉至唐代，丧服服饰贵族化是这个历史时期的标志。与此不同，宋以后，丧服服饰趋向于简化，丧服服饰庶民化则成为此时社会的标志。

宋代礼书繁多，如司马光著的《书仪》和郑居中撰的《政和五礼新仪》，朱熹著的《家

---

❶ 礼记［M］. 胡平生，张萌，译注. 北京：中华书局，2017：2236.

礼》。三部著作完整再现了宋代的五服制度。

在《书仪》中记录了普通百姓通礼的全过程。同时阐述了五服制度从王公贵族迈向庶民的进程。完善传统礼仪所省略的部分，以及还需要调整的部分内容，制定出了完整的家庭礼仪规范。同时陈述了"从俗""从易""从简""从众"，这四从的指导思想也成为普通百姓着丧服的指南。

朱熹在《家礼》中，也大量参考了前述的《书仪》之内容。在南宋《家礼》作为最大的一部礼书影响很大，流传也最广。此文献内容在结构编排上，概括了不同时期的五服制度内容，以及五服制度不同的形制特点。

（三）丧服的等级划分

丧服能够彰显出丧者的社会等级及地位，同时不同亲属关系所穿着的丧服，其面料、工艺均不同，以此表明与死者的关系，丧服成了标志性物件。丧服代表等差问题，它通过多种方式表现出来。

丧服等级不同，缕线布局也就不同，越是丧礼隆重布料则越粗疏，实际上反映了服丧者的哀痛之情。以五等丧服为例，其斩衰制作参数设定为三升，齐衰制作参数设定为四升，穗衰制作参数设定为四升半；大功殇制作参数设定为七升，大功成人制作参数设定为八升，小功制作参数设定为十一升，缌麻制作参数设定为十四升半。布料越是精细表示丧礼隆重程度越低。

古人做衣服多数使用植物纤维材料，尤为重视对麻的使用，其工艺比较复杂。首先，将麻表层抽剥，并将麻分解为多层，清洗麻丝之后，将其软化变为纺织材料；其次，反复捶打，能够让麻绳更加柔软；最后，经过漂白处理后变成织布的重要材料。麻布材料舒适自然，且具有极强的吸汗性、透气性，故此很多古人都喜欢用麻布做衣服，当然其成本也是非常低的。丧服中的斩衰和齐衰两种衣服依然使用了麻缕，它是经过简单加工处理后完成的，基本保持了原有的天然麻色，质地比较粗糙。这类丧服也称之为大功丧服，"大"表示大概的意思，功表示人工，其制作工艺比较简单，经过捶打水洗，脱去杂质，让麻纤维稍微变轻柔，直接织布加工成衣服。与之不同的是小功布，是在前者的基础上进行深层次加工，让麻布显得更加细腻、素白。麻线被分割得更加细腻，因此称为"缌"，它是经过脱胶处理的，制作工艺更加细致。❶

和丧服搭配使用的还有杖，称为丧杖。在前秦时期社会地位高者才会使用到杖，后来发展中丧礼也经常使用到杖，它是具有特殊意义的工具，并非所有人都可以使用丧杖，它是有明确规定的：其一，丧主生前具有较高的身份及地位，或者作出了重要贡献，在丧礼中可以增加丧杖。其二，年老者由于行走困难需要借助丧杖参与丧礼的相关活动，它具有"扶病"的意识。当然未成年人是不使用丧杖的，因年龄小也不知道任何哀伤。对于丧杖制作材料分

---

❶ 丁凌华．中国丧服制度史［M］．上海：上海人民出版社，2000：154．

为多种，有竹子材料、桐木材料，在丧礼礼节中规定了男性服丧者需要使用竹材丧杖，女性服丧者可使用桐材丧杖，其高度与使用者心脏部位持平，根部朝下，表示哀痛之心。

除上述内容外，丧礼等级不同，所使用的丧服帽子、鞋子及缨带均不同，制作工艺、制作材料都彰显了等级制度。

1. 丧期期间的"加隆"与"减杀"

若是丧者是自己的至亲之人，服丧年限满后，可以退掉丧服，这在礼仪书上有所记载，"至亲以期断"。服丧一般都是以周年为单位，一年表示四季，四季则代表一个生物循环周期，人的生老病死也就相当于经历了一个循环，故此确定了服丧期限后直接根据轮回原则执行即可。民间也有守孝三年的说法，对于这一解释在《荀子·礼论》中表示"加隆焉，案使倍之，故再期也"❶。换言之，父亲是一家代表，对于父亲的服丧期限自然会比母亲的服丧期限要长很多，所谓的"加隆"就是将时间增长，"再期"表示两年；增加一个月，实则是25个月，由于已经跨越了第三个年头故称之为三年之期。我们常说的三年守孝并非真正意义上的三年，其具体期限则是25个月。❷关于三年守丧，儒家给出的孝道解释，即为了回报养育恩情。

《礼记·丧服四制》所言"资于事父以事母，而爱同"❸，要用伺候父亲的心态去侍奉母亲，要用父母培养孩子的精神和耐心，去为父母守孝3年。为何只能为母亲服丧1年？《礼记·丧服四制》中也对此做了解释："家无二尊，以一治之也。"❹只要父亲尚在，对于母亲服丧只能是1年，家中只有一家之主才能配上3年服丧之期，为了眷顾孩子的思念之心，服丧之后可以进行"心丧"，直到满25个月为止。对母亲服丧与对父亲服丧的规程有所差异，服丧等级称之为"齐衰"，前文也提及了该服丧方式与斩衰有一些区别，发展至唐代中期，武则天执政期间，无论是服父亲丧还是服母亲丧一律改为3年之期。这也说明了男尊女卑的社会思想得到转变。❺

古民间还有九月服丧、六月服丧及三月服丧的说法，若是死亡者并非自己亲生父母，可以服丧半年，这类服丧称之为"功服"。为确定亲属远近关系，功服也可分为大小功服。其中小功服表示服丧期限为6个月，大功服表示服丧期限为9个月；还有一些比较轻微的服丧则是将期限缩减为3个月，也称之为"缌麻三月"。对丧期并非固定不变，会根据季节气候做出调整，这也体现了古代礼制的灵活性，取天之道。根据《荀子·礼论》说："上取象于天，下取象于地，中取则于人"，其所说的就是道法自然。服丧过程中受到客观因素或主观因素的影响，需要在下葬后穿着较轻薄的丧服，礼仪称之为"受服"。这类

❶ 张觉.荀子译注［M］.上海：上海古籍出版社，1995：423.
❷ 林素英.丧服制度的文化意义：以《仪礼·丧服》为讨论中心［M］.北京：文津出版社有限公司，2000：75-82.
❸ 礼记［M］.钱玄，等注译.长沙：岳麓书社，2001：843.
❹ 同❸.
❺ 孙希旦.礼记集解（下）［M］.北京：中华书局，1989：86.

服装质量较轻，一般服丧时间越长则会使用越轻便的丧服，随着时间积累，丧服的使用会逐步向日常化、生活化转变，轻松完成丧服解脱，因此会比重丧服质地轻薄，便于长久穿着。

2. 宗亲、外亲与妻亲

家庭宗族成员关系，会根据血缘关系确定是否属于本族宗亲。宗亲表示同一姓氏的成员关系，而有些并没有关系的人，由于结婚最终成为家族成员，但他们与家族并非同姓氏，故此这部分宗亲称为外亲或妻亲。外亲包含了父母、兄弟、姐妹等，对于姑、姊妹属于内部宗亲，他们的子女若是随父亲姓氏，则属于外亲。宗亲人员都需要服丧，根据相关礼仪规定，外亲人员可以少数代表纳入到服丧范畴中，服丧等级相对不高。外亲服丧，母亲这方的亲戚主要有：外曾祖父母、舅舅姨妈、舅舅姨妈的儿子，若是本宗女子外嫁，姑妈儿子需要服丧。服丧规制比较低，外祖父母只需要服大功之丧，舅舅姨妈只需要服小功之丧，其儿子则只需要服缌麻之丧。❶妻亲服丧范围相对更小，如妻子父母只需要服缌麻之丧，反之岳父岳母也只需要服缌麻之丧（图3-11）。

				高祖母齐衰三	高祖父齐衰三				
			族曾祖母缌	曾祖母齐衰三	曾祖父齐衰三	祖曾祖父曾祖之兄弟也，缌			
		祖族母缌	从祖祖母小功，报	祖母齐衰不杖期	祖父齐衰不杖期	从祖族父祖之兄弟也，小功，报	族祖父族曾祖父之子，缌		
	族母缌	从祖母小功，报	世叔母齐衰不杖期	母父亡齐衰三年，父在杖期	父斩衰	世叔父齐衰不杖期	从祖父从祖祖父之子也，小功报	族父族祖父之子也，缌	
族昆弟之妻	从父昆弟之妻缌	昆弟妇	昆弟妇	妻齐衰杖	己	昆弟齐衰不杖期	从父昆弟世叔之子也，大功	从祖昆弟从祖父之子也，小功报	族昆弟族父之子也，缌
	从祖昆弟之子妇	从父昆弟之子妇	昆弟子妇小功	妇嫡大功，庶小功	子为子斩衰，为庶子不杖期	昆弟之子齐衰不杖期	从父昆弟之子小功，报	从子昆弟之子缌	
		从昆弟之孙妇	兄弟之孙妇缌，报	孙妇嫡小功，庶缌	孙嫡不杖期，庶大功	昆弟之孙小功，报	从父昆弟之孙缌		
			兄弟曾孙妇	曾孙妇无服	曾孙缌	兄弟之曾孙缌			
				玄孙妇	玄孙缌				

图3-11 ｜ 本宗九族五服正服之图（选自《中国丧服制度史》）

---

❶ 陈华文.丧葬史［M］.上海：上海文艺出版社，1999：135.

服丧规则都是礼仪法治规定的，它体现了男方世袭制度的特色。由于外亲宗族或妻亲宗族属于依附关系，不能混同三者的服丧规定，这不仅会违背祖宗法制，同时也会增加服丧时间，故此对于不同亲族的服丧规定都不同，从另外一层面看节约了大量人力和时间。

3. 恩服与义服

根据其他资料记载显示，对于丧服还可以分为"恩服"与"义服"两种。恩服，顾名思义表示对血亲之人表达恩情回馈的丧服；义服，则是指不具有血缘关系的人所穿着的丧服，如为国家皇帝穿的丧服均是属于后者。在《荀子·礼论》中提及，国君是一家之主，更是治理朝政的关键人物，按照律令应该百姓爱戴，群臣尽忠职守，若是国君驾崩，国家上下都应该隆重悼念，这是理当之行为。在《诗经·大雅·泂酌》中记载"岂弟（'恺悌'的古写）君子，民之父母"❶，则是对周王爱护民众，并对其政治绩效表示歌颂，换言之就是君主和平喜乐，正如天下百姓的父母一般，父母能够生育儿女但是未必能够教诲养育儿女，一国之君主为其提供了物质与教诲，这样的国君难道不如同父母一般，对其服丧必须坚持三年，以此报答其恩情。此外在《礼记·丧服四制》中则是从义的层面进行了解释："资于事父以事君，而敬同，贵贵尊尊，义之大者也。故为君亦斩衰三年，以义制者也"。❷将君主当作父亲一样侍奉，这是人的大义体现，恭敬之心如同对待自己的父亲一般，因此为君主服丧三年并不过分，这是规制更是"义"的体现。

还有一些资料记载，最开始群臣为国君服丧并非穿孝服，而是披麻孝，随后一些君主凭借权势强烈要求为其服丧，如此逐步发展成了国丧或大丧之说。友人之间虽然没有亲属关系，但是作为同道的亲友，若是遇到了友人不幸离世，在祭奠中不需要穿丧服，只需要身披麻服即可，完成吊唁之后即可取下。若是有人死于异处，没有亲人主持丧礼，其朋友可以将尸体送回其故乡，也就是所说的落叶归根。其朋友虽然不是亲属关系，但又不能穿丧服料理后事，对于这样的情况，古代礼仪表示可以使用变通方法，具体方式有：袒免，就是将左肩膀裸露，并系上一根麻带，从脖子向前面旋绕一周，并在发髻位置打结。回到故乡后，需要戴上首绖和腰绖，待死者丧礼办完后可以去除。丧礼也可以直接转交其亲属经办。

（四）丧服制度的变革

在丧服礼仪之中体现出了等差之爱的思想，丧服制度源于西周时期，经过历朝历代的发展完善，直到明朝才得以定型。根据相关礼法规定，宗族内部九族亲属都需要为死者服服叙之丧，对于服叙发展规律具体体现如下：

家中嫡子往往位高权重，其妻子地位也较其他妇人地位较高，因此嫡长子及妻子所穿着的丧服要重于其他人，丧服形式基本是一致的，并无大的差异。

❶ 杨任之.诗经今译今注［M］.天津：天津古籍出版社，1986：440.
❷ 礼记.［M］.胡平生，张萌，译注.北京：中华书局，2017：4066.

嫡长孙地位特殊，未来是要继承家族事业的，故此丧服也要重于其他普通子孙。其余儿子、子孙的孝服基本是一致的。

曾高祖父母是直系的长辈父母，他们有权享受"齐衰"服丧礼节，因此可着齐衰服饰，服丧期限为3个月。

根据婚嫁传统礼仪，女子结婚之后，出嫁从夫，虽然从血缘上与本族宗亲有关系，但是出嫁前后的亲疏关系会有所改变，出嫁女子所穿着的孝服为按服叙，若是没有出嫁的女子则需要穿高一等的丧服。若是出嫁后受其他原因离开了夫家，又回到了原生家庭之中，这表示归宗，因此丧服礼节等同没有出嫁之前。

自身与亲兄弟间服叙称为齐衰之礼服丧，服丧期间不需要使用丧杖。根据妻子、夫族之亲属的远近关系，进行服丧之礼，根据丈夫、本宗亲属的关系进行服丧之礼，自身与兄弟及其妻应该执行大功服丧之礼；本身与本宗再从兄弟间应该执行小功服丧之礼；由于内外有别，加综合对比看本身与兄弟妻的服丧隆重程度不能超过与再从兄弟的服丧程度。同样原理，对于本身与堂兄弟妻的服丧隆重程度与本身和族兄弟服丧的隆重程度是一样的。根据这一算法继续推导可以看出：本身与兄弟妻及与堂兄弟妻之间的服丧隆重程度是逐步递减的，这也体现了儒家的等级差别。

族兄弟、族姊妹以及与自身关系已经非常疏远，虽然有共同的祖先，但是与其他亲属关系相比相对较远，故此服丧只需要执行"缌麻"服丧之礼即可，期限为3个月。[1]

先秦时代服丧制度是比较简单的，但是其也有专门的规范，如丧服以缌麻丧服为主，还有袒免亲与无服亲的说法，其中对于袒免亲范围则是本宗五世的关系，丧服以"缌麻"为主，根据《礼记·大传》记载："四世而缌，服之穷也；五世袒免，杀同姓也。六世，亲属竭矣。"[2]对于无服亲表示五服之外的亲疏关系，可以执行"袒免"服丧之礼。发展到后来由于无服制度和袒免制度合并，则没有太多的区别了。元朝成立之后，服丧制度基本延续唐朝做法，将"袒免"制度改革为"无服"制度，发展至明朝关于服丧亲属范围并没有过于严格的规定。但是一些资料显示：宋元之后统治者都积极开创新的宗族组织机制，因此对于服丧制度并没有严格规范，明代服丧制度与元代相似，法律范畴也更加宽松，提出了"同宗亲属"或"非同姓近亲"，这些都属于无服亲的范围。根据《明会典》图册可以看出，"所有同五世祖族都是穿着缌麻丧服，这些都是属于袒免亲范围，若是遇到丧事都是穿素服，用白布缠住头发。"[3]通过这些记载资料可以推测出：明代亲属关系发展中依然存在"袒免"制度，同时还规定了：以五世祖族为基准，此范畴之内或之外的亲属关系是有区别的，发展到明朝后期尊卑名分更加突出，对于同宗亲属之间超出五服范围的人员服丧制度也有相应规定："尊长减凡斗一等，卑幼加一等"[4]。

❶ 丁凌华.中国丧服制度史［M］.上海：上海人民出版社，2000：229.
❷ 礼记［M］.钱玄，等注译.长沙：岳麓书社，2001：455.
❸ 同❶：211.
❹ 大明律［M］.怀效锋，王旭，译注.北京：中华书局，2024：385.

三、丧服中的礼仪文化

中国丧服文化是由皇族、富庶人家倡导的，随历史的演进不断完善和发扬光大。因此，中国丧服文化之中集中体现了儒家思想。

百事孝为先，儒家历来提倡孝道，视孝为放之四海而皆准的道德准则，是仁之根本。《礼记·祭义》中一记："曾子曰：'夫孝，置之而塞乎天地，溥之而横乎四海，施诸后世而无朝夕，推而放诸东海而准，推而放诸西海而准，推而放诸南海而准，推而放诸北海而准。'《诗》云：'自西自东，自南自北，无思不服。'此之谓也。"❶这段话的意思是："曾子说：'孝道，竖立起来，就充斥于天地之间；散布开来，就横贯四海，传播到后代就能够永远存在。推广到东海可以作为道德准则，推广到西海也可以作为道德准则，推广到南海可以作为道德准则，推广到北海也可以作为道德准则。'《诗经》上说：'从西到东，从南到北，没有不遵从的。'说的就是这种情况。"怎样才算做到了"孝"呢？《论语·阳货》中记载孔子说："生，事之以礼；死，葬之以礼，祭之以礼。"❷其意即在父母的生前死后，都要严格按照礼节的规定行孝，不能违背礼节。要做到孝，就要遵从"礼"的规定，在这里，儒家将"孝"与"礼"结合起来。《中庸》中说："事死如生，事亡如存，仁智备矣。"❸

《荀子·礼论》说："丧礼者，以生者饰死者也。大象其生，以送其死也。故如死如生，如亡如存，终始一也。"❹《孝经·丧亲章第十八》中说："生事爱敬，死事哀戚，生民之本尽矣，死生之义备矣，孝子之事亲终矣。"❺父母在世之日，要尽其爱敬之心，父母去世以后，要事以哀戚之礼。这样人生之大要，就算尽到敬心和孝心，养生送死的礼仪，才称得上完备。孝子事亲之道，也就功德圆满了。儒家将养生送死等同重视，甚至重视送死的程度超过了养生。这样对"慎终追远""事死如生"的高度重视，也使得丧礼服饰备受关注。

自从汉武帝施政"罢黜百家，独尊儒术"之后，儒家礼仪的这套丧服礼仪之所以作为正统的国家制度加以推行，一方面有其不断完善和巩固思想文化的积淀，另一方面也是社会统治阶级的御用工具。在重礼乐、重教化的儒家伦理道德影响之下，既赋予了丧服浓厚的伦理内容，又成为道德规范来塑造理想人格的德化工具。而历朝历代对于丧服服叙制度的变革也都遵循了儒家礼仪思想的要义。

❶ 礼记 [M]. 钱玄，等注译. 长沙：岳麓书社，2001：611.
❷ 论语 [M]. 长沙：岳麓书社，2009：209.
❸ 陈华文. 丧葬史 [M]. 上海：上海文艺出版社，1999：165.
❹ 张觉. 荀子译注 [M]. 上海：上海古籍出版社，1995：393.
❺ 胡平生. 孝经译注 [M]. 北京：中华书局，1996：39.

第四章 军礼中的礼仪服饰制度

《周礼·大宗伯》所载："以军礼同邦国，大师之礼，用众也；大均之礼，恤众也；大田之礼，简众也；大役之礼，任众也；大封之礼，合众也。"❶《周礼》将军礼分为"大师、大均、大田、大役、大封"五礼。其中，大师与大田之礼作为军礼的一种，一直延续至清末。而大均、大役、大封之礼自秦以后随着军制更迭，慢慢不再沿用了。

古希腊哲人亚里士多德在其著作《政治学》中提出过一个著名命题："人类在本性上，也正是一个政治动物。"❷在政治学语境中，身体是政治的象征乃至社会阶级身份的符号系统。无论是人类的政治习性还是社会习性，在人类身体机制中都能有所表现。政治的素材是人，而作为人类文明中不可或缺的要素之一，服饰与人的关系十分紧密，服饰早已被认定为人的第二肌肤，赋予其特殊的价值。在军礼中无论是天子官员、还是士卒民兵，都以特殊规定的军礼服饰展示自己的身份。

这就仿佛美术史上那些所谓的"权力肖像"，纵观古今中外，在历史画像中无论君主原本是个子矮小、年纪老迈，还是样貌不俊美、体态不匀称，都会被塑造成非同凡人的威仪模样，而且都是通过服饰的精细程度来表达人物在政治地位上的重要性。尤其是在一些战争题材作品中，被打败的敌人往往衣衫褴褛或者赤身裸体，而国王或者将领的形象则会更为高大，或身穿战甲，或衣着华服。征服者往往伟岸地站立着，或者处于画面重要的位置，而失败者往往会仰卧在地，或者被缩小至不合理的比例。由此可见，军礼服仪一样成为典型的身体政治化的表征。

尽管对身体而言，手足是其有机部分，服饰只是附属品，但从"权力肖像"上我们可以看出，很多时候作为"附属"的服饰其政治内涵甚至超越了身体本身。军礼中的服饰制度严苛、庞杂，无论是皇帝的礼服，还是有司的祭服，抑或是将士的军服，其穿着者都不是最重要的角色，穿着的制度、服饰的样式所传达出的礼制内涵和意义才是它存在的价值。

一、大师之礼

（一）大师之礼的礼制仪式

周代军政合一，兵农合一，作为一国之君天子不仅是行政首脑，也是最高军事统帅，所以御驾亲征在所难免。为了调动将士们出征的热情，天子不仅亲征，其仪式还必须恢宏威仪。在《周礼》中，大师之礼列于军礼之首，其原因是天子亲自出征的礼仪，就是为了突出其重要地位。《周礼》中对大师之礼的描述："大师之礼，用众也"，《明史》中记载："古者天子亲征，所以顺天应人，除残去暴，以安天下。自黄帝习用干戈以征不享，此其始

---

❶ 周礼［M］. 徐正英，常佩雨，译注. 北京：中华书局，2014：326.
❷ 亚里士多德. 政治学［M］. 吴寿彭，译. 北京：商务印书馆，1972：7.

也。"❶由此可见，天子亲征更是一种德政，宣示天子威严，同时代天罚民。因此，大师之礼作为军礼首章也就不足为怪了。

《周礼注疏》云"用其义勇"，就是征伐之事。贾疏曰"云'大师'者，谓天子六军，诸侯大国三军，次国二军，小国一军。出征之法用众"❷，《周礼·春官·大祝》郑疏："言大师者，王出六军，亲行征伐，故云大师"。❸"六军"所指就是上面所言之"用众"，"亲行"即王亲征，并非遣将出征而已身不动。在贾公彦、郑玄看来古字"师"就是军队的意思，因此"大师"就是"出征""征伐"之意，将大师之礼看作是军队的征伐之礼自然也就很好理解了。

综上所述，大师之礼在当时有两层含义，一方面如前面所述为王者出征讨伐之礼，以出师、卜筮、祭祀、誓师、观兵、致师、交战、献捷等一系列仪式宣告战争的开始、进行与结束，体现了当时的战争观念；另一方面也以"师"之制体现出军人数众多，进一步反映了当时的战争规模。大师之礼的绝大部分仪式并非从政治和伦理方面阐发宣告出师理由，但对当时以"王制理想"为目标的礼制社会来说依旧是十分重要的。大师之礼贯穿了征战的整个过程，交战前治军，行军；交战时致师，作战；交战后班师、献俘等一系列复杂的规则体系，既是"以礼让为国"的精神体现，更是在混乱的征战中支配国家权力、保证礼法实施的基础。

1. 交战前的军礼仪式

《周礼·春官·筮人》有记载，"凡国之大事，先筮而后卜"。春秋时期国之大事，在祀与戎。那么作为最重要的国家活动之一，战争之前必然要经过很多繁复的礼节，一般来说出征交战前卜筮、祭祀、誓师、出师是必不可少的仪式。

自周代伊始，国家大事均会通过卜筮活动预测其吉凶，以定其策略。战争前也不例外，能否出兵，是赢是败，都必须经过卜筮一测究竟。春秋时期设有专门的占卜官，称为"大卜"，《周礼·春官·大卜》中谈到大卜会依据兆及繇辞推断吉凶："大卜掌三兆之法，一曰玉兆，二曰瓦兆，三曰原兆。其经兆之体，皆百有二十，其颂皆千有二百。"❹也就是说占卜之术包括玉兆、瓦兆和原兆三类兆象的占卜法，大卜要掌握这三类兆象的1200条繇辞。大卜通过兆象观察所卜之事的吉凶，如有不吉之象，还需告诉国君如何逢凶化吉。同时大卜还需掌三梦之法："一曰致梦，二曰觭梦，三曰咸陟。其经运十，其别九十"❺。通过为王解梦，预测征伐吉凶。

出征前，大师之礼另一个重要的仪式是祭祀。现代学者对礼制的研究中有一个基本的

❶ 许嘉璐,等.二十四史全译·明史·卷五十七·志三十三［M］.上海:汉语大词典出版社,2004:1087.
❷ 李学勤.周礼注疏（十三经注疏标点本）［M］.北京:北京大学出版社,1999:467.
❸ 周礼［M］.徐正英,常佩雨,译注.北京:中华书局,2014:673.
❹ 同❸:513.
❺ 同❸:513.

共识，即礼起源于宗教祭祀的仪式。这种源于巫祝的权力在国家演进进程中慢慢取代了公共权力，并逐渐成为君主的统治手段。因此"巫王合一"的现象在人类文明发展进程中是十分普遍的，当这种宗教权力从巫师手中转移到君主那里，礼制自然也成为君主的统治手段。恰恰是因为这一点，在当时"礼"的盛衰成为国家兴衰的表现。《左传》中叔向曰："会朝，礼之经也。礼，政之舆也；政，身之守也。怠礼失政，失政不立，是以乱也。"❶礼的重要性可见一斑。

祭祀活动在大师之礼中也是必不可少的，这些活动是为了祈求天神、祖先以及各路神仙在战争中给予保佑和庇护，所以祭祀的目的各不相同，也十分繁杂。出征前的这些祭祀活动主要由大祝辅佐天子完成，大祝的职位为天官六大之一，掌祭祀的祈祷。《周礼·春官·大祝》对这一职位是这样描述的："大祝掌六祝之辞，以事鬼神示，祈福祥，求永贞。"❷大祝执掌祭祀活动，为求福祥，求长寿正命，吉利无邪。祭祀的内容主要是："大师宜于社，造于祖。设军社，类上帝。国将有事于四望，及军归献于社，则前祝。"❸就是说王亲征时，要用宜祭祭祀神社，用造祭祭祀祖先，在军中建立军社，并要用类祭祭祀上帝，国家将要祭祀四方名山大川，军队出征凯旋向社神献捷时，则要在祭祀神灵前先致以祝告辞。西周始置，多谓掌祝者为祝史，亦称祭史，汉有大祝令丞，为太常属官。隋、唐以后均曾设置，至清废。

出征前另一个重要的活动是告庙。《左传（桓公二年）》："凡公行，告于宗庙。反行，饮至、舍爵，策勋焉，礼也。"❹告庙之礼同样通过一系列祭祀仪式进行，告庙之仪是为了说明征伐受祖先授意，而非任意而为的不义之战，因而军队出征往往还要先迁庙。《左传（成公十二年）》杨伯峻注云："古代行军，必将先代君王主位载于车上同行"❺。这就仿佛是带着祖先和神灵一齐上战场，告庙就是为了请天子与之对话，求其庇护。因此天子与上神的对话还要"示于朝"，即公之于众，以体现天子威仪、鼓舞军心。《左传（鲁成公十六年）》也记载了晋楚之战中晋军"虔卜于先君也"的情景❻。可见，告庙在群雄纷争的时期是经常采用的一种祭祀方式。《礼记·王制》里记载了告庙时祭庙的"规格"要求："天子七庙，三昭三穆，与大祖之庙而七。诸侯五庙，二昭二穆，与大祖之庙而五。"❼也就是说历代帝王需设立七宗庙堂供奉七代祖先，而诸侯则只能修建五庙来祭拜祖先。由此可见，当时古代宗法制度中天子与诸侯的礼制等级差别体现在各个方面。

战前誓师这个词我们并不陌生，直至今日考前的"誓师大会"还是学校鼓励学生经常采用的手段。当然今天"誓师"一词的范畴已远远不再是出兵征伐这一项事宜，但誓师的

❶ 左传（襄公二十一年）[M]. 郭丹，程小青，李彬源，译注.北京:中华书局,2016: 1063.
❷ 周礼[M]. 徐正英，常佩雨，译注.北京:中华书局,2014: 527.
❸ 同❷: 536.
❹ 左传（桓公二年）[M]. 郭丹，程小青，李彬源，译注.北京:中华书局,2016: 378.
❺ 左传（成公十二年）[M]. 郭丹，程小青，李彬源，译注.北京:中华书局,2016: 1426.
❻ 左传（鲁成公十六年）[M]. 郭丹，程小青，李彬源，译注.北京:中华书局,2016: 1570.
❼ 礼记[M]. 胡平生，张萌，译注.北京:中华书局,2017: 314.

激励作用还是被很好地保存了下来。《说文解字》对"誓"的解释是：约束也。因此誓师不仅仅是对战士们的激励，更是战前的"约法三章"，向将士们颁布战争中各种规章制度，明确军法军规中的有所为、有所不为，以严整军纪。如《左传·哀公二年》中赵鞅对将士誓师："克敌者，上大夫受县，下大夫受郡，士田十万，庶人工商遂，人臣隶圉免。"❶在战前承诺将士们如果凯旋则可封地晋爵，论功行赏。可这嘉奖也是要有代价的，一旦发现"若其有罪，绞缢以戮，桐棺三寸，不设属辟，素车朴马，无入于兆，下卿之罚也。"❷由此可见，《誓》文中对军士的鼓励是赏罚分明的。

在进行誓师时，"王左杖黄钺，右秉白旄。"即主帅左手拿黄钺，右手持白旄在军中宣誓。"称而戈，比而干，立而矛，予其誓。"通过主帅誓词的激励，将士们被燃起志在必得的豪情壮志（图4-1）。在誓师词中主帅要向战士们强调恪守誓词，不得违反，否则将会受到严厉的制裁。之所以手持斧钺立誓，是因为它不仅是战场上的武器，更象征着王权的唯一性（图4-2）。出师前命将的斧钺为皇帝亲授，因此以斧钺号令众军如同天子训诫，军政合一的制度也在这一点上得以体现。此外，承担统领任务的命将不仅要在誓师时严格教化兵士遵从兵律，还要在平时做好监督工作，如果在其统领下的兵士发生掳掠财物或伤人事件，将帅同样也会受到责罚，甚至罢职充军。

《礼记》中还提到，"凡举大事，毋逆大数，必顺其时，慎因其类"❸，天子亲征乃是一等一的国家大事，这种时候一定要因循礼法，卜卦时令，露布昭告，择时出征。《吕氏春秋·孟秋纪》提过："天子乃命将帅，选士厉兵，简练桀俊，专任有功，以征不义，诘诛暴

图4-1 | 平番得胜图（局部）

图4-2 | 青铜钺

---

❶ 左传（哀公二年）[M]．郭丹，程小青，李彬源，译注．北京：中华书局，2016：3903.
❷ 同❶．
❸ 礼记[M]．胡平生，张萌，译注．北京：中华书局，2017：372.

慢，以明好恶，巡彼远方。"❶礼仪中一般都将四季按孟、仲、季，各分为三个阶段，即孟春、仲春、季春，孟夏、仲夏、季夏，孟秋、仲秋、季秋，孟冬、仲冬、季冬。因此在择时出征之前，不仅仅要问卜、祭祀，更要因循时节。如前面提到的孟秋之月就是最适合的战时，这是因为在孟秋之月："是月也，农乃升谷，天子尝新，先荐寝庙"❷，一般这时候军士们家中农田均已经大丰收，此时征伐不会影响他们的收成。而且入秋以后酷暑消退，气候凉爽适宜，雨水较少，相对来说更适宜作战，减少了士兵们的身体负担。《吕氏春秋·季夏纪》中所说："夷则之月，修法饬刑，选士厉兵，诘诛不义，以怀远人。南吕之月，蛰虫入穴，趣农收聚，无敢解怠，以多为务。"❸也反映出夏季对备战的重要。

另一个出师的禁忌是对于服丧期间或遭遇灾年的国家不予征伐，也就是《司马法·仁本》中说到的战道"不加丧，不因凶"。这条戒令一方面充分体现了古时军仪对死者的尊重，另一方面也展现了对处于艰难困境的生者的关怀，体现出礼制精神下的人文主义关怀。这种"道义"上的规范如同现代战争中的《日内瓦公约》在当时是各国达成共识的，一旦违反不仅不合"礼制"，更是巨大的外交失败，会遭到各诸侯国不齿，甚至断绝来往。然而，在春秋后期至战国就渐渐开始有人不顾礼制，贸然伐丧，礼乐崩坏之势已然彰显。

2. 交战中的军礼仪式

两军正式开战前，往往会以"观兵"之仪互相震慑，彰显实力，进行宣战，也就是在战前进行的全面检阅。观兵的过程与其他礼仪形式同样有着繁复而漫长的流程，身着戎装的将士们在观兵期间需一丝不苟，遵照执行。《左传·宣公十二年》中云，"观兵以威诸侯，兵不戢矣"❹。因此可以说观兵是一种精神层面的战争，通过炫耀自己的军事实力来比拼作战双方的意志力、行动力和战斗力，向敌人展现必胜的决心。

"观兵"之仪最早出现在西周，周武王在伐纣之前曾在盟津渡口进行过一次观兵典礼，这便是著名的"盟津观兵"。通过这次演习不仅是为伐纣之战做好充分的战前军事准备，更是通过此仪式彰显实力，获得更多支持，也对敌军从心理上给予了一定的压力。

除观兵外另一项仪式是"致师"，即挑战。致师是战争过程中，敌我双方展开大规模激战前进行的一项重要的仪式。致师分为两种。一种为将领所为，目的是显示个人能力以先发制人。春秋战国时期的军队建设还没有设立严格的等级制度，贵族既可以为将，也可以做兵。所以在一支军队中上下级可能来自同一个阶层，这就导致很难形成一种绝对的领导权，将领们不听指挥就擅自行动的情形时有发生。例如《左传·襄公十四年》，荀偃令曰："鸡鸣而驾，塞井夷灶，唯余马首是瞻！"栾黡曰："晋国之命，未是有也。

---

❶ 吕不韦门客.吕氏春秋全译［M］.关贤柱，等译注.贵阳:贵州人民出版社,1997: 202.

❷ 同❶.

❸ 同❶: 170.

❹ 左传（宣公十二年）［M］.郭丹，程小青，李彬源，译注.北京:中华书局,2016: 501.

余马首欲东。"❶可见当时将领的作战自由空间很大，因此他们经常通过这一方式显示自己的勇武，更有甚者试图通过致师趁机谋取战功。

另一种是主帅亲自委派将领致师，目的是挫败对手锐气。《左传·襄公二十四年》提及晋楚"棘泽之战"就是这样的。"晋侯使张骼、辅跞致楚师，求御于郑……使御广车而行，己皆乘乘车。将及楚师，而后从之乘，皆踞转而鼓琴。近，不告而驰之。皆取胄于囊而胄，入垒，皆下，搏人以投，收禽挟囚。弗待而出。皆超乘，抽弓而射。既免，复踞转而鼓琴"❷。晋国伐楚救郑，请郑派出御者，岂料由于两员大将的傲慢，使得他们在致师时不得不面对郑国御者的戏弄。幸得二人经验丰富、勇猛镇定，即便身处险境依旧从容不迫，依旧大获全胜得以脱身。

战争全面打响后，两军开始互相进攻，"中军以鼙令鼓，鼓人皆三鼓。司马振铎，群吏作旗，车徒皆作，鼓行，鸣镯，车徒皆行"❸，元帅敲响鼙鼓，并向鼓人发布击鼓的命令；听到元帅的鼓声响起，鼓人开始击鼓三通；接着司马摇响金铎，军吏舞起旌旗，战车和步兵便开始向对面行进；每当鼓声响起时，司马都要敲响镯以控制行军的节奏，听见声音战车与步兵便一齐向前进发，五十步后再停止。然后，"鼓进，鸣镯，车骤徒趋"，再次击鼓发令前行，镯剩摇响，车马兵士前行，这次战车与步兵都要迅猛行军，前进一百步后停止。最后，"乃鼓，车驰徒走"，再一次击鼓命令前进（图4-3），战车要迅猛地奔驰，步兵要快速地奔跑，同样是前进一百步之后停止。至此，交战双方即可以正式交战了。

图4-3 │ 虎座鸟架鼓（战国，湖北省博物馆藏）

不同于现代军事战争对科学高效的推崇，即便双方激战中，古人对作战状态、作战队形、官兵们的精神面貌都有着形式化的礼法在规范和约束。《尚书·周书·牧誓》中武王对即将伐纣之师提出了"今日之事，不愆于六步、七步，乃止齐焉"❹的要求。他认为这一天的征伐是决定胜负之役，乃是替天行道的正义之举。因此战事中军上行进步伐要整齐划一，体现军姿，走上六步、七步，就应该停下来整顿军容，以达到震慑敌人的效果。除此之外，将士作战要勇猛，不能乱杀无辜，要善待俘虏和降军。

3. 交战后的军礼仪式

双方交战后，终有胜负。胜利一方，班师回朝称为凯旋。凯旋的仪式包括奏军乐、唱

❶ 左传（襄公十四年）[M]. 郭丹，程小青，李彬源，译注. 北京：中华书局，2016: 870.
❷ 左传（襄公二十四年）[M]. 郭丹，程小青，李彬源，译注. 北京：中华书局，2016: 1426.
❸ 周礼[M]. 徐正英，常佩雨，译注. 北京：中华书局，2014: 1072.
❹ 孔颖达，等. 尚书正义[M]. 上海：上海古籍出版社，2007: 827.

军歌。《周礼·春官·大司乐》是这样记载的："王师大献，则令奏恺乐。"❶《周礼·夏官·大司马》中记载："若师有功，则左执律，右秉钺，以先恺乐献于社。"❷这都说的是凯旋之后的情境。也就是说如果打了胜仗，大司马左手拿律管、右手执斧钺，高奏凯乐向社稷献礼庆功。

出师征伐归来后举行献捷礼是十分重要的。《周礼·春官·大司乐》中载有："凡军大献，教恺歌，遂倡之。"❸这里的"献"，指的是战争结束凯旋后用于展示胜利者姿态，向天神和祖先复命的献礼（图4-4）。因此献礼的内容也是有所要求的，一般是缴获的车、马、兵器、甲胄，也有的会割下在战场上杀死的敌人的耳朵，或是战俘的耳朵用于论功行赏。

图4-4 ｜ 平定准部回部得胜图（郎世宁等作）

如果打了败仗，则要用丧礼送神主归于宗庙，此谓"师不功"或"军有忧"。《周礼·夏官·大司马》中是这样说："若师不功，则厌而奉主车。王吊劳士庶子，则相。"❹拜祭完祖先后，为犒劳悼念死伤的将士们，还要执行"哭师"之礼，由国君亲自着丧服、戴丧冠，"吊劳士庶子"，抚恤亡者之家属，慰劳受伤之将士。《左传·僖公三十三年》："秦伯素服郊次，乡师而哭。曰：'孤违蹇叔，以辱二三子，孤之罪也。'不替孟明，曰：'孤之过也，大夫何罪？且吾不以一眚掩大德。'"❺可见，战后丧礼不仅是为了表示对逝去的将士们的缅怀，更是提醒活下来的人勿忘国耻。

---

❶ 周礼 [M]. 徐正英，常佩雨，译注. 北京：中华书局，2014：527.

❷ 同❶：477.

❸ 同❶.

❹ 同❶：477.

❺ 左传（僖公三十三年）[M]. 郭丹，程小青，李彬源，译注. 北京：中华书局，2016：459.

（二）大师之礼中的礼仪服饰制度

大师之礼中的礼仪服饰并没有因征战的野蛮残酷而放松和不堪，一丝不苟的礼法制度依旧体现出军礼制度中服饰的严谨和重要性。

在中国传统文化中"重头"的传统由来已久，冕冠更是服制中尤为重要的一支。阎步克先生在《服周之冕》中提到："华夏族重'衣冠'，二者中'冠'又重于'衣'。'在身之物，莫大于冠'。'冠，至尊也'。"❶而在另一位学者许进雄看来"戴高帽"是除庆会场合之外，"指挥作战的临时设施，它慢慢演变为象征权威的常服"❷。他认为，尽管冠的体积高大、样式复杂、穿戴不便，本不应成为战场上的军事装备，但在两军交战时军事领袖号令众人，如若不能第一时间以其醒目威仪的形象引起关注、一呼百应，必然会对作战产生影响。因此，军事领袖佩戴高耸的头冠就不足为奇了。尤其是在古代执掌军权的往往也是政治领袖，使得王者佩戴冕冠由军仪逐渐成为习礼。

一般来说，冠的高大不仅仅是头冠本身，还与上面的装饰物有关。用羽毛做头饰、冠饰在人类历史上由来已久。直至今日很多国家的民族和地区在节日庆典或宗教仪式上仍保留着这一传统。古代玛雅文明中用凤尾绿咬鹃尾羽做成的头冠比黄金还珍贵，只有国王和大祭司才能佩戴。北美印第安文明中鹰、雕尾羽制成的头饰象征勇敢、智慧与财富，只有立下战功的勇士才能佩戴。功劳越大，头冠上的羽毛就越多，佩戴者的地位也越高。如今，印第安人还会在重要场合戴起鹰羽冠来显示自己身份的尊贵。

在我们看来，"皇"本就是一种用羽毛装饰的冠，也可以认为是一种"冕"，"皇"字上面的白，本就是羽冠的形象，借此暗示羽冠是王者的首饰。❸在我们的史料记载、考古挖掘中以羽冠皇的现象比比皆是，良渚玉琮上的神人兽面纹，神人头上所戴的就是"皇"这类的羽冠。大汶口文化有个陶文符号，李学勤即认为是羽冠。良渚文化的玉钺、玉琮、玉冠状器上的神人浅浮雕，有宽大高耸的羽冠；安徽凌家滩出土的玉人头像，饰有羽冠；四川金沙遗址出土的青铜立人像，也有羽冠。同时在考古发现的铜盔上也多留有插羽毛的孔位，可见军事服装中的羽冠是十分常见的。最为常见的是鹖鸟的羽毛，故也称鹖冠，《后汉书·舆服志下》中就记载着："武冠，俗谓之大冠，环缨无蕤，以青系为绲，加双鹖尾，竖左右，为鹖冠云。"❹这个武冠指的就是以鹖羽装饰的冕冠。之所以用鹖鸟是因为在传说中这是一种脾气暴躁、骁勇善斗的鸟，《禽经》中记述："鹖，毅鸟也。毅不知死。"因此用这种禽鸟的尾羽装饰头冠，以示勇士不战死不罢休的决心。鹖鸟的原型其实就是如今我国特有的珍稀一级保护动物——褐马鸡。褐马鸡的体高约60厘米，体长1~1.2米，体重约5千克，大于一般品种的鸡。全身呈浓褐色，头和颈为灰黑色，头顶有似冠状的绒黑短羽，脸和两颊裸露无羽，呈艳红色，头侧连目有一对白色的角状羽簇伸出头后，武

❶ 阎步克.服周之冕：《周礼》六冕礼制的兴衰变异［M］.北京：中华书局，2001：33.
❷ 许进雄.古事杂谈［M］.北京：商务印书馆国际有限公司，1991：186.
❸ 同❶：47.
❹ 许嘉璐，等.二十四史全译·后汉书（第一册）［M］.上海：汉语大词典出版社，2004：447.

弁造型恰恰与其如出一辙。雄性褐马鸡最爱炫耀的是其那引人瞩目的尾羽。其尾羽共有22片，长羽呈双排列。中央两对特别长而且很大，被称为"马鸡翎"，外边羽毛披散如发并下垂，平时高翘于其他尾羽之上，披散时又像马尾，故称"褐马线"。褐马鸡整个尾羽向后翘起、形似竖琴，十分美观。

不少国家同样有以羽毛点缀军装的习惯，因而名贵的褐马鸡羽毛在当时就显得更加昂贵了。在清王朝时，一对褐马鸡在欧洲市场上甚至可售银币千元以上。由此可见，鹖鸟作为英勇善战的最佳代言早已深入人心，将其饰于弁冠的传统一直延续下来。在河南洛阳金村出土的战国骑士刺虎纹铜镜中，骑士就被清晰地刻画为头戴双羽装饰的弁冠，骑马刺虎的英姿形象生动。除了褐马鸡的尾羽，还有一种雉鸡的尾羽也出现在弁冠上。根据《南齐书·舆服志》记载："武骑虎贲服文衣，插雉尾于武冠上。"这里的雉"似山鸡而小，冠、背毛黄，腹下赤，项绿，色鲜明"。根据描述很有可能是我国另一种特有保护动物红腹锦鸡。红腹锦鸡的尾上羽基部为桂黄色，上有黑褐色波状斜纹，羽端狭长而为深红色，长度为52~78厘米，极具观赏性。尤其在宋明时期，这种雉尾冠十分常见。在明人的《出警入跸图》（图4-5）中可以清晰地看见骑兵头上饰有长长的雉尾。

图4-5 │ 出警入跸图（局部，明人画，台北故宫博物院藏）

历代帝王在帽盔上装饰尾羽表明武将身份的形制一直延续到清代，只不过这时候的羽毛发生了变化，尾羽的位置也由插于帽顶改为垂于帽后。清朝时改为蓝翎和花翎，蓝翎为"鹖"羽，尽管羽毛很长但是无"眼"，也就是翎羽上的目晕状花纹，因此是品级较低者所佩戴；而花翎则是外部为"鹖"羽，内部为孔雀羽，孔雀尾羽上有"眼"，为五品以上高级官员佩戴，同时翎眼还分为单眼、双眼和三眼，一般以翎眼多少来区别官阶的高低。

在头冠上除了插有尾羽，还有一种是将鸟的全形装饰于冠上，这种样式在唐代的武官中尤为流行。天津博物馆馆藏一件体现新石器龙山文化的玉饰珍品青玉鹰攫人面珮（图4-6），但在孙机先生看来，此名定得不准确。他认为"这里的人首应代表神面，而不是被鹰攫取吞食的祭品"。❶因此这件器物更像是鸷鸟与神面复合的神主，用于受人敬仰尊崇。由此也可以看出，人与禽合为一体的形象在古人眼中的地位和重要性。

至唐时，受佛教艺术及外来文化影响对鸟形武弁的使用也愈发凸显。如在莫高窟第257窟的北魏天王像、河南博物院馆藏的三彩天王俑上都可以看到这种完整形态的鸟形冠。当然这种样式的弁冠在世界各地也有很多发现，藏于蒙古国家博物馆的毗伽可汗的海东青金冠、阙特勤头像上的鹰冠、阿鲁柴登墓发现的匈奴金冠，韩国国立庆州博物馆收藏的天马冢金制鸟翼形冠饰都是以完整形态的禽鸟造型呈现。但可以看出，要在头冠上装饰一只完整的禽鸟姿态并不容易，因此这种鸟形武弁上的鸟类一

图4-6 │ 青玉鹰攫人面珮（天津博物馆藏）

般体型都不是很大，尾翼翅膀也比前面所说的那些短小得多。具体采用的是哪一种鸟，各种史料记载不一，仅鹖鸟就有很多种描述。《史记·仲尼弟子列传》载有："子路性鄙，好勇力，志伉直，冠雄鸡，佩豭豚，陵暴孔子。"❷而在《晋书·舆服志》中的鹖鸟则被描述为："鹖，鸟名也，形类鹞而微黑，性果勇，其斗到死乃止。"❸据此可知这是一种小雀。

除却完整的鸟形冠外，另一种冠型也是学者们研究的热点，那就是在武士俑、天王俑中很常见的双翼冠。双翼冠是在波斯钱币上经常出现的形象，很多学者也因此确定这种形象是西来文化因素。早在1956年青海西宁市出土过大量的波斯萨珊王朝卑路斯时期银币（图4-7），上面铸有卑路斯一世（Pirooz Ⅰ，457—484年）的侧面肖像，但头顶戴的双翼冠则是以正视的形象展现。著名考古学家夏鼐于20世纪在河西走廊进行考古挖掘时，曾指出波斯萨珊王朝钱币上的国王王冠上的双翼冠饰是太阳神或袄教之神韦勒斯拉格纳的象征，这也是波斯人王权神授的体现。在我国曾大量出土波斯萨珊银币，洛阳马沟133号墓出土的库思老二世（Khasrau Ⅱ，590—628）银币，银币钱径30毫米，重3.45克，形制为圆形，正面人像部分呈银白色，周围色泽较黑。钱币正面为脸向右侧头戴皇冠的王者半身像，冠顶中央为两

图4-7 │ 萨珊王朝卑路斯银币

---

❶ 孙机.从历史中醒来：孙机谈中国古文物［M］.北京：生活·读书·新知三联书店，2016：1.
❷ 司马迁.史记［M］.北京：中国文史出版社，2020：5633.
❸ 房玄龄.晋书［M］.北京：中华书局，2015：1419.

只翼翅，托着一新月抱星纹，王冠底部有两列联珠。冠前有一新月抱星纹，冠后有一六角星，耳戴三珠耳珰，后有一不规则形头发，颈部及胸部有璎珞装饰。两肩上各升起一条飘带，还有自上而下的巴拉维文铭文。❶广东遂溪也发现过南朝窖藏的萨珊银币20枚，其中有11枚的样式为佩戴双翼托日王冠的王像。

其实这种"双翼托日/月"图案最早出现于古埃及，当时只有双翼中间承托日盘，象征法老的保护者。通过叙利亚人在赫梯人中传播，再经过米坦尼、腓尼基、亚述文明的传播过渡，最终在米底亚王国落脚。以"双翼日盘"作为典型的阿胡拉·马兹达神的象征表现依次出现在米底亚王国、阿契美尼德王朝和帕提亚王朝，不仅在王冠上，在青铜头盔上也能看见双翼的样式。后来在波斯萨珊王朝时期的阿胡拉·马兹达象征图像出现了新的变化，当时普遍流行日月和星辰崇拜，双翼神形象便与日月图像组合在一起，用于国王的冠饰，"双翼托日/月"的图像作为神权的象征与世俗王权的关系尤为密切，成为王权神授观念的写照。

这种双翼冠饰在北魏到隋代时期的石窟造像中的很多护法金刚、力士或神王头上都能看到，山西省大同云冈很多石窟有头戴双翼冠饰的护法金刚、力士或神王。另一个现存最具代表性的神王形象就是河南省安阳灵泉寺大住圣窟门前的一对隋初天王（图4-8）。东侧为"那罗延神王"，高1.74米，宽0.7米，神王头戴鸟翼冠，蓄长须，两侧有披帛，袒上身，下着裙，右手持三叉戟，左手持剑，跣足立于一牛背之上；西

图4-8 │ 灵泉寺大住圣窟天王造像

侧所刻为"迦毗罗神王"，高1.78米，宽0.6米，其形象与"那罗延神王"大体相似，如同样头戴鸟翼冠，蓄长须，左手持三叉戟，右手持剑，跣足立于一兽背上（因兽首损毁，无法确定是哪一种兽类）。然而其上身所着甲胄极为特殊，胸部及腹部有人面像，肩部为兽头含臂，护膝为象首。由此可以看出佛教从印度传入我国的过程中，经由中亚地区的传播与融合，形成了与中国本土文化艺术的有机融合。从隋末唐初开始，一些被确认为天王的护法神像也戴有双翼冠，并且称为天王的特征之一，如敦煌莫高窟380窟和12窟的壁画天王像等。

随着佛教的世俗化，双翼冠饰不仅出现在佛教护法神或天王的头上，还慢慢成为将军或武官所戴的武弁包叶上的装饰。墓葬出土的一些武官俑和唐帝陵神道上一些石雕武将均戴有这种双翼武弁。根据孙机先生的研究，唐墓出土的唐代武官在着礼服时，大都是戴这

类鹖冠或是其再经演进的式样。❶到唐中叶，鹖鸟双翼造型逐渐在冠服中消失，取而代之的是象形的卷草、云朵、连珠等纹样。咸阳底张湾豆卢建墓出土的武官俑之冠甚至连这样的纽状物也没有了，造型更趋简化。

除却羽毛装饰，还有一种在武弁上常见的装饰物，那就是兽类的毛发。如天子亲征，在古人看来这是顺天应人之举，所以出征前要先祭告天地，类祭上帝，这种礼法同郊祀相同，天子着装也依其规。《隋书》记载："后齐天子亲征篡严，则服通天冠，文物充庭。有司奏更衣，乃入，冠武弁，弁左貂附蝉以出。"❷由此可以看出，后齐天子亲征前的祭祀戴通天冠检阅，有司为天子冠以武弁，弁上左侧饰以貂尾，上附有蝉纹。这便是后来红极一时的"貂蝉冠"（图4-9）。貂蝉冠的原型本是战国时胡人戴的帽子，这种帽子插有一只貂尾。自赵武灵王胡服骑射时将其引入赵国，

图4-9 | 貂蝉冠

并加入了附蝉纹饰。赵惠文王对此冠服形制钟爱有加，于是他在赵武灵王的基础上，用金玉将其进一步美化，因此也有了"惠文冠"的说法。秦统一六国后，这种冠服被纳入了新王朝，貂蝉冠遂得名。到两晋南北朝时期，貂蝉冠在贵族阶层已经开始泛滥，为显示自己身份与地位谁都乐于戴上一顶貂蝉冠。以至于赵王司马伦篡位后，滥封官爵，貂尾不足，竟然用狗尾代替。因此，人们嘲讽他"貂不足，狗尾续"，这便是人们常说的"狗尾续貂"。直到隋唐年间，朝廷进行了整顿，貂蝉冠才逐渐恢复了标志贵族身份和等级的政治功能。到了宋代，貂蝉冠又发生了变化。《宋史》中记载，"貂蝉冠一名笼巾，织藤漆之，形正方，如平巾帻。饰以银，前有银花，上缀玳瑁蝉，左右为三小蝉，衔玉鼻，左插貂尾。"❸到了明代，貂蝉冠的形制等级变得更为复杂，据《明史·舆服志》记载，明朝的公、侯、伯、驸马四等品级官员的梁冠，均有貂蝉用以装饰。公冠八梁，加笼巾貂蝉，立笔五折，四柱，香草五段，前后玉蝉。侯七梁，笼巾貂蝉，立笔四折，四柱，香草四段，前后金蝉。伯七梁，笼巾貂蝉，立笔二折，四柱，香草二段，前后玳瑁蝉。俱插雉尾。驸马与侯同，不用雉尾"。❹到了清朝，由于清代的官服以满族的传统服装为主，貂蝉冠便彻底消失了。

将士们不仅披戴兽冠用以彰显身份，在战争中体现威仪，在军礼中凯旋，庆功宴乐时也同样会以这种夸张的服饰造型助兴。春秋后，将士出征凯旋后会行饮至礼，或是皇上亲征，或是大将凯旋，都会以饮至庆功。所谓"饮至策勋"，也就是在大办庆功宴的同时，还要将诸位将领的功勋记录在册，供后人敬仰，因此这种礼仪必须是由天子出席主持的。如非亲征天子未必身着戎装，但高规格的冕冠是必不可少的。"衮冕者，践阼、飨庙、征还、遣将、

❶ 孙机.华夏衣冠:中国古代服饰文化［M］.上海:上海古籍出版社,2016: 68.
❷ 许嘉璐,等.二十四史全译·隋书·礼仪志三［M］.上海:汉语大词典出版社,2004: 131.
❸ 许嘉璐,等.二十四史全译·宋史·舆服志［M］.上海:汉语大词典出版社,2004: 2915.
❹ 许嘉璐,等.二十四史全译·明史·舆服志［M］.上海:汉语大词典出版社,2004: 1263.

饮至、加元服、纳后、元日受朝贺、临轩册拜王公之服也。广一尺二寸，长二尺四寸，金饰玉簪导，垂白珠十二旒，硃（朱）丝组带为缨，色如绶。深青衣纁裳，十二章：日、月、星辰、山、龙、华虫、火、宗彝八章在衣；藻、粉米、黼、黻四章在裳。衣画，裳绣，以象天地之色也。自山、龙以下，每章一行为等，每行十二。衣、襟、领，画以升龙，白纱中单，黻领、青褾、襈、裾，被绣龙、山、火三章，舄加金饰。"❶天子着礼服宴请，将领和兵士们则戎装出席，席间还会有礼乐表演，尤其是体现军事战争题材的宫廷乐舞，如剑舞、浑脱、破阵乐等。舞者们或身着戎装，或手持武器，如战阵之形，翩翩起舞。其中"浑脱"原指的就是北方民族中流行的用整张剥下的动物皮制成的革囊或皮袋，也指用小动物的整张皮革制成的囊形帽子，故也有浑脱帽一说。但头戴浑脱帽，跳起浑脱舞的行为被认为起源于西域少数民族节令性的歌舞，因此在当时被看来是"胡虏之俗"难登大雅之堂，到了唐玄宗时期则被禁断了，然而由于已在民间广为流传，且被中原汉人依汉俗改编，故未能决绝。

无独有偶，这种在戎装上披以动物装饰起舞的习俗并非我们的先人专属，在丝绸之路的贸易交汇点——大夏文化曾挖掘出大量带有印章的文书，这些印章的主人往往以头戴野兽头饰的形象出现，❷绵羊头、双马、鸟首、双峰驼、狮子、大象——样式各异的野兽造型出现在权贵的头冠上，成为权力与地位的象征，更是当地纷杂的游牧文化的传承。即便是在科技迅猛发展的今天，世界上仍留有很多文明在采用这种古老原始的方法展示权力与地位。例如在西非加纳，仍保留着传统的战舞文化。这种原是古代战场上炫耀军事实力的行为，被流传延续至今成为加纳重要的传统文化，在一些重要庆典、宗教仪式中表演。这些战舞的装备除了必需的传统武器外就是华丽的头冠，为了体现在战场上的英姿，加纳战舞的主要舞者多采用兽角、兽皮装饰冠饰，并常常被涂成热烈的红色，同时还佩戴骇人面具用以恫吓敌人。由此可见，自古以来对自然的崇敬是人类文明共有的。

当然除却这种装饰性较强的弁冠，头盔作为军事装备中的常见首服也占有着重要的地位。《说文解字》中谓："胄，兜鍪也。"秦汉以前，头盔主要叫做兜鍪。之所以叫做兜鍪，是因为远古的胄的形状类似兜鍪这种炊具。古代胄早期主要是用藤木或皮革制作而成，到了商周时期，基本上是用皮革制成。胄主要用于作战时，起到保护头部的作用（图4-10）。在古代，头戴战胄见到尊者及长者，都要摘掉行礼以示尊敬。《诗经·鲁颂·閟宫》中提到"公徒三万，贝胄朱绶"。❸《毛传》中有"贝胄，贝饰也。朱绶，以朱绶缀之"，可见这是一种装饰有贝类的胄，垂有红缨，也为沙场鏖战之人专属。

图4-10 | 西汉风字形胄

❶ 许嘉璐，等.二十四史全译·新唐书·车服志 [M]. 上海：汉语大词典出版社，2004：418.
❷ 乐仲迪.从波斯波利斯到长安西市 [M]. 毛铭，译.桂林：漓江出版社，2017：17.
❸ 程俊英.诗经译注 [M]. 上海：上海古籍出版社，2016：647.

《通典》中载："炀帝遣诸将于蓟城南桑乾河上，筑社稷二坛，设方壝，行宜社礼。帝斋于临朔宫怀荒殿，与告官及侍从，各斋于其所。十二卫兵士并斋。帝衮冕玉辂，备法驾。礼毕，御金辂，服通天冠，还宫。又于宫南类上帝，积柴燎坛，设高祖位于东方。帝服大裘而冕，乘玉辂，祭奠玉帛，并如宜社。"❶隋炀帝时期，天子亲征的服饰依旧严循礼法着礼服出征，无论是衮冕、大裘冕在《周礼》中都是"王之吉服"，是皇帝等王公贵族在祭天地、宗庙等重大庆典活动时穿戴的重要礼服，所以天子亲征的仪式在军礼中可以说是最为重要的一个环节。

《新唐书》中记载的仪式更加繁复："皇帝亲征。纂严。前期一日，有司设御幄于太极殿，南向。文武群官次于殿庭东西，每等异位，重行北向。乘黄令陈革辂以下车旗于庭。其日未明，诸卫勒所部，列黄麾仗。平明，侍臣、将帅、从行之官皆平巾帻、袴褶。留守之官公服，就次。上水五刻，侍中版奏'请中严'。钑戟近仗列于庭。三刻，群官就位，诸侍臣诣阁奉迎。侍中版奏'外办'。皇帝服武弁，御舆以出，即御座。典仪曰：'再拜。'在位者皆再拜。中书令承旨敕百寮群官出，侍中跪奏'礼毕。'皇帝入自东房，侍臣从至阁。"❷《新唐书》的记载显示出皇帝在指点战场之前以一身礼服亮相。特别是天子亲征前的饮至礼，也就是征还之时天子亲自赐宴，这种礼仪是军礼中较为隆重的庆典，因此天子在着装上也身着华丽的礼服，这与其他军礼中身着戎装有所不同，但同样也是为了显示最高统治者对出征凯旋将士的重视，同样能达到鼓舞士气的作用。而与此同时百官的平巾帻、袴褶亦是出征行旅之服，一方面体现出军人气魄，另一方面也可以看出隋制因袭外来文化的影响一直没有消退。

除此之外，皇帝在其他祭祀环节多服武弁，如宜于太社、告于太庙等，早在《周礼·春官·司服》中就有："王之吉服：祀昊天上帝，则服大裘而冕，祀五帝亦如之；享先王，则衮冕"❸。历朝历代典籍记载也反映出尽管朝代的更迭使得服制不断发生变化，但在出征、祭祀的仪式上帝王着武弁的制度并无太大变革。由此可见，军礼、军服不仅仅有着其军事意义，在国之仪礼中同样呈现出十分重要的地位与作用。

正如《诗经·小雅·采芑》中所描述的"伐鼓渊渊，振旅阗阗"❹。打了胜仗凯旋史是要依礼隆重庆贺，首先要"振旅"回朝，所谓"凡师出曰治兵，入曰振旅，皆习战也"❺。将士们班师回朝的时候要仪容严整，以振军威。"其解严，皇帝服通天冠、绛纱袍，君臣再拜以退"❻（图4-11）。根据《新唐书》中的记载皇帝在将士们"振旅"之礼上身着"通天冠、绛纱袍"，这样的装扮与其他皇家仪节规格相当，可见得胜而归在军礼仪节甚至古代礼仪中

❶ 杜佑.通典［M］.北京:中华书局,1988: 579.
❷ 许嘉璐,等.二十四史全译·新唐书［M］.上海:汉语大词典出版社,2004: 253.
❸ 周礼［M］.徐正英,常佩雨,译注.北京:中华书局,2014: 458.
❹ 周振甫.诗经译注［M］.北京:中华书局,2010: 335.
❺ 同❸: 1056.
❻ 同❷.

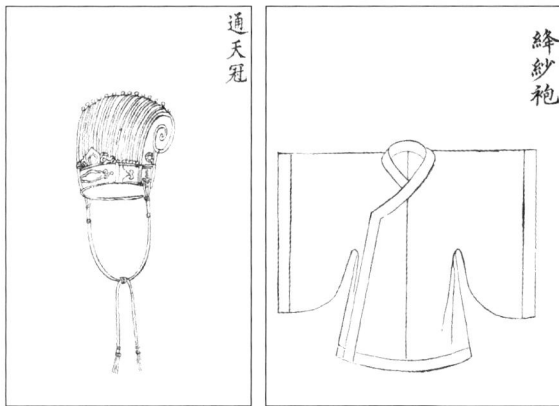

图4-11 | 通天冠、绛纱袍（选自《大明集礼》）

的地位同样是十分重要的。军队获胜而归，要高奏凯乐，此曰"奏凯"。命将得胜班师，天子会率领百官出城迎接，如若此役为天子亲征，更是要举国欢庆，众臣们甚至要到几十里之外高接远迎，这一仪式称为"郊劳"，乾隆二十五年（1760年），清高宗弘历皇帝还命人修建了郊劳台，用于慰军劳师。大部队回朝后要在宗庙大宴功臣，天子对将士们论功行赏，上古把这种"享有功于祖庙，舍爵策勋"叫作行"饮至"之礼。后代"饮至"享宴不再行于宗庙，将其仪节改在正殿或宫苑举行。据《大明集礼》记载："皇帝服衮冕，御奉天殿百官朝服侍宣。"❶诸将受封赏用"谢仪"对天子还礼。以上统称为"献捷"礼，而如若战败，则国君要着丧服、戴丧冠，"全军服丧礼而还"。

　　纵观中国历史的发展，历代舆服制度都是政治制度中不可或缺的部分，车马仪仗、君王乘舆的规格也是国力的体现。事实上，骑乘技术的广泛推广普及是自唐代才开始的，因此在早先的冷兵器战场中双方交战是以车战为主，以至于春秋时期甚至用战车的数量来衡量国家兵力的强弱。一时间诸侯各国纷纷以"千乘之国""万乘之国"来称呼自己。一般情况下，一辆战车上主要有三个重要角色，分别是御者、车左和车右。御者站在车前驾驭战车，车左、车右分别站在御者两侧，一边保护御者不被袭击，顺利驾车前行，另一边则在车子遇到阻碍无法前行的时候，推车辅助。在中原士大夫看来骑马本就是游牧民族落后的生活方式，乘车才是更为高级的农耕文明的标志，因此当时人们受夷夏有别观念影响排斥鄙视骑马。同时南北朝之前古人骑马受冠服影响十分不便，且相较乘车不显气派。人们认为"长裙广袖，襜如翼如，鸣珮纡组，锵锵弈弈"本是有礼之举，而在马背上"驰骤于风尘之内，出入于旌棨之间，傥马有惊逸，人从颠坠，遂使属车之右，遗履不收，清道之傍，结骖相续，固以受嗤行路，有损威仪"❷。因此无论出行，还是领军，上层社会的男子都讲究乘车，而不骑马，舍车骑马甚至会被认为是失礼的举动。《云麓漫钞·卷四》中有过类似的记录："古者，马以驾车。非朝臣正礼也。宣帝时，韦元成以列侯侍祠孝惠庙，晨入庙，天雨，淖，不驾驷马车而骑至庙下，有司劾奏，等辈数人皆坐削爵。唐睿宗时，太子将释奠，有司草仪注，从臣皆乘马着衣冠。左庶子刘子元曰：'古大夫乘车，为马骓服；魏晋朝士驾牛车；李广北征，解鞍憩息；马援南代，据鞍顾盼；则鞍马行于军旅，戎服所便。江左尚书郎乘马，御史治之；颜延年罢官，骑马

---

❶ 徐一夔，等.大明集礼［M］.北京：国家图书馆出版社，2009：367.
❷ 许嘉璐，等.二十四史全译·旧唐书［M］.上海：汉语大辞典出版社，2004：1527.

出入；世称放诞。'❶ 可见，朝臣骑马不仅是失礼的行为，会被人侧目，甚至还有可能被革职。

在战场上骑马术应用较晚的另一个重要原因，是因为尽管人类驯化马的历史由来已久，但从古代行军制度及骑兵战术的变迁可以清楚地看出，马具却一直发展得不甚完善。在早先面对匈奴骑兵来犯中原政权采用了多种战术防御，尤其是赵武灵王试图通过胡服骑射与之抗衡。但由于当时的骑兵缺乏相应稳固的马具，在战场上只能靠游击骑射，而无法发动大规模的全面抗争。加之作为游牧民族匈奴人的骑射技术是其生活状态的一部分，他们"儿能骑羊，引弓射鸟鼠"❷，中原步兵仅靠平日操练自然是无法企及的。而马镫的出现使骑乘者在马背上的稳定性极大地加强，从而能在战场上更加有效地控制身体姿态。同时由于人马合一而形成的联合冲击力，使骑乘过程中产生的打击力量得到了有效提高。

根据考古发现，马镫的出现同样源自中国（图4-12）。最早出现的并非后来在战场上广泛使用的双马镫，而是用于蹬踏上马的单马镫，根据高至喜1959年发布的《长沙两晋南朝隋墓发掘报告》，两晋墓葬的20件随葬骑俑中大部分无马镫，只有4件马的左侧都塑有一个三角形马镫，很短且结于鞍前缘上，右侧无镫，骑者的脚也未在镫中，所以可以看出此镫"是供上马时踏足之用，骑上之后则不用镫了"❸。孙秉根在《安阳孝民屯晋墓发掘报告》中也记载了河南安阳孝民屯154号墓出土的我国发现最早的马镫实物，通长27厘米，厚0.4厘米。从出土位置看，系在马鞍左前方，由于是单马镫，故只有一件❹。考古实物并不代表这种技术出现的最早年代，现在出土的也未必是制作最早的单镫陶俑作品，据此可以推断单马镫的产生时间亦早于此。

唐初，自北朝传播开来的骑马之风开始盛行，不仅男性在隆重场合开始骑马，就连妇女也乐于在马背上活动（图4-13），这一切得益于双马镫的

图4-12 ｜ 鎏金木芯马镫（辽宁省博物馆藏）

图4-13 ｜ **虢国夫人游春图**（局部）

❶ 赵彦卫.云麓漫钞［M］.北京:中华书局,1996:582.
❷ 班固,等.汉书［M］.北京:中华书局,2007:920.
❸ 高至喜.长沙两晋南朝隋墓发掘报告［J］.考古学报,1959（3）:85.
❹ 孙秉根.安阳孝民屯晋墓发掘报告［J］.考古,1983（6）:503.

出现和推广，自此马具和马饰逐渐发展完备。到此时骑马也被认为是合乎礼仪规矩的行为了，于是"以乘马朝服为礼"，甚至规定了骑马入朝的仪节，如入朝及谒庙，先乘车至门外，换马入宫门。若从驾，则宰执侍从官皆骑从，南郊祀上帝，则宰相骑导。

总之，在军礼中服饰制度的确立是严格遵循各项礼法的，这其中也难免有与宾、吉、嘉、凶其他四礼的交叉。例如朝服、祭服等形制在其他仪礼中均有所涉及。无论出现在哪里，礼制在中国传统制度中的渗透始终是蚀骨入髓的。萧公权曾说："孔子所谓礼者固不限于冠婚丧祭，仪文节式之末。盖礼既为社会全部之制度，'克己复礼'则'天下归仁'矣。"❶礼制在中国传统思想中的植根可见一斑。

但随着王朝更迭，政治制度对思想文化的影响也愈发深远，战国秦汉期间的古礼出现过一个断裂的时代，这一点在宴功行赏上体现得十分明显。随着战国变法运动、秦始皇统一六国最终结束了"等级君主制"的统治，中国彻底迈入君主专制体制时期。秦皇专制统治下更注重法律，而无视古礼，举法家抑百家。《新唐书·礼乐志》中曾有记载："凡民之事，莫不一出于礼""……及三代已亡，遭秦变古，后之有天下者，自天子百官、名号位序、国家制度、宫车服器、一切用秦……而礼乐为虚名"❷，这就意味着"法"与"礼"的分道扬镳，也意味着中国政治制度的又一次蜕变。

值得注意的是，断裂并不意味着摒弃。因此秦汉之制中尽管已然割裂法与礼，但礼数依旧存在，只不过在专制统治下的礼成为君主之礼。秦政思想之基石为李斯提出的法治思想，即"尊君权，重集权，禁私学，行督责"。在今天人们研究秦之覆灭时，常常会将其失败全部归结于帝王的暴政，但忽略了暴政后面的法治思想根源。那么难道秦朝政治是因法治而衰吗？自然不是。秦之专制失道才是其早亡的根本，法治与专制之别，在前者以法律为最高之威权，为君臣之所共守，后者为君主最高之威权，可变更法律。❸专制之下礼法皆由皇帝一人掌控，如此看来秦始皇之法也只是片面的法治。这样二世才能"得肆意极欲"，也因此葬送了始皇帝打下的江山。

在君主专制下的政治制度"独制于天下而无所制"，故传统礼数被改写，特权与身份是改写的焦点，这一点从秦对周冕之制的轻视可见。历史上对冠服之制最大的改变，恐怕便是秦始皇将俘获的列王冠服赐给近臣。《小盂鼎》铭文中曾记录了周王赏赐的东西有：裸鼎爵一、弓一、矢百、画镈一、贝胄一、金甲一、戈一、马乘一等。《虢季子白盘》铭文也记载了"王孔加子白义……王赐乘马，是用左王；赐用弓彤矢，其央。赐用戊（钺），用政蛮方"❹。从其他文献内容同样也可以看出，向有功的将领赐以兵器甲胄是西周王室赏赐的主要内容，服冠之制在古人心目中的重要性自不用赘述。但到了秦一切都被彻底打破，袁宏曰："自三代服章皆有典礼，周衰而其制渐微。至战国时，各为靡丽之服。秦有天下，收而

❶ 萧公权.中国政治思想史［M］.北京:商务印书馆,2011.56.
❷ 许嘉璐,等.二十四史全译·新唐书［M］.上海:汉语大词典出版社,2004:229.
❸ 同❶:266.
❹ 孙宝文.虢季子白盘［M］.上海:上海辞书出版社,2020:87.

用之，上以供至尊，下以赐百官，而先王服章于是残毁矣。"❶《后汉书·舆服志》又载："（战国）竞修奇丽之服……及秦并天下，揽其舆服，上选以供御，其次以锡百官。"❷国虽小，王之尊严却在，衣冠制度依然是古人心目中权威的代表。而秦始皇却对这些原本是政治表征的礼仪服饰毫不放在眼里，随随便便就把这些战利品当作礼物或祭品，其独制天下的霸权一览无遗。

然而秦始皇对仅仅把列国王冠朝服送给近臣似乎还不满足，他甚至还为这些冕冠重新命名，"先王服章于是残毁"，周礼服制被彻底打破。随后而来的整个专制时期，尽管服饰制度被反复改写，而君主之制的独尊地位和服饰之制所传达的等级之制却始终不变。

二、大田之礼

（一）大田之礼的礼制仪式

大田之礼，指的是天子诸侯每年都要举行的田猎活动。周礼中将大田之礼描述为检阅众师之礼。《周礼注疏》云："因田习兵，阅其车徒之数。"❸可见田猎的主要目的是练兵、检阅军队的作战能力。

每年中春振旅，中夏茇舍，中秋治兵，中冬举行大阅。这其中春、夏、秋三次田射主要是在大司马的召唤下民众演习布阵，识别各种礼器，研习各种兵器车马，辨别各种徽识的用途，辨别各种旌旗的用途。而最后一次中冬的田猎则是对之前演练工作的检阅。田猎当天，在司马的指挥下全体乡吏携民众进行军事化的布阵演练，然后斩杀牲畜殉左右军阵。再反复调整队列，前进、停止、击鼓、放旗等各程序反复执行后，田猎开始要正式布阵进行猎兽，田猎结束后则要进行祭祀。

这一仪式每年四时为常制，根据形制每次活动都有众多人员参与，因此从某种程度上成为对政治活动参与者的一次动员仪式。在大田之礼上借田猎活动动员全体将领勤加操练、增强兵力，继而展示国威，巩固统治（图4-14）。尽管每个个体在这项政治仪式中所起的角色不同、地位各异，但在礼治思想下对君主的尊崇使得参与者通过大田之礼的各项仪式为维护最高王权统治提供了源源不断的政治动能。

与大师之礼一样，大田之礼也有很多严明的规定。例如"苗者奈何？曰苗者毛也，取之不围泽，不掩群，……不杀孕重者。春蒐（搜）者不杀小麛及孕重者；冬狩皆取之，百姓皆出，不失其驰，不抵禽，不诡遇"❹。根据礼法规定，田猎时不得将捕猎对象赶尽杀绝，

❶ 袁宏.后汉纪校注［M］.周天游，校注.天津：天津古籍出版社，1987：243.
❷ 司马彪.后汉书志［M］.刘昭，补注.北京：中华书局，1982：3640.
❸ 李学勤.周礼注疏（十三经注疏标点本）［M］.北京：北京大学出版社，1999：467.
❹ 长泽规矩也.和刻本类书集成［M］.上海：上海古籍出版社，1990：287.

图4-14 | 上林图（局部，明代，仇英绘）

幼兽、鸟蛋或是有孕在身的母兽都不得猎杀，不得破坏动物窠臼。国君春田不围泽，大夫不掩群，士不取麛卵。在当时无论是借狩猎演兵，还是皇族显贵的娱乐活动，不同时节的蒐狩其军事训练目的、内容和狩猎的名称各不相同。正所谓"春蒐、夏苗、秋狝、冬狩，皆于农隙以讲事也"[1]，均是在农闲之余进行。"蒐"，即春天打猎是有选择的，要搜索未怀孕的兽类；"苗"，即猎取的是祸害庄稼的禽兽；"狝"，指猎杀的是对家禽造成伤害的野兽；"狩"，意谓冬天打猎，获则取之，因为冬季的收成较少，可以无差别地狩猎（图4-15）。我国古代很早就懂得捕杀必须与养护并举，这一系列规定深受早期礼制社会天人合一思想的影响，同时悄然形成了古人质朴的环保主义思想。

图4-15 | 铜壶上的燕乐狩猎攻占图（北京故宫博物院藏）

（二）大田之礼中的礼仪服饰制度

大田之礼四时之畋的方式不同，具体祭用对象不一，故言："中春教振旅""中夏教茇舍""中秋教治兵""中冬教大阅"。[2]在操练中以不同目的进行兵马演练、检阅军仪，看似四时田畋旨在畋猎射获，但实际上最重要的仪节仍蕴藏军事目的。除了熟练操练军事技巧，在冷兵器时代，决定战争胜负的不确定因素还有很多，但其中军备绝对称得上是一个十分重要的要素。参加大田之礼仪式的众人均依军礼着戎装，这也是军礼中较为全面展示中国历代戎装的礼法，历朝历代戎装之变革同时也体现了当时军礼、军制乃至政治制度的变革。

[1] 杨伯峻.春秋左传注·隐公五年［M］.北京：中华书局，1995：42.
[2] 李学勤.周礼注疏（十三经注疏标点本）［M］.北京：北京大学出版社，1999：765-774.

西周军队中虽然已经开始实行"国人"兵制，但并没有设置专职武官，军队的统帅就是天子及诸侯，他们出征时所穿的韦弁服就是专用戎服。"凡甸，冠弁服。"《周礼·春官·司服》中也记录了韦弁服是为"兵事之服"。由于当时的兵阵主要是车阵，因此演武时需要统帅站在战车之上，士兵跟在车后。这样就很好地区别了帅与兵的戎服，为行军便捷，跑起来方便，兵的裳往往要比帅的短些。

战国末年，赵武灵王推崇胡服骑射（图4-16），外来文化的糅杂成为当时军戎服装最大的革新。由于地处北方，北有燕，东有胡，西有林胡、楼烦、秦、韩之边，与不少少数民族接壤。故此赵武灵王看到胡人在军

图4-16 ｜ 胡服骑射

事服饰方面有一些特别的长处：穿窄袖短袄，生活起居和狩猎作战都比较方便；作战时用骑兵、弓箭，与中原的兵车、长矛相比，具有更大的灵活机动性。于是提出改服制的想法，然而"国人皆不欲，公子成称疾不朝。王使人请之曰：'家听于亲，国听于君。今寡人作教易服而公叔不服，吾恐天下议之也。制国有常，利民为本；从政有经，令行为上。明德先论于贱，而从政先信于贵，故愿慕公叔之义，以成胡服之功也。'"❶然而公子成起先并未同意赵武灵王的看法，赵武灵王便亲自登门劝说，公子成幡然醒悟，欣然从命，第二天他便穿戴着赵武灵王亲自赐给他的胡服入朝。

当时所谓的胡服是一种衣袖窄小的直襟短袍，袴的形制为肥大的满裆裤，靴为短靿。赵武灵王改胡服的最大变革之一是裤，由深衣内不可外穿的无裆袴，变为后来宽松而便于行动的袴褶，这正是随着骑射的广泛推行而改变的。由于早先人们普遍身着宽衣长袍，且席地而坐，因此不得不采用被当时认为不雅的踞坐姿势骑马。随着胡服骑射制度的推广，无论是军事行动还是日常生活，人们都需要更便捷适宜的装扮以应对骑乘时复杂多变的状况，于是骑射的普及和马具的发展推动了缺骻袍、满裆裤的流行。赵武灵王带来的另一个变化就是去履、舄，改服靴，这自然也是顺应了骑射的需求。一方面保暖结实，另一方面由于当时还没有发明马镫，一双牢固的长靴显然能让骑乘者更加有效地夹紧马腹，稳步前行。

武官所用的冠以薄如蝉翼的织材制成，样式也来自胡人，冠上有金蝉、玉蝉装饰，还垂有貂尾以表英武。羽毛制头饰有一种就是前面提到的"鹖冠"，据记载，赵武灵王用"鹖冠"嘉奖作战勇敢的武士。

从胡服骑射的第二年起，赵国的国力就逐渐强大起来。后来不但打败了经常侵扰赵国的中山国，而且夺取林胡、楼烦之地，向北方不断挺进，开辟了上千里的疆域，成为"战国七雄"之一。

---

❶ 司马光.资治通鉴［M］．北京：中华书局，1976：104.

秦朝是我国历史上军事发展迅猛，军事实力强大的时期。得益于秦始皇陵兵马俑（图4-17）的发掘保护，秦代的军戎服饰有着极尽翔实的资料。但因秦代采用专制集权制度因此对大田之礼的因袭并不彻底。秦皇对军队的教阅一方面出于对君主的膜拜，一方面为维护自己的集权统治，周礼中的礼法仪节有很多都被忽略了。秦军的戎服，上自将军下至士卒形制基本相同，一律及膝深襦，下穿小口裤，士

图4-17 | 兵马俑

卒腿上裹有行缠，足穿靴或履。将军在重要仪节会着双层长襦，外披彩色盔甲。兵的首服主要有四类：帻、冠、帽、发髻。靴履根据样式分为：高筒靴、方口翘头履、方口齐头履、方口尖头履。靴和履都用带缚于脚背和足踝。将士们的戎装一般由带有扣襻的皮带系扎。

秦军将领平时是不掌握实权的，在战时才会由皇帝临时任命，因此负责指挥的将官只是在战时才拥有兵权。被任命的将领身穿铠甲，铠甲胸前、背后未缀甲片，而是以一种质地坚硬的织锦制成，上面绘有几何形彩色花纹，也有的是用皮革做成甲片后再绘上图案。前片的甲衣下摆呈倒三角形，后片平直形。胸部以下、背部中央和后腰等处，为灵活都添加了小型甲片。全身约有一百六十片甲片，甲片形状为长方形，下缘有的为圆弧状。甲片多用皮条或牛筋固定，呈"V"字形并钉有铆钉。两肩处装有披膊，将领的胸背及肩部等处还露出彩带结头。

王莽的新政将汉代分为两个时期，就是如今史学界所称的东汉和西汉。西汉的军服基本沿袭秦制。冷兵器经战国晚期和秦朝的发展，至西汉以前一直占据着重要的地位。西汉的盔甲全部由锻铁制成，整体制式上有很多方面与秦朝相似。在军队中，无论官阶军衔一律穿着禅衣和裤子。禅衣即为深衣，下穿的裤子也叫"绔"，因裤腿很大故称为"大绔"，军旅中士兵为行进方便外面都扎有绑腿。士兵的冠服基本上是一条平巾帻，再外加冠。

汉代是我国初步形成武官制度的时期。春秋战国以后，军队规模不断扩大，由于军队的种类、战略战术日趋复杂，必须由一些专门的军事专家进行分析，慢慢地形成了真正的专职军官。军官和士兵的身份不仅是服装，更体现在徽识上的区别。军服上的徽识延续自先秦时期的制度。汉代的徽章主要有章、幡和负羽。章级较低，主要为士卒佩戴，类似一个印有标识的小布包佩戴于士兵的肩部、背部或胸前，就如同现代战争中士兵佩戴的军牌，用以表明佩戴者的身份等级和军种。

到了东汉以后，战争频繁，由于人民生产生活遭到巨大破坏，武器装备鲜有长足发展。魏晋时期的戎服主要是战袍和裤褶服。袍长及膝下，宽袖。褶短至两胯，紧身小袖，袍、褶一般都是交直领。裤则为宽口裤，很像今天的裙裤。冠饰主要有武冠、鹖冠、樊哙冠、帻、幅布等。军人一般都穿圆头靴，靴尖不起翘。铠甲和戎服外均束带。甲胄基本沿袭东汉的形制，胄顶高高地竖有缨饰。

　　兵器的发展发生在南北朝时期，这一时期冶炼技术的突飞猛进促使甲胄的制作水平、样式质量都有了大幅提高。其中最有代表性的是裲裆铠，裲裆铠长至膝盖上，腰部以上是胸背甲，由前胸和后背两组甲片组成，有的用小甲片编缀而成，有的则用整块大甲片。大甲片一般多为皮甲，前胸和后背两组甲片并不相连，一般在背甲上缘有两根皮带，经胸甲上的带扣系束后披挂在肩上。除"裲裆铠"外，南北朝时期墓中出土的武士俑还穿着一种胸前背后有两面圆护心的铠甲，这种甲一般称为"明光铠"（图4-18），它是在"裲裆铠"的基础上，前后各附加两块圆形的钢护心，加强了对胸部的保护。根据《北堂书钞》里记录曹植的《先帝赐臣铠表》中对裲裆铠的记述是："先帝赐臣铠，黑光、明光各一具，裲裆铠一领……"❶可见，金属工艺发展早期的铠甲并非军事常服，乃是帝王赏赐的贵重之物。军人日常的着装是当时在南北朝普遍流行的褶袴，这种装束被称为"急装"。当时武官在重要仪节时为保留中原传统还多着大口袴，被称为"缓服"也就是宽大的官服，而兵士们为了避免这种样式在紧急行动时会造成不便，便在裤管的膝盖处用锦缎丝带系扎，因此也称"急装"。而"急装"实际上正是前面提到的褶袴。

图4-18 ｜ 身着明光铠的青瓷武士俑

　　当时还有很多君主诸侯都是胡人，他们本民族的文化也被带入中原。因此当时戎服很具特色，形式多样，且融合了诸多文化。裲裆衫是当时最突出的，"裲裆"本是胸背的两片贴身衣着，将士们后来在裲裆铠内穿着裲裆以保护身体免受铠甲的压磨，而在秋冬时节，裲裆内还可以填入棉絮用于防寒。由于裲裆铠和裲裆均是背心式的服装，因此在战场上这种组合既能保护身体减少损伤，同时又给了军人们两臂最大的活动空间，用来持武器对抗。裲裆衫则是裲裆与衫的合称，在长袖的衫外面穿着裲裆，武官在裲裆衫外披上与裲裆铠形制完全相同的布制或革制裲裆，作为武官的公事制服，这种样式一直使用到唐代。

　　隋朝的统治时间尽管很短，但是一个统一的封建王朝。由于建国时间短，在没有完成各种政治经济变革之前就已被推翻，因此很多方面还基本沿袭着南北朝的旧制，军戎服饰也是如此，只是在结构造型上做出了一些微小的调整。如铠甲的长度延长至腹部，将原来的皮革甲裙取而代之。

　　唐朝作为我国封建社会的鼎盛时期，其经济、政治、文化都对中国传统文化具有深远的影响。唐代是我国历史上武官制度全面建成的时期，因此唐代武官的服饰比过去历代更为完备。唐初的演武场上帝王的形象也均以戎装亮相，以示王权威仪。据《册府元龟》记载："玄宗先天二年（713年）十月癸亥，亲讲武于骊山之下，征兵二十万，旌旗连亘五十

❶ 虞世南.北堂书钞［M］.序刊本.陈禹谟，校注.明万历二十八年（1600年）.

余里，戈铤金甲，照耀大阵于长川，坐作进退，以金鼓之声节之，三军出入，号令如一。帝亲擐戎服，持沉香大枪，立于阵前，威振宇宙。长安士庶，奔走纵观，填塞道路。"❶

　　唐代开放包容的思想使得其军制有这样的特点："务求灼然骁勇，不须限以蕃汉，皆放番役差科"❷，唐玄宗就是以这样的心态来实现征召军士的目标。无论是否为汉族人，只要能打善战就可拉入部队，唐制戎装也同样如此。士兵的戎服用两种，一种是盘领窄袖袍，另一种是缺胯袍。盘领窄袖袍长度到小腿左右，袖窄而贴身；缺胯袍上绣有各种纹饰，因其胯部以下开衩而得名，这种衣服因为方便上下马而广受欢迎。但其只能作为兵士们的日常军衣穿着，作为礼仪场合及战场上搏斗都不适合。这样戎服形成了两套体系，步兵与骑兵二者相互融合、相互补充。初唐的铠甲和戎服基本保持着南北朝以来至隋代的样式和形制。贞观以后，进行了一系列服饰制度的改革，渐渐形成了具有唐代风格的军戎服饰（图4-19）。唐代冠服称为幞头。晚唐时幞头已变成无须系裹随时可戴的帽子。随着盛唐时期国力强盛，戎装甲胄也逐渐丧失了其实用功能而慢慢演化成一种奢华的礼冠式形态。晚唐时铠甲已形成基本固定的形制。陕西历史博物馆馆藏有一件1971年在陕西省乾县懿德太子墓出土的三彩绞釉骑马射猎俑（图4-20），陶俑刻画了一位年轻武士头戴幞头、身穿绿色圆领袍，稳坐于马背之上，腰间佩长刀、挎箭囊，弯弓搭箭，转身仰望，瞄准着天空飞翔的猎物。由此也可以看出，当时的骑射技术已然成熟，马具装备完善，士兵对马匹的训练与操控也十分娴熟。这种军服上的变化慢慢渗入整个隋唐服制，不仅军人、贵族，普通百姓也开始受此影响，充分体现出中华文化兼容并包之势。

图4-19 ｜ 唐代武士俑　　图4-20 ｜ 三彩纹釉骑马射猎俑（陕西历史博物馆藏）

　　五代十国从建立后起前后约50年，政权更迭，朝令夕改，因此在服饰等方面基本沿袭唐末制度。南朝宋自建立起制定出一整套以文制武、兵权分立的措施。《宋书·志·礼一》载宋文帝刘义隆的大蒐之礼："帝若躬亲射禽，变御戎服，内外从官以及虎贲悉变服，如校猎仪。……列置部曲，广张甄围，旗鼓相望，衔枚而进。"❸可以看出宋制戎服已有自己的体系。南朝宋的军队有禁军和厢军两大部分，禁军是皇家正规军，厢军是地方州县军，这

❶ 李昉.太平御览［M］.北京:中华书局,1992:1072.
❷ 王溥.唐会要［M］.北京:中华书局,2024:875.
❸ 许嘉璐,等.二十四史全译·宋书［M］.上海:汉语大词典出版社,2004:2915.

两种军队的戎服具有一定的差别。禁军九品以上的将校军官，通常有三种服饰：朝服、公服和时服。朝服和公服的用途与唐代相同，时服是皇帝每年按季节不同，赏赐给近侍和文武官员的时令服饰。南朝宋的普通士兵作战时只有衣甲，头上戴的是皮笠子。

1206年铁木真统一蒙古草原，建立了蒙古国，被各部尊称为成吉思汗。元朝之所以能东征西讨，依靠的是一支强大的军队，其甲胄之工艺尤为高超。甲身全部用网甲制成，外表用铜铁丝缀满甲片（图4-21），内层用牛皮为衬，制作十分精巧。此外，因为蒙古军队大多以骑兵为主、装备精良，而且还配有火器，因此在当时曾一度所向披靡。统一中国后，为了巩固政

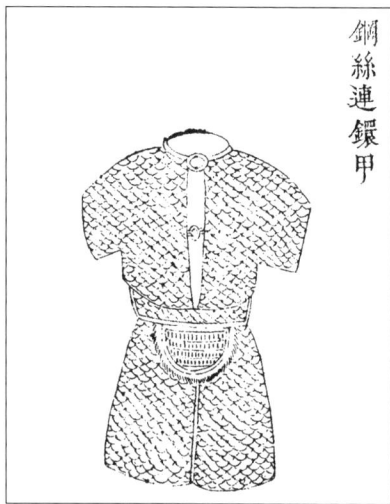

图4-21 | 钢丝连环甲（选自《武备志》）

权，争取汉族上层人士特别是知识分子的支持，蒙古族人在各方面都遵行汉法。朝廷百官的礼服、公服，也大都采用汉制。但有一点是由于蒙古族人骁勇善战的民族性使然，无法改变的，那就是元代帝王对田猎的重视。史志所载，在元代仅皇帝就设置了一千二百余户官吏，用于负责打捕鹰房，而诸王之下更是有万户之多，专为皇帝及诸王养鹰，供畋猎之需。有些打捕鹰房官在随帝王田猎，甚至亲征以其出色的射猎技术受到青睐，甚至加官晋爵。当然这些受宠之人并非没有任何代价，相应的打捕鹰房官要定期为皇帝贡奉皮货，陪伴君主狩猎，而在战争频繁之时他们还要上战场，因此可以说打捕鹰房户对元代社会产生了重要的影响。

明朝建立之初就重视发展军工生产，提高火器和铠甲制造的水平，不断加强国防力量。在演兵操练中火器已经成为必不可少的环节，《大明会典》中记载了永乐年间校场练兵的军制划分"国初立大小教场，以练五军将士。永乐初，既有五军营，又有三千营以司宝纛令旗，神机营以司神枪火器，名曰三大营"。[1]除此之外，五军中还有专门一司负责执掌"传令旗、令牌、御用监盔、尚冠、尚衣、尚屦等"什物，由此可见田礼之仪节在明代的重要性。明代对军备的重视还可以体现在其甲胄的质量上，其绝大多数都是用钢铁制造的，技术先进，样式多变。明代的武官制度是历史上最完备的，因此军戎服饰的等级差别也十分明显。武官九品以上有四种官服：朝服、公服、常服和赐服，在演练场上则礼服戎装为主，故多为盔甲。

明代军人在战场上穿戎服时，既可戴盔甲，又可戴巾、帽、冠。帽为红笠军帽。冠有忠静冠、小冠等。骑士多穿对襟样式，以便乘马。作战用兜鍪，多用铜铁制造，很少用皮革。将官所穿铠甲，也以铜铁为之，甲片的形状，多为"山"字纹，制作精密，穿着轻便。兵士则穿锁字甲，在腰部以下，还配有铁网裙和网裤，足穿铁网靴。明代的下级军人一般只能穿履，而不能穿靴（图4-22）。

---

[1] 李东阳,等.大明会典［M］.内府刊本.申时行,等重修.明万历十五年（1587年）.

图4-22 | 倭寇图卷（局部，明军整装出发抗倭，日本东京大学史料编纂所藏）

清朝是由满族建立的我国最后一个封建王朝。在早期清朝统治繁荣时期，清帝王审时度势地从欧洲引进的枪、炮等近代兵器，学习现代兵器的生产技术，因此无论是技术性能，还是数量品种，都达到了当时历史的高峰。火器的日益发达使铠甲越来越不受重视，因此清代的铠甲在前期还用于作战，中期以后纯粹成了摆设，只有在阅兵典礼上有时还使用，作战时只穿戎服或绵甲，根本不穿铠甲。

掌握生产资料的统治阶级掌握国家，为了向被统治者标明自己的阶级地位，一些统治者通过服饰加以强调，他们一方面通过珍贵珠宝、华丽服装体现自己的财富和对财富的掌控，另一方面颁布重要的法令，禁止一些名贵或特殊材料为普通人使用，以保障自己所处的统治阶级对这部分资料的独占性。不仅我国的礼服、军服有这种特点，对全世界的统治者来说都是一样的。如在中世纪的欧洲十分盛行叠加层层褶皱的铠甲，这种古代武士进行战斗时穿着用以护体的服装，在当时成为权贵的象征，而铠甲层叠越多，越厚重，穿着者的地位则越高。叠加皱褶的铠甲背后意味着大量的名贵金属、高超的锻造工艺，所以其价值自然也就不菲。正因如此，只有君主和骑士才能允许穿着这种豪华型的铠甲，平民则被明令禁止。

清代《钦定大清会典图》中详细记载过乾隆二十二年皇帝大阅的甲胄制式，以“胄”，也就是头盔为例：“皇帝大阅胄，制革为之，髹以漆。顶东珠一，承以金云，下为金升龙三，各饰红宝石三，又下为金圆珠镂龙三，饰碧砸玒三，珍珠四，又下为金垂云，宝盖饰青红宝石六，贯枪植管镂蟠龙，周垂薰貂缨，二十有四，长六寸五分，红片金里，管末承云叶五，亦镂龙，下为圆座镂正龙四，饰珠八，红宝石四，座下金盘镂行龙四，饰珠四，红宝石八，自顶至盘高一尺一寸。”[1]但就胄顶盔枪的高度可以看出，不要说两军在战场上对阵，

[1] 昆冈，等．钦定大清会典图：卷91［M］．石印本．清光绪二十五年（1899年）．

就是行军途中这高耸的顶珠、飘摇的貂缨都算不上是便利的军事装备。

再看髹漆皮胄之上的装饰，"胄前后梁亦镂龙，各饰珠三、猫睛石二、红蓝宝石各二，正龙衔黄宝石一。梁左右镂金梵文三重，上重八次十有八，间以金璎珞，次二十有四，前为舞擎镂龙四，饰珠五、红宝石四，护额髹金龙二，中间火珠，自胄梁至护额高八寸五分。"❶ 如此精细雕琢、奢华装饰，自然也不属于常服装扮。由此可见，皇帝在大阅时的甲胄不再仅代表皇帝的权贵威仪，更代表着国家的实力与地位（图4-23）。

当然，这等繁复奢华在当时是只有君主才能独享的顶级装备，随着等级地位的降低，盔胄上的装饰也有所禁忌，样式更是逐级简化。如皇子盔枪就采用二层金龙饰东珠，圆座上也舍去了四面龙的纹样；而一品武官、镇国将军这样的军事骨干力量只能在帽顶用镂花金座托承东珠；至于一般的武官和侍卫只能头戴翎毛或一般的朝珠。

战争中真正参与作战的兵士戎服则采用更加适合骑射的满族制。尽管这时的古礼之制已经渐行渐远，西方文化开始逐渐被了解，反专制思想此起彼伏。但在专制权威的作用下，统治者为了保护自己的权益还是采取严苛繁缛的服装制度。满族入关后，立刻在全国强制推行剃发易服，

图4-23 ｜ 皇帝大阅甲胄（选自《皇朝礼器图式》）

令汉人着满服，剃髡发。这一举措立刻招来汉民不满，其民间阻力之大，是当时的清政府没有想到的，于是政令颁布不到一个月的时间，摄政王多尔衮就颁布了另一谕文以缓和局势："予前因分别顺降之民，故以薙发分顺逆；今闻甚拂民愿，是反乎予以文教定民之本心矣。自兹以后，天下臣民，照旧束发，悉听其便。"❷ 这条谕义看似予民自由，实则缓兵之计。在多尔衮看来清廷基础尚未完全确立，外敌尚未完全征服，因服制阻挠大部分汉人降服是得不偿失之举。

待顺治二年（1645年）江南纷乱基本平定，剃发之制再次被厉行，这一次多尔衮的诏书则一改原来的怀柔态度，措辞严厉强硬："向来薙发之制，不即令画一，姑听自便者，欲俟天下大定，始行此制耳。今中外一家，君犹父也，民犹子也，父子一体，岂可违异？若不画一，终属二心，不几为异国之人乎？此事无俟朕言，想天下臣民，亦必自知也。自今布告之后，京城内外，限旬日；直隶各省地方，自部文到日，亦限旬日，尽令薙发。遵依

---

❶ 昆冈，等.钦定大清会典图：卷91［M］.石印本.清光绪二十五年（1899年）.
❷ 汉史氏.满清兴亡史［M］.北京：北京明天远航文化传播有限公司，2018: 58—59.

者，为我国之民；迟疑者，同逆命之寇，必置重罪。若规避惜发，巧辞争辩，决不轻贷。该地方文武各官，皆当严行察验，若有复为此渎进章奏，欲将朕已定地方人民，仍存明制，不随本朝制度者，杀无赦。其衣帽装束，许从容更易，悉从本朝制度，不得违异。"❶如此大张旗鼓剃发易服引来的自然是汉人的不满。在抵抗最为严重的南方地区甚至出现了"留头不留发，留发不留头"的口号，江阴、嘉定地区都出现了因拒绝剃发而引发的虐杀屠戮，甚至有人专门修建了用于埋头发的坟冢。自此两百多年来除僧道之外，中国人的典型服制变成了辫发胡服。

然多尔衮态度的转变并非一时兴起，事实上早在清政府建立政权之初，清太宗就曾召集亲王们对服制之改革有过讨论："先时儒臣巴克什达海、库尔缠屡劝联改满洲衣冠，效汉人服饰制度，联不从。辄以为联不纳谏。朕试设为比喻，如我等于此聚集，宽衣大袖，左佩矢，右挟弓，忽遇硕翁科罗巴图鲁劳萨，挺身突入，我等能御之乎？若废骑射，宽衣大袖侍他人割肉而后食，与尚左手之人何以异耶？朕发此言实为子孙万世之计也。在朕身岂有变更之理？恐日后子孙忘旧制，废骑射，以效汉俗，故常切此虑耳。我国士卒，初有几何？因娴于骑射，所以野战则克，攻城则取。天下人称我兵曰：立则不动摇，进则不回顾。威名震慑，莫与争锋。"❷由此可见，通过轻便的胡服维护军事地位，抵御外来者入侵，以服饰制度钳制人们尝试接受更为先进的汉文化的思想，才是他们坚定剃发易服的关键（图4-24）。

图4-24 | 清兵装备（选自《兵技指掌图说》）

清代武官有朝服、蟒服、补服、行袍等几种服饰。补服如明代的常服，以胸背上的补子区分文武官的品级，核心纹样主要是具象的猛兽类，如麒麟、狮子、豹子、老虎、熊、彪、犀牛、海马等。这种严格的章服制度是维系君臣关系的要素，也是礼制文化的鲜明外化体现。补服纹样庄重威严，象征着皇帝仁厚祥瑞，凸显君主"武备而不为害"的仁贤形象（图4-25）。除此之外，补子上的海水江崖纹样也寓意着一统河山，江山永固。行袍为武官的戎服，其形制与蟒服相同。

士兵的戎服要简单得多，上身穿对襟无领上袖短袍，下身穿中长宽口裤，上衣外面一般还要罩一件马褂。士兵的冠饰有暖帽、凉帽、头巾和毡帽等几种。清军的军官一般穿靴，士兵穿双梁鞋或如意头鞋。时至19世纪末，西方列强的一系列不平等条约，使得清政府彻底沦为傀儡政权，随着西方文明的一拥而入，不仅清军，清朝服饰文化整体也受到了严重

❶ 清实录·第三册·世祖实录［M］.北京：中华书局，1985：151.
❷ 清实录·第二册·太宗实录［M］.北京：中华书局，1985，404.

图4-25 | 清代武官补服

的西化影响，完全丢失了自己原来的模样，逐渐向现代军服过渡。

大田之礼，古人又云蒐狩之礼，从字面上解释了其中包含的两个重要仪节：蒐和狩两部分礼仪。前者为检阅军队或军事训练即讲武仪礼，人称"阅兵之制"；后者为狩猎礼，即《通志·军礼》所谓的"田猎之仪"。《礼记·王制》曰："天子、诸侯无事，则岁三田：一为干豆，二为宾客，三为充君之庖。无事而不田，曰'不敬'；田不以礼，曰'暴天物'。"❶意思是天子、诸侯若无征战、出行、凶丧等重大事件，每年都要定时为三件事而狩猎：一是为了祭祀狩猎贡品，俘获猎物后风干备用；二是为了招待宾客，准备野味佳肴；三是为了君主的厨房准备食材。如果没有特殊情况不去田猎，那是对列祖宗神灵的不尊敬，对宾客怠慢。如果田猎时不遵守礼法，同样是失礼的行为，被认为是"暴殄天物"。当然，在大田之礼中田猎并不仅仅是上流社会休闲娱乐的活动，更主要的是还带有军事训练的目的。《礼记》中有"天子不合围，诸侯不掩群"之说。

三、大均之礼

大均之礼的"均"指的是平均，《周礼》曰"大均之礼，恤众也。"大均之礼的重点是核校户口，公平地分摊军赋，避免民众苦乐不均。也就是说大均之礼确立的目的是为给普通民众减负。当时百姓需承担赋役，故平兵役、均田赋，体现君主对百姓的体恤之情。贾公彦疏："不患贫而患不均，不均则民患，故大均之礼，所以忧恤其众也。"❷也就是说大均之礼包括两方面含义：一是征税范围广，故言"大"；二是不患寡而患不均，故言"均"。

（一）大均之礼的礼制仪式

根据《周礼·地官·小司徒》记载："五人为伍，五伍为两，四两为卒，五卒为旅，五旅为师，五师为军，以起军旅，以作田役，以比追胥，以令贡赋。"❸也就是说古代的军队分别以伍、两、卒、旅、师、军建制，从事田猎劳役、赋行军役、交纳税贡等。

赋税征纳之前须核对校准户口、资产，以作赋税征纳之基，类似我们今天的人口普查

❶ 礼记［M］．胡平生，张萌，译注．北京：中华书局，2017：254.
❷ 李学勤．周礼注疏（十三经注疏标点本）［M］．北京：北京大学出版社，1999：467.
❸ 周礼［M］．徐正英，常佩雨，译注．北京：中华书局，2014：234.

和资产清查。考核形式有二,四时比法和三年大比。四时比法,即小司徒将比法标准下发众吏,按春夏秋冬四时顺序,核实登记各乡户口、财物,以备征税。《周礼·地官·小司徒》云:"乃颁比法于六乡之大夫,使各登其乡之众寡、六畜、车辇,辨其物,以岁时入其数,以施政教,行征令。"❶也就是说向六乡大夫颁布比法,由他们协助完成统计汇总,汇报给小司徒。《周礼》中对三年大比也作出了说明:"及三年则大比,大比则受邦国之比要。"三年一闰,天道有成。每逢丑、辰、未、戌年的二月举行会试,称"春闱",这些年头称为"大比之年"。大比之时,则天下邦国送要文书来,入小司徒,故大比则受邦国之比要也。就是说三年一次的大比要接受各诸侯国呈上来的登记校比结果。四时比法与三年大比随时间的不同,且所施行的范围不同,都要通过对本乡、本国人员情况的了解决定赋役分摊,均为体现君主体恤,施行政治教化的礼法。

在普查均役的程序中,有一部分人扮演着一个特殊的角色。他们既承担部分赋役,又不能参与全部政治活动,他们被称为"野人"或"庶人",野人是被征服的其他部族,生活在都邑之外的穷乡僻壤,与统治阶级没有任何血缘关系。"野人"只从事农业生产,无政治权力,也不能建学受教育。当时参与卒伍虽属义务,但也是权力,只有"国人"才有资格"以起军旅","野人"只能做些"田役"之事。

赋役的分担根据职业、地域等方面,采用了"九职、九赋"进行划分。《周礼·天官·大宰》:"以九职任万民:一曰三农,生九谷;二曰园圃,毓草木;三曰虞衡,作山泽之材;四曰薮牧,养蕃鸟兽;五曰百工,饬化八材;六曰商贾,阜通货贿;七曰嫔妇,化治丝枲;八曰臣妾,聚敛疏材;九曰闲民,无常职,转移执事。"❷将民众划分为九种职业,而这九种职业也是征税之法的划分标准。大宰将天下万民划分为九等职业,使各安其职,故九职之赋亦称"万民之贡"。

同时《周礼》还按照地域划分了九种赋税来源:"以九赋敛财贿:一曰邦中之赋,二曰四郊之赋,三曰邦甸之赋,四曰家削之赋,五曰邦县之赋,六曰邦都之赋,七曰关市之赋,八曰山泽之赋,九曰币余之赋。"❸九职、九赋征召缴纳后,由专人负责对各赋税物资进行统一分配。其中九赋之财专门给九式之用,也就是国家财政支出的九种用途,有余则入府库。

大均之礼旨在解决赋税征收、分配的均衡,因此统治者试图通过这种看似理想化的赋税制度形成类似现代社会的财政预算,用以维系国家的统治。《周礼》中设有均人之职以均天下赋税,"掌均地政,均地守,均地职,均人民、牛马、车辇之力政"❹,因地制宜,均衡赋税标准,根据各地的实际情况,制定适宜的赋税标准。

---

❶ 周礼 [M]. 徐正英,常佩雨,译注. 北京:中华书局,2014: 234.
❷ 同❶: 2.
❸ 同❶.
❹ 李学勤. 周礼注疏(十三经注疏标点本)[M]. 北京:北京大学出版社,1999: 374.

（二）大均之礼中的礼仪服饰制度

大均之礼意在与天下均，但实际上在历史发展进程中随着兵制的不断改革变化，很难形成如仪礼记载中那般理想化的赋役体系。如古语云"寓兵于农"兵农合一，而实际上古时候兵器都由国家统管，战时才会通过授甲、授兵的仪节分发下去，因此大部分参与均役的百姓所谓的兵器都是手中的农器。一般来说召集的徒役每家不超过一人，分布得也是比较分散的，因此如此松散的制度使得各地区的"预备役"在军事管理水平与制度上也不尽相同。

如春秋战国时期，诸侯国表面上敬奉天子，但实际上仍各自独立，因此当时的兵制也是各自为政，戎装更是样式不一。如赵国的王宫将士均以黑衣为主，而在《吴越春秋》中却是这样记载："夫差昏秣马食士，服兵被甲，勒马衔枚，出火于造，暗行而进。吴师皆文犀长盾，扁诸之剑，方阵而行。中校之军皆白裳、白旄、素甲、素羽之矰，望之若荼，王亲秉钺，戴旗以阵而立。左军皆赤裳、赤旄、丹甲、朱羽之矰，望之若火。右军皆玄裳、玄舆、黑甲、乌羽之矰，望之如墨。带甲三万六千，鸡鸣而定，阵去晋军一里。天尚未明，王乃亲鸣金鼓，三军哗吟，以振其旅，其声动天徙地。"[1]由此可见，赵国将领不尽服黑，当时戎装之色彩各异、样式不一，若非史料记载恐怕今天的人们很难想象。

秦灭六国由封建分封制转为郡县制，君主行使专政成为中国政治史之巨变。君主专制之政治思想在后来的历史长河中不胜枚举，中国古人云"溥天之下，莫非王土。率土之滨，莫非王臣。"[2]这是中国政治思想中对"天下"的普遍认识。自此至宋元千余年中，"各派相争雄长，随历史环境之转变而相代起伏。或先盛而后衰，或既废而复兴，或一时熄灭而不再起，或取得独尊之地位而不能垄断全局，或失去显学之势而仍与主潮相抗拒。思想之内容虽然随时代而屡变，其大体则先秦之旧。绝对创新之成分，极为罕见。"[3]秦汉时期周冕制度的重大变革是毋庸置疑的，其延续性也是有目共睹的。周冕之制的君臣等级结构具有一种"君臣通用"的特点，即君主能穿戴的冕服臣下也能穿戴，更有甚者出现了君臣冕服倒挂的异象，这是周代政治传统的一种特别折射。专制君主制的确立使得这种"同服"的现象不复存在，"法令出　"的制度使得"天下之事九论大小皆决于上"。

"秦朝统一中国奠定了一个政治疆域的地理轮廓……从这个时候起，中国创立的帝国都把自己理解为'中心帝国'的再生。在这里对中心的强调不仅仅是要突出世界政治中心诉求，而且也表达了一切满足这一诉求的秩序都必须以此中心为中心思想"[4]。君主制下皇帝至尊的意识形态也体现在了服饰文化上，全民皆兵之制也就此打破。皇帝执掌全国最高军事权力。形成于战国时期的玺、符、节制度，从此成为皇帝控制军队的重要工具。全国各

[1] 赵晔.吴越春秋·夫差内传第五［M］.北京:中华书局,2019: 143.
[2] 周振甫.诗经译注［M］.北京:中华书局,2010: 335.
[3] 萧公权.中国政治思想史［M］.北京:商务印书馆,2011: 13.
[4] 赫尔弗里德·明克勒.帝国统治世界的逻辑:从古罗马到美国［M］.阎振江,孟翰,译.北京:中央编译出版社,2008: 3.

地军队的调发，将帅兵权的授予，都以皇帝的虎符为凭证。皇帝下面，中央机构设有国尉，作为全国武官之长，有带兵权，而无调兵权。国家有事发兵时，皇帝往往临时指派将军统军，事毕即解除兵权。各级地方机构也设有主管军事的职官。郡设郡尉，县设县尉，乡设游徼。国尉、中尉、卫尉、郡尉均由皇帝亲自任免。这样，从中央到地方，形成一套完整的以皇帝为最高领导的高度集权的军事领导体制。自此充满理想化的大均之礼也逐渐淡出历史舞台。

但实际上这种均赋役、寓兵于民的形式并未完全消失，尽管在礼法中不再有大均之礼，但在历朝历代军制更迭中，均役的概念依旧存在，只不过这些"预备役"的管理权永远都掌握在统治阶级手中。如秦制徭役繁复，从很多史料中都能看到年轻男子作为预备役或服兵役制度的记载。这些制度相当森严，不仅逃避赋役会遭到处罚，未能满足军训标准也会受到相应责罚。秦律规定，射手发弩不中，驭手不会驾车，骑士和马匹课试最劣者均要受罚，有关督训官吏及负责选募者也要受罚。当然尽管秦制严苛，但为维护其徭役制度的顺利推广和执行，统治者还是能做到赏罚分明的。《睡虎地秦墓竹简》中有："人奴妾（系）城旦春，貣（贷）衣食公。"的记载，也就是说从事城旦春之刑的奴役可以享受到统一颁发的服装和食物。同时老弱妇孺、丧失劳动能力者也同样能享受到统一颁发的衣服食物。正是这种高度集中和严密的管理制度促使了秦兵制度的不断完善，表明秦王朝时期的中国封建社会军事制度的基本成形。

在统治者们看来秦这样改制是不无道理的，军事集权制的稍一放松，便会留下历史的教训。建制之初，大汉帝国为巩固和加强中央集权，同样建立了全国统一的军队，并置于皇帝的严格控制之下。负责全国军事行政的官吏为太尉，汉武帝时改称大司马。战时临时任命将军统兵，地位最高的为大将军，武帝以后大将军一直长期设置，参政议政，且掌握军权。

汉朝军队由三部分组成，其中地方兵的征兵用兵事宜均由地方郡太守执掌，成为地方最高行政长官。到了东汉时期，州的地位逐渐高于郡之上，作为监察地方的州刺史的权力得到了不断扩张与膨胀，当地的政治、经济、军事均由刺史一人专断。此外东汉时期，募兵成为主要集兵方式，征兵制亦未废止。募兵制就是以苛刻的筛选标准招募士兵，一旦入伍就可以领取"工资"，成为职业军人，而不是临时征发打完仗就回家，类似我们今天的雇佣兵。这使得当时很多农民放下手中的农活出来扛戟，如果考核合格被顺利招募相当于找到一份长期工作，不但拿薪水，还"一人入伍，全家光荣"：全家免去徭役赋税，并赐给土地房屋。募兵制的盛行为汉朝军制带来两方面的负面影响：一方面大量农民选择放弃土地，转而投戎，严重制约了农业发展，国家为兵士负担收入，加剧了财政的压力。另一方面招募工作多由地方掌控，这就使得营私舞弊现象频发。招募上来的士兵听从地方行政长官号令，逐渐与中央脱节，为国家招募的部队慢慢变成了由军阀统治的私人部队，割据局面愈发严重。以至于到了汉朝后期，由于军阀割据大批地方的壮丁成了家兵，至此全国征兵制度遭到严重破坏。

到了东汉末年政局混乱，内忧外患争斗不断，国力凋敝，又恰值遭遇罕见的自然灾害，农民颗粒无收无力缴纳赋税，历史上著名的"黄巾起义"自此爆发。

汉灵帝光和七年（184年），巨鹿人张角受黄老思想影响创立了"太平道"，并随着推广宣传吸引了大批信众。在张角的号令下，各地纷纷揭竿而起，他们头扎黄巾高喊"苍天已死，黄天当立、岁在甲子、天下大吉"的口号，向官僚地主发动了猛烈攻击，并对东汉朝廷的统治产生了巨大的冲击（图4-26）。

在中国传统文化中五德之说一直影响着历朝历代的政治偏好，很多符号化、仪式化的政治礼仪全都由此而来。而据五德始终说的推测，汉为火德，火生土，而土为黄色，因此在张角宣扬的口号中"苍"是指东汉的水德，"黄"是指土德，土能克水，因此他的一干信徒都头扎黄巾为记号，象征着以黄色政权取代东

图4-26 | "苍天乃死"砖
（中国国家博物馆藏）

汉的腐朽统治。东汉末年，幅巾包首为普通百姓最为常见的装扮，这也使得加入黄巾军的门槛变得很低，在很短的时间内黄巾军的人数竟然达到逾十万人。岁值甲子，张角一方面派人在各处督府大门上涂写"甲子"二字作为行动记号，另一方面派马元义到荆州、扬州召集数万人到邺城准备，又数次到洛阳勾结宦官封谞、徐奉，想要里应外合。不曾想在起义前一个月，张角派往京城做信使的一名叫唐周的弟子向汉王告发了张角的计划，并供出了张角在京师的内应马元义。马元义获刑车裂，官兵开始全力捕杀头戴黄巾的太平道信徒，并且下令追捕张角。面对突如其来的变动，张角不得不改变策略，被迫在二月将行动提前，史称黄巾起义。张角自称"天公将军"，张宝、张梁分别为"地公将军""人公将军"，在北方冀州一带起事。他们烧毁官府、杀害吏士、四处劫掠，一个月内，全国七州二十八郡都发生战事。就这样在首服中不起眼的一袭黄色巾帕成为改变历史进程的拐点，黄巾军势如破竹、州郡失守、吏士逃亡，震动京都。黄巾起义后，战争频发，刺史、郡守不仅有领兵权，还有征兵、募兵权，从而埋下了分裂割据的种子。

四、大役之礼

（一）大役之礼的礼制仪式

大役之礼，指国家因修筑堤防、城郭等役使民众、考察民力的行为。《周礼》中有这样记载："大役之礼，任众也。"郑玄注疏为："筑宫邑，所以事民力强弱也。"❶这里的"任众""事民力"说明大役之礼即为国家征召民众来从事公共设施的建设。一直以来历朝君主

---

❶ 李学勤.周礼注疏（十三经注疏标点本）[M]. 北京:北京大学出版社,1999: 467.

政权为节约军备开支，多采用"征则属之"的政策，这样兵无坐食之费，将无握兵之权，因此军队的人员绝不限于编制内的人数，除了参与防卫、战争等军事用途的兵将，还有很多类似于今天"民兵"制的兵士，这也为行"筑宫邑""建宫殿""开河坝"等大役之举提供了大量劳动力。另外，执行这些大规模的土木工程如若无偿征发民工很难迅速完成，且不利于管理，因此利用极具强制性和无偿性的军法来维护。

役，在《周礼》中有很多称谓，如"徒役""政役""役事"等，其中"大役""田役""行役""师役""大丧用役"等称谓，皆是役的不同用途。"若国作民而师田行役之事，则帅而致之"，贾疏云："师，谓征伐。田，谓田猎。行，谓巡狩。役，谓役作。此数事者，皆须征聚其民。"❶据贾疏，这便是将"师，田，行，役"相对并称，可知此四者，皆可征聚百姓，同样一批百姓，可从事不一样的劳动。此外，贾疏另有云"作役事则听其职讼者，役事中可兼军役、田猎、功作之等，皆听其职讼也"❷之言，即是承担役事的民众也身兼多职的证明。"大役"贾疏言"有大役者，谓筑作堤防、城郭等"的说法，指工程营建用役。"田役"贾疏言"得田猎使役于民，皆当不夺农时"❸，可知是指田猎用役，但贾疏又有"甸役，谓天子四时田猎"之言论，好似甸役仅指田猎活动，不含用役，其实不然。有经文"以作田役"，郑注为"役，功力之事"，贾疏释为"云'役，功力之事'者，郑意欲解经文役与田不同也"。贾公彦继承郑玄之说法，点明郑玄之深意，明确田与役之不同，因此可以断定贾疏之"甸役，谓天子四时田猎"乃是田猎及用役之简称。"行役"贾疏言"行役，谓若巡狩及功役"，指外出而服役。"师役""大丧用役"，顾名思义即军旅用役和丧葬用役。

在出军之法外，另有征役之法。"大军旅、会同，正治其徒役与其輂辇，戮其犯命者。"❹"凡国之大事，致民；大故，致余子"❺，郑注"大事谓戎事也，大故谓灾寇也"，可知，对于两种情况"大事"及"大故"有两种不同的征役方式，出军和征役之法并非混融如一。

对于役事，无论大役、田役、师役、丧事用役等，司徒皆总掌之。因为司徒本身主掌土地与众徒，而徭役是人事方面的安排，是在司徒职责范围之内视民力的强弱分派任务。国有大役、田役及行役，司徒与司马共掌之。《周礼》："大役，与虑事，属其植，受其要，以待考而赏诛。"

服役时长，不等。丰年一岁服役三日，中年二日，无年即粮食刚够果腹，无赢储之年，服一日之役。《周礼注疏》："丰年则公旬用三日焉，中年则公旬用二日焉，无年则公旬用一日焉。"国野之民服役年限有差别。国人服役开始得晚结束得早，野人反之。《周礼注疏》："国中自七尺以及六十，野自六尺以及六十有五，皆征之。其舍者，国中贵者、贤者、能者、服公事者、老者、疾者皆舍。"❻

❶ 李学勤.周礼注疏（十三经注疏标点本）[M]．北京：北京大学出版社，1999: 302.
❷ 同❶: 396.
❸ 同❶: 28.
❹ 周礼 [M]．徐正英，常佩雨，译注.北京：中华书局，2014: 234.
❺ 同❹.
❻ 郑玄，注／贾公彦，疏．周礼注疏 [M]．彭林，整理.上海：上海古籍出版社，2010: 878.

（二）大役之礼中的礼仪服饰制度

大役之礼依旧为赋役之礼，但因其对民众的劳役实行军事化管理，故将其划分为军礼范畴。大役之礼中的田甸之事亦与大田之礼近似，但实际上因为民众从事劳役而并非军事行动，故服装形制自然也与常服相似。

出土于四川成都扬子山汉墓的弋射收获图画像砖（图4-27）中有着值得研究的刻画。画像砖由上下两部分组成，上半部两人弯弓搭箭，矰缴接磻，这二人深衣缠绕，跪坐于湖边，在湖中荷叶掩映下鱼鸭游

图4-27 | 扬子山汉墓弋射收获图画像砖

弋，天上大雁成行，景色着实悠闲惬意。下半部割麦收获，田间收获颇丰，劳作者或肩挑稻捆、或手镰掐穗，还用钹镰刈除稻秆，将当时的农、渔、猎等生产情况统统表现了出来。

画像砖中的农民头梳椎髻，身穿短衣，腰部以下蔽膝，有的穿着短裤，是汉代平民常见的打扮。这种以劳作方便为目的的便服尽管与常服和一般军服有所不同，一般是用粗布做成，上衣长度均在臀部和膝盖上下，亦称为"短褐"。陶渊明《五柳先生传》中曾有过这样的描述："环堵萧然，不蔽风日；短褐穿结，箪瓢屡空，晏如也。"说的就是作为"庶民"的五柳先生身着"短褐"的情形。实际上大役之时因全民皆兵，并没有如此多的戎装军备供所有人装备，且劳役活动均为营造宫殿、兴建堤坝等大型工程，并非要他们上阵杀敌，所以实际上很多农户也就是身着这样的短褐劳役的。

除此之外，当时的兵器有限，农户们手中的农具也常被当作兵器一并征役，当时的收获农具有铚、镰等。铚用于掐禾穗，即上述收获图中所用的工具，相当于现代的爪镰。钹镰是汉代较先进的农具，装上木柄，刈禾面积宽，功效高，四川新津牧马山汉墓曾有实物出土，与收获图中的钹镰相似。

五、大封之礼

（一）大封之礼的礼制仪式

关于"大封之礼"的概念阐述，众说纷纭。如《周礼》："大封之礼，合众也。"郑注："正封疆沟涂之固，所以合聚其民。"贾疏为："知大封为正封疆者，谓若诸侯相侵境界，民则随地迁移者，其民庶不得合聚，今以兵而正之，则其民合聚。"也就是说诸侯国经历战争之后，要重新划定疆界，修整道路沟渠，以聚合流离失所的人民。

大封之礼由大司徒主掌，以"大司徒之职，掌建邦之土地之图与其人民之数，以佐王安扰邦国"，而大封之礼亦是正疆聚民之事。大司徒"辨其邦国都鄙之数，制其畿疆而沟封

之"❶，而邦国据畿外而言，都鄙据畿内而言，可以得出，大司徒总掌王畿内外各诸侯邦国之封疆事宜。

无论是国都王城，千里王畿，还是畿外诸侯，都需要划定疆界，才能安定百姓。大司徒掌大封之礼，根据不同的政治地域制定不同的经界，从而形成不同的地治，"并在此基础上什伍其民"。"日至之景，尺有五寸，谓之地中，天地之所合也，四时之所交也，风雨之所会也，阴阳之所和也。然则百物阜安，乃建王国焉。制其畿方千里，而封树之。"❷这便是《周礼》记载的国都王城的封疆之法，司徒于"地中"即天地四时风雨阴阳交会之处建王之国城，制千里王畿，封人"为畿封而树之"就是于畿疆之上作沟植树，而为阻固。

王城之外，千里之内即为王畿。依贾疏之意，王畿四面各五百里，百里为一节，共五节。有"近郊之地""远郊之地""甸地""稍地""县地""畺地"之称谓，另有"公邑""家邑""小都""大都"之称谓，此外还有"六乡""六遂"等称呼。即自王城为始以至百里，根据杜子春所云"五十里为近郊，百里为远郊"，贾疏有言："自远郊百里之内，置六乡七万五千家，自外余地，有此廛里，以至牧田九等所任也。"可知，郊地之中置六乡，其余地则置"廛里""场圃""宅田""士田""贾田""官田""牛田""赏田""牧田"。百里之郊地，分近郊与远郊，郊地中置六乡，六乡之余地任九等之田。此为王畿之内第一节，一般以郊指称。

综上所述，可知王畿之行政区域之规划。千里王畿，中置王城，四面至畿置各五百里，以百里为节，共分五节，自近而远，依次为郊、甸、稍、县、都。六乡和六遂是行政组织概念，郊之地又代称六乡，而甸稍县都之地统称为六遂，六遂与六乡相对应，两者一般并称。

（二）大封之礼中的礼仪服饰制度

在大封之礼中之所以封疆植树明确各领主的地界，是为了确定其管辖区域范围。因此正如秦蕙田所言"大封，谓封建诸侯"。一般诸侯受封之时，由封人"社稷之壝，封其四疆"。其受封之时亦有礼法。尽管大封之礼随着历朝军仪的变革慢慢消灭，但分封制及其对后世的影响却一直都在。

分封制曾是我国封建社会统治阶级控制幅员辽阔的疆土和统治民众的手段，从商周伊始"周公亲自东征，杀管叔。定乱，乃重定封国"❸因此当西周王朝灭亡之后，而周王室因为地方诸侯的援助和奉祀又延续了五百年，虽然有时候周王朝的权威被地方诸侯挑战，但是这些地方诸侯仍然将周王的支持至少是承认视为自己统治合法性的依据和来源。反观秦朝，当公元前206年刘邦进入咸阳时，秦帝国几乎可以说是一夜消亡，没有人想帮助秦国摆脱困境，因为除了业已瘫痪的官僚体制外，没有其他的东西把他们与皇室连接在一起。所以在后来的历史发展进程中依旧能够看见分封制的影子，如清朝的八旗制度（图4-28）。

八旗制度是清朝统治者为了规范旗人的生活组织形式而制定的制度。旗人是清朝统

❶ 周礼［M］. 徐正英, 常佩雨, 译注. 北京:中华书局, 2014: 213.

❷ 同❶.

❸ 钱穆.国史大纲［M］. 北京:商务印书馆, 2013: 38.

治者赖以维护统治的核心群体，作为清政府来说有效地管理好这一部分人群，相当于有着一个稳固的根基。八旗制度始创于万历二十九年（1601年），源于满族的"牛录制"，最早由努尔哈赤创立。努尔哈赤利用牛录这一传统管理组织进行了改编，将其与军事管理结合，形成了一种全新的组织形式。他先是将自己的军队分成四个集团军，分别以四种颜色的旗子和甲胄来代表，分别以牛录额真、甲喇额真、固山额真为首领，这便是正黄旗、正红旗、正白旗和正蓝旗的来源，每旗原则上包含二十五个牛录，每个牛录有三百人，共计七千五百人，但人数并不固定。之后随着领土的延伸和征服的部落越来越多，充斥到军中的人马也日益增多。四旗建制不够用了，于是努尔哈赤又增加了四旗，分别为镶黄旗、镶红旗、镶白旗和镶蓝旗，而且把兵种细分为长甲、短甲、巴雅喇三种。这三个兵种分别是清朝时期前锋、骁骑和护军营的前身，这便是八旗制度雏形的形成。

正黄旗	镶黄旗
正红旗	正白旗
镶红旗	镶白旗
镶蓝旗	正蓝旗

图4-28 | 清满洲八旗

最终确立的八旗为正黄、正红、正蓝、正白、镶黄、镶红、镶蓝、镶白八个旗，八个旗各有一面长方形的旗帜，对应其名字，如正黄旗的旗帜即为黄色长方形旗帜；四镶旗的旗色则在旗色的基础上绘龙，如镶黄旗的旗帜即为画有龙的黄色长方形旗帜。清代八旗戎装一般为髹漆盔帽，铠甲分甲衣和围裳，铠甲多以缎布为面，所以颜色较多；围裳之间正中处覆有质料相同的虎头蔽膝。武官九品暗甲上还有彩线绣以蟒云、莲花等图案。这种礼服式的铠甲一般为大阅兵、行军礼等礼仪时节穿用，平时收藏起来。士兵的袍服以蓝色、石青色为主，镶以红、蓝、白、黄等色绦边。

如前所述，所谓众人的"合聚"之力修建防御工事也视为大封之礼的重要部分。不仅仅如著名的万里长城这般大型的工事，在古代战事中的都邑城池，攻城守城的大型器械可以说都是得益于"集体的力量"。从事这些工事往往都是普通的士卒和庶民，他们平日便是务农耕作，一旦有需要便要被召集起来共筑防线。由于当时的技术水平低下，修建大型攻防往往需要大量的人手，有时甚至会让囚犯一起参与。

同大役之礼相似的是，除却参与工事的士卒由君主或诸侯提供装备，一般的庶民很难有专门的戎装，甚至有些游民衣着远不及士农，汉代扬雄的《方言·卷三》中曾如此说："南楚凡人贫，衣被丑弊，谓之须捷，或谓之褛裂，或谓之褴褛。"可见这些劳力中不乏衣衫褴褛之人。而为了修筑防御工事历朝历代均投入了大量人力，尤其是战乱纷争时人们陷于劳役之苦，早已无暇顾及衣着礼仪。

第五章 ◉ 宾礼中的礼仪服饰制度

宾礼为传统五礼之规中的交际之礼。以礼制闻名于世的中华民族历来注重"礼尚往来"，自古以来无论是家庭成员、君臣之间、社会交往乃至国家邦交中都有着明确的礼仪制度。

《周礼·春官·大宗伯》有载："以宾礼亲邦国，春见曰朝，夏见曰宗，秋见曰觐，冬见曰遇，时见曰会，殷见曰同，时聘曰问，殷眺曰视。"❶这八礼分别适用于诸侯朝觐天子、天子诸侯遣使、诸侯相朝会遇、士相见礼等仪节中。在《周礼·秋官·大行人》中解释道："掌大宾之礼，及大客之仪，以亲诸侯。春朝诸侯而图天下之事，秋觐以比邦国之功，夏宗以陈天下之谟，冬遇以协诸侯之虑。时会以发四方之禁，殷同以施天下之政，时聘以结诸侯之好，殷眺以除邦国之慝"❷。可见宾礼同其他五礼制度一样，创建之初也是关乎国家层面的礼制。而随着其沿革、发展，国礼与家礼的相互糅杂，宗族、个体对国家礼制的参与和渗入，这时候的宾礼不再仅仅"以宾礼亲邦国"，礼乐崩坏更是使得宾礼走下朝堂，进入了寻常百姓家，成为广义上的接待宾客之礼，其政治教化内涵被逐渐削弱，世俗化程度不断加深。尽管随着历史的进程宾礼的内涵与外延不断发生着变化，但中国人民重情好客的传统美德与礼俗始终没有改变，"有朋自远方来，不亦乐乎？"依旧是我们作为礼仪之邦笃信的待客之道。

在宾礼中由于拜会场合的不同，所以其礼仪规范十分庞杂，涉及舆服、觐聘、燕射、食飨、饮酒等，这些礼制错综复杂，彼此交融，相互影响。而服饰作为一种外化的仪式，在礼仪制度中承担着象征与隐喻的作用，宾礼中的礼仪服饰制度更甚。

一、朝觐天子

（一）诸侯朝觐天子礼仪制度

朝仪为宾礼中最高规格的礼制形式，指的是拜会天子的礼仪。诸侯百官拜会天子不可任意妄为，要依礼而拜，因此《周礼·春官·大宗伯》中也有着"春见曰朝，夏见曰宗，秋见曰觐，冬见曰遇"❸的说法。也就是说依据《周礼》制度诸侯朝觐天子需依四时朝觐，不同时节，仪礼有别。

《仪礼·觐礼》曰："诸侯觐于天子，为宫方三百步，四门，坛十有二寻，深四尺，……上介皆奉其君之旃，置于宫，尚左。公、侯、伯、子、男，皆就其旃而立。"❹也就是说诸侯拜会天子的时候除了时节，其进程与站位也是有礼法规定的，通过宋代杨复编撰的《仪礼图》我们对这条漫漫朝觐之路有了更为直观的了解。对此《礼记·曲礼》也有记载："天

---

❶ 郑玄，注/贾公彦，疏.周礼注疏［M］.彭林，整理.上海：上海古籍出版社，2010: 464.
❷ 李学勤.周礼注疏（十三经注疏标点本）［M］.北京：北京大学出版社，1999: 992.
❸ 周礼［M］.徐正英，常佩雨，译注.北京：中华书局，2014: 740.
❹ 仪礼［M］.彭林，译注.北京：中华书局，2012: 280.

子当依而立，诸侯北面而见天子，曰觐；天子当宁而立，诸公东面，诸侯西面，曰朝。"❶
朝仪的指定不仅仅规范的是君臣在殿堂间的朝位，更阐明了礼在古代人际关系中的重要地
位和作用。正所谓"夫礼者，所以定亲疏，决嫌疑，别同异，明是非也。"❷

　　《礼记·经解》中也解释了朝觐之礼对君臣关系的作用与价值："故朝觐之礼，所以明
君臣之义也。聘问之礼，所以使诸侯相尊敬也。"❸虞世南在《北堂书钞》中对朝聘之礼做
出了更为精辟的总结，"朝曰述职，朝以讲礼，朝聘之道，嘉好之事。"❹

　　自周制伊始天子以礼治国，据《周礼·秋官·大行人》所载各地以"六服"为制朝觐，
周王畿以外的诸侯邦国曰服，其等次有六：侯服、甸服、男服、采服、卫服和蛮服。在王
国绵延千里的疆域中，距离王国五百里开外的地域称为侯服，诸侯一年朝见一次，贡品是
祭祀用物。从侯服之外再延伸五百里叫作甸服，两年朝见一次，进献贡品是待客之物。甸
服之外再延伸五百里叫作男服，三年朝见一次，贡奉礼仪器物。男服之外五百里则是采服，
四年朝见一次，将缝制礼服的物料作为贡品。采服之外五百里称卫服，五年朝见一次，他
们的贡品是竹、木材等。卫服之外五百里是为蛮服，亦称为要服，六年朝见一次，因此贡
品是龟贝等货币之物。除却以上六服，九州之外的地域都叫藩国，藩国每一代新君即位以
后都要来王这里朝见一次，并带上当地的奇珍异宝作见面礼。另外，随着朝觐制度的衰败，
诸侯朝天子的时限也不再这么严苛，而其程序更是不断简化。

　　周天子还针对朝觐的工作范围确立了三朝制度，分别是燕朝、治朝、外朝。燕朝在路
门之内，也就是路寝之庭，议王国宗人嘉事之朝，由太宰、小臣执掌。治朝即正朝，在路
门之外，为王日听治之朝，也就是天子与群臣治事之朝，治朝由宰夫、司士执掌。等级最
低的是外朝，在库门之外进行，为询万民听政之朝，由小司寇、朝士掌理。三朝执掌事宜
不同，朝仪各有规范。在封建社会管理这样一个庞然大国，周天子以这种区域式的管理制
度，不失为一种高效的办法。

（二）诸侯朝觐天子礼仪服饰制度

　　三礼中记载的最为系统完整的朝仪是《仪礼·觐礼》，这其中将诸侯觐见大子的仪礼分
为三个阶段，首先天子派使者在王城近郊迎接，诸侯在外朝受觐。接着使者会代天子赐诸
侯馆舍休息，等待接受觐见。到了觐见之日，诸侯在庙中接受朝见。觐见之礼跨径数日，
历程漫长，礼仪繁缛，一丝不苟。这既清晰地彰显出天子与诸侯之间的权力关系，天子之
威仪非一般人能及，认可了这种仪礼方式便意味着认可了天子不可撼动的权力地位，也体
现了我们自古以来对礼制的尊崇和信仰。

　　关于使者迎接诸侯《仪礼·觐礼》是这样记载的："觐礼。至于郊，王使人皮弁用璧

❶ 礼记［M］. 胡平生，张萌，译注.北京：中华书局，2017: 52.

❷ 同❶: 99.

❸ 同❶: 1168.

❹ 虞世南.北堂书钞［M］. 序刊本.陈禹谟，校注.万历二十八年（1600 年）.

劳。侯氏亦皮弁迎于帷门之外，再拜。使者不答拜，遂执玉，三揖。至于阶，使者不让，先升。侯氏升听命，降，再拜稽首，遂升受玉。使者左还而立，侯氏还璧，使者受。……"❶

可见，使者接待诸侯时奉天子之命，需身着皮弁服（图5-1），手持玉璧以表慰劳。这里所说的皮弁服是古代君臣朝觐时的一种冠服。在《仪礼·士冠礼》中这样描述："皮弁服：素积（绩），缁带，素韠。"❷郑玄在《仪礼注疏》中对当时的皮弁服做出了释义："此与君视朔之服也。皮弁者，以白鹿皮为冠，象上古也。积犹辟也，以素为裳，辟蹙其要中。皮弁之衣用布亦十五升，其色象焉。"可见，皮弁指的是用白鹿皮缝制的一种冠，浅毛黄白色为

图5-1 | 皮弁服

最高级。所着之服为"素积"，也就是白衣，腰间有褶皱，下裳也为白色，饰黑色带和白色蔽膝。如此装扮不仅是使者穿着，前来觐见的诸侯们也需身着皮弁服。按理说使者之位不及诸侯，但在这里双方的着装要求却是一致的。这是因为使者在这种仪式上所扮演的角色是天子的代表，因此身着同服等的皮弁服自然也就无可厚非了。甚至在《周礼·春官·司服》还有这样的记载："视朝，则皮弁服。"❸由此可见，皮弁服同样是天子接待来宾的朝仪服装，不同的是据《周礼·夏官·弁师》所载："王之皮弁，会五采玉璂、象邸、玉笄。"❹郑玄注曰："璂，读如薄借綦之綦。綦，结也。皮弁之缝中，每贯结五采玉，十二以为饰。"也就是说天子的皮弁被缝制成十二条缝隙，缝隙中会贯穿有五彩的玉珠，冠顶内另施象骨为下柢，名"邸"。其余诸侯、孤、卿、大夫的皮弁则根据等级分别饰以三彩、二彩的玉珠不等。传统观念中的九五之尊，在这里居然与臣子们穿着相似的服装，这在后世是很难想象的。若知天子威仪不得进犯，像周朝这样朝觐的时候君臣同朝，都身着皮弁服，君臣略同是很少见的。觐礼中的礼仪服饰在样式细节上尽管略有出入，但在服饰的基本形制上无论君臣均没有例外，这一方面反映出礼制的执行对天下所有人来说都一视同仁，无一例外；另一方面也是周制之下君臣同仪，政治阶级尚未壁垒分明的体现。

但从另一个角度来说，尽管有着君臣通服的情况发生，但如此情形仅出现在一个特定的阶层内，因此冕冠服章依旧是仅为天子贵族所享，而非平民所能触及。到了帝制时代，这种情况就更不可能出现了，皇帝只能高高在上，同朝臣子且不要说与君同服，哪怕是颜色相同都会惹上杀身之祸。且即便是君臣通服，形式上也还是会有细微的差异。可以这样说，掌握生产资料的统治阶级掌握国家，为了向被统治者标明自己的阶级地位，一些统治

❶ 仪礼［M］. 彭林, 译注. 北京: 中华书局, 2012: 280.

❷ 同❶: 13.

❸ 周礼［M］. 徐正英, 常佩雨, 译注. 北京: 中华书局, 2014: 458.

❹ 同❸: 667.

者通过服饰加以强调，他们一方面通过珍贵珠宝、华丽服装体现自己的财富和对财富的掌控，另一方面颁布重要的法令，禁止一些名贵或特殊材料为普通人使用，以保障自己所处的统治阶级对这部分资料的独占性。当然，统治阶级对名贵材料的独占只是暂时的，而对权利的独占欲望才是持久的。

　　1970年山东博物馆主持考古发掘了位于现山东省邹城市与曲阜市交界的九龙山南麓的鲁荒王陵，墓主人是明朝开国皇帝朱元璋的第十子，后被封为鲁王的朱檀。朱檀墓中出土各类随葬品1100余件，其中有许多难得一见的冠冕服饰，且基本完整成套，具有极高的历史价值。其中就包括目前我国唯一保存完好的明代亲王皮弁实物——九缝皮弁（图5-2）。如前所述在宾礼中有着重要地位的皮弁冠，其形制随着时代变迁发生过不少变化。古时以皮质为主要材质，因

图5-2　｜　九缝皮弁（明代，山东博物馆藏）

物资匮乏且技术手段有限，当时兽皮便是奢侈品，因此这种材质形制的冕冠为上层社会独享。后历朝历代弁冠不断变化，根据《大明集礼》中的记载可以了解到明代皮弁冠的造型尽管没有发生太多变化，但材质采用了黑纱，也就是我们俗话常说的乌纱帽。在《大明会典》中太子、亲王弁的规制也是相同的："永乐三年定，皮弁，冒以乌纱，前后各九缝，每缝缀五采玉九，缝及冠武并贯簪系缨处，皆饰以金，金簪朱缨。"[1]这顶皮弁虽不及皇帝的十二缝奢侈，但一样可以完整展示我国传统冠饰之考究精妙。弁胎以细铁丝做骨架，覆以竹篾编制的六边形罩网，作为内胎。通过表面存有的黑色编织物痕迹可以看出弁外曾以乌纱覆盖，现随着岁月侵袭已然脱落。弁冠前后各有十会，也就是十条隆起的痕迹，两会之间压金线形成九缝。在金线上前后分别按照朱、白、青、黄、黑、朱、白、青、黄的顺序穿缀有五色玉石各九枚，材质有珊瑚、玉、玛瑙等，皮弁上应有162颗玉石珠，现存158颗，丢失了4颗。弁下部前后中央各有一块长方形倭角金池（长方形金饰框），金池上部有一圈竹丝包金的额圈，皮弁上部两侧各有一梅花形金钮穿孔，用以贯穿簪子以固定辫发，弁上穿过的金簪长度为30.9厘米，下部两侧还各有两枚花形金钮穿孔，为系朱缨的地方，这便是前面提到的"金簪朱缨"。

　　当然根据史书记载这种由三层黑纱罩着的弁冠依旧将十二缝定为最高规格的样式，且饰以大量珠玉，仅供天子独享。但事实上如果我们分析一下就会发现，在当时的物质环境下，采用皮质并非难事，但为什么没有保留皮质弁冠呢？当时在吸取了元代由于政治极其腐败，导致社会矛盾空前激化，直至灭亡的教训后，朱元璋推崇内儒外法的统治思想，使得当时的衣冠服制为统治阶级所严控。因此，禁奢之令在建制之初便由太祖颁布，其目的是以礼制明辨贵贱等级，这就不难理解为什么衣服朝冠也要倡俭戒奢以俭养性了。在明太

---

[1] 李东阳,等.大明会典［M］.申时行,等重修.明万历十五年（1587年）内府刊本.

祖看来只有统治阶级采取简朴的生活方式才能对下面的百姓产生影响，因此即便是婚丧嫁娶这些生活中的"大事件"也不得奢侈。

另外，复兴古典、修订服制对于统治者来说也是教化民众的手段。为避免"异族"文化对中华文化产生冲击，继而影响整个礼制的约束，曾经产生深远影响的"胡制"在明代也被革去。朱元璋和一干儒臣精心修订了全部舆服制度，且不厌其烦地屡次改定，并屡次推出法事禁例，强调不许穿戴胡服。更值得思考的是，尽管当时对舆服的要求都如前朝历代被纂写进了礼典，看似是形成一种礼制上的约束，但实际上一旦没有依循服制穿着冠服，受到的将会是法典的制裁。由此也可以看出明代统治者试图以礼制德行驯化百姓的理想。之所以将其称为理想，是因为在明中后期，禁奢令在发展迅猛的社会冲击下已经逐渐瓦解。

古人重国体，无论是朝见天子还是出访藩国，诸侯都会对仪容举止、言行辞令有着极高的自律，以表示对对方和对自己的尊重。因此，前来朝觐的诸侯都会提前一日接受天子派使者赐予的馆舍，直至朝觐之日，一则让诸侯来使休整舟车劳顿，二来也体现出天子统治的国力强盛、殷实富足。"侯氏裨冕，释币于祢。乘墨车，载龙旂（旗）、弧韣乃朝以瑞玉，有缫。天子设斧依于户牖之间，左右几。天子衮冕，负斧依。"[1] 待朝觐天子的那天，诸侯需换上裨冕，乘坐载有蛟龙旗帜的墨车（图5-3），旌旗由配以弓衣的弓张开，并带上由精美衬垫托承的玉器。裨冕，即着裨衣，戴冕冠。裨衣乃是六冕中除大裘之外其他冕服的总称，等级略低。而之所以会见天子没有选择最高等级的大裘冕，是因为端立在屏

图5-3 ｜ 墨车

风前的天子是身着裘冕接待诸侯的，这是诸侯不可逾越的。在这一朝仪中服饰整合了多重意义，对个体而言它是身份的象征，而对仪式而言更代表着制度的规范。天子身着仅次于祭天时穿着的大裘冕的裘冕，也已然体现了最高的礼仪姿态。

前来拜会天子的诸侯在上堂向天子呈上圭，致奉命而来之意后，行三享之礼。接着便"乃右肉袒于庙门之东"，即诸侯脱掉衣袖，袒露右臂，自右侧庙门进入向天子禀罪。至于为何右袒，郑玄是这样解释的："刑袒于右者，右是用事之便，又是阴，阴主刑，以不能用事，故刑袒于右也。"[2] 此时的诸侯因天子并未对其述职评判，尚不知自己的业绩能否称之为合格，故袒而畏之，以示敬惧。众所周知，在如此繁复的礼仪制度下，对于古人来讲衣冠严整是何等重要，服冕如同自己的皮肤轻易不可除去。诸侯除衣袒肉，无异于自降身价，以示卑贱。由此可见，在殿堂之上身份等级的重要性，更进一步验证了"宾客之礼主于敬"

---

❶ 仪礼［M］. 彭林，译注. 北京：中华书局，2012: 256.
❷ 阮元. 十三经注疏·仪礼［M］. 北京：中华书局，1982: 1092.

的说法。也正如《礼记·王制》中记载的："天子无事与诸侯相见曰'朝'，考礼、正刑、一德，以尊于天子。"聆听天子训诫同样有着严格的行为准则，言谈举止不能有差，哪怕是一个眼神错了都会触犯规矩。《礼记·曲礼下》中即是以服装为视线的准绳，为"看天子"立下了规矩。"天子视不上于袷，不下于带；国君，绥视；大夫，衡视；士视五步。凡视，上于面则敖，下于带则忧，倾则奸。"❶也就是说臣子与天子见面，举目瞻视天子时要注意目光的位置应在交领与腰带之间，不得偏颇。臣子朝见国君，目光则不超过面部以下及交领之上的位置，也就是我们今天所称脖颈的位置。如果是与大夫会面，下属可以目光直视。士的属下与士见面，视线可在士周边左右五步范围内。当拜会他人的时候，如果对方身份重要，那么不应仰头俯视，目光一旦高过对方面孔则会显得很傲慢；当然也不可低头含胸，目光低垂会令人觉得心事重重，所以视线不能低于对方腰带；与人会面眼睛不要到处乱瞟，飘忽不定的眼神会令人觉得心怀叵测。

朝觐天子的仪式中对天子和诸侯来说，还有一样东西是十分重要的，那便是君臣所执的玉器。《周礼·考工记·玉人》载："天子执冒四寸，以朝诸侯。"天子受诸侯朝时必备的礼器便是——瑁（同冒）。皮锡瑞在《尚书大传疏证》中记载："天子执冒以朝诸侯，见则覆之。故冒圭者，天子所与诸侯为瑞也。瑞也者，属也。无过行者，得复其圭，以归其国。有过行者，留其圭，能改过者，复其圭。"❷可见，瑁实际上是天子权力的象征之物，而诸侯所执之圭实际上与瑁是同一件器物上的两个部分，瑁由天子执掌，并把圭分发给诸侯。当诸侯朝觐天子之时，天子以瑁覆圭，二者再次合而为一。述职后诸侯若没有过错，天子会把圭赐还给他们，而如果有了过错则会受到相应的惩罚，甚至会撤销封地。

《尚书大传疏证》云："古者圭必有冒"❸，诸侯拜见天子的时候应该执圭。《周礼·春官·典瑞》中记载："典瑞掌玉瑞、玉器之藏，辨其名物与其用事。设其服饰：王晋大圭，执镇圭，缫藉五采五就，以朝日。公执三圭，侯执信圭，伯执躬圭，缫皆三采三就。子执谷璧，男执蒲璧，缫皆二采再就，以朝觐、宗遇、会同于王。诸侯相见，亦如之。"❹

王所执的大圭长及三尺，主体呈长方形状，厚半寸，宽三寸，根据时代不同有的剡上左右各寸半，即顶部左右各削去一个角，成为一个锐角三角形，还有的为上圆下方。所以有云剑椎状，也有曰丁字状，与笏相似。王者大圭放置于饰以五彩的玉缫藉，也就是用玉制成的托承玉器之物（图5-4）。缫藉之上有韦衣，即包裹着皮子，韦衣上饰绘有水草纹，以五彩色环绕绘之。缫藉末端有一尺长的五彩丝带，垂于托板之下，呈圭时可用于将大圭系住，以免掉落。其他公、侯、伯、子、男则因其地位不同，所执之圭、璧尺寸减小，且缫藉材质形式也进行了简化，托承为木，五采变为三采、二采，甚至无藉。《礼记·曲礼下》

❶ 礼记［M］. 胡平生，张萌，译注.北京：中华书局，2017：121.
❷ 皮锡瑞.尚书大传疏［M］. 北京：中华书局，2022：315.
❸ 同❷.
❹ 周礼［M］. 徐正英，常佩雨，译注.北京：中华书局，2014：458.

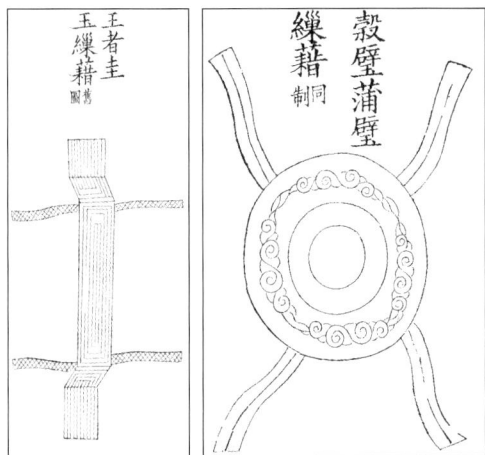

图5-4 | 玉圭繅藉

对执玉时穿的服装也有所明确："执玉，其有藉者则裼，无藉者则袭。"❶古人礼服之制，冬衣裘，夏衣葛；裘、葛之上要加一件纹饰漂亮的罩衣，称为裼；裼上又加正服，如朝服、皮弁服等，就叫作袭。如非盛礼，以纹饰为美，就要开正服前襟，露出里面的裼衣；如当盛礼，尚质，就要掩好正服前襟。

服饰发展历史源远流长，我们在史料记载中也看到过历朝历代的更迭都会给服饰带来一定变化。但作为统治阶级为了标明自己的政治立场不同于前朝，在服饰外观上无论作出何种改变，其服饰内传达出的对权力、地位、身份的印证都是不变的。具有讽刺意味的是，有时候服饰反而成为权力的象征亘古不变——如帝王的冕冠、黄袍，而相反随着历史的流逝，权力的持有者却在不断发生变化，有些甚至是稍纵即逝。

当然朝觐服冕的样式也并非一成不变，但又万变不离其恪守礼仪之宗。周朝六冕之上饰有服章，这也是区别等级的元素。它的排列与爵命，即封爵受职的等级一致，秉循"宫室、车旗、衣服、礼仪各视其命之数"。据《尚书大传疏证》所载："天子衣服，其文华虫、作缋、宗彝、藻火、山龙；诸侯作缋、宗彝、藻火、山龙；子男宗彝、藻火、山龙；大夫藻火、山龙；士山龙。"❷秦始皇统一天下后，传统的朝觐制度随着郡县制而发生改变。汉制则在古代礼仪和秦制基础上进一步增益减损，由叔孙通制定出汉朝的礼仪制度。这其中的朝觐之礼的程序被简化了，服冕制式也同样发生了变化。天子服通天冠，配玉玺，衣画而裳绣，这绣的便是今天我们广为熟知的十二章纹饰：日、月、星辰、龙、山、华虫、火、宗彝、藻、粉米、黼、黻。与政治制度随着朝代改变而相应产生调整一样，从先秦的服章到历史后期的"十二章"同样是经过了无数变化与发展。但这一制度的确立对后世仪礼影响至深，直至元还会用汉仪的通天冠、绛纱袍作为朝服。清朝的服饰制度对汉人有着严苛的干预，但尽管他们强令汉人着满服，但汉文化中的"十二章"却仍出现在清廷朝服之上，这使得当时的"异族"文化在华夏大地上的统治被赋予了汉族意味。

完成朝拜之后的诸侯会受到天子的赏赐，而不同于各种演义传说中的金银珠宝，据《仪礼·觐礼》所载天子赏赐诸侯的是车服："天子赐侯氏以车服。"❸由此可以看出，在古代的礼仪文化中舆服的重要性，车马、礼服在当时来讲也许不是最为贵重的东西，但却是等级地位最高的嘉奖。附着在这些物品上的价值被礼制转化成为一种模糊的权力象征，统治

❶ 礼记［M］. 胡平生，张萌，译注. 北京：中华书局，2017：124.
❷ 皮锡瑞. 尚书大传疏［M］. 北京：中华书局，2022：215.
❸ 仪礼［M］. 彭林，译注. 北京：中华书局，2012：293.

者利用赠予车马、服装这种仪式来维护自己的权力，鉴证被统治者的忠诚。接受赏赐的臣子们要穿着、驾驭天子的奉赏，以表自己的忠心。这与我们今天认为的中国传统文化中低调、谦逊的印象似乎略有不同，反倒是像极了西方文明中的样子。在中国，客人拜会主人送上礼品，主人是不能马上打开甚至使用的，而西方国家的传统则是马上拆开看看是什么，并对客人选择礼品的眼光表示赞许，顺便对客人表示感谢。可见，在传统与现代、东方与西方之间并无绝对的沟壑，制度的更迭总是随着社会的变迁而不断发展的。

二、诸侯相朝

正如《礼记·曲礼上》所说："礼尚往来，往而不来，非礼也；来而不往，亦非礼也。"❶宾礼的制度具有极强的互动性，在礼法中每个阶层都有来宾及回访两种仪式。有诸侯朝觐天子的制度，也有天子受诸侯朝觐的制度，更不要说诸侯之间，更是要相互朝聘。这在历代礼法中都是长期存在的。无论权位高重，还是身份卑微，在交往行礼时均要体现出主客之规。诸侯相朝聘问一方面是当时社会人际关系的礼法制度，另一方面也是统治者管理诸侯纷争的手段，正是因为有着朝聘之礼的约束，天子封赐的诸侯才能互通感情，而鲜有弱肉强食的情况出现。

（一）诸侯相聘礼仪

《仪礼·聘礼》中对诸侯与诸侯之间相互聘问的礼仪有着明确的记载。诸侯直接的聘礼有大聘和小聘之分，两者的仪节基本上相同，区别在于使者的身份和礼物的多少。

出聘前的礼仪包括，"君与卿图事，遂命使者，使者再拜稽首辞，君不许，乃退。既图事，戒上介，亦如之。宰命司马戒众介，众介皆逆命，不辞。"❷可以看出国君任命使者的时候，大多是谦卑推辞后才接受命职，这简单的一命一辞就深得礼尚往来之精髓。出使前一天，使者身着朝服代国君及官员检视礼物，次日进行临行前的告庙，受国君之命启程。一旦完成授受的仪节，踏上征途，使者一出城郊就要脱下朝服，更换深衣（图5-5），并将车上的旌旗收起，以示对国体的尊重。这也表明，在当时舆服已成为礼制中

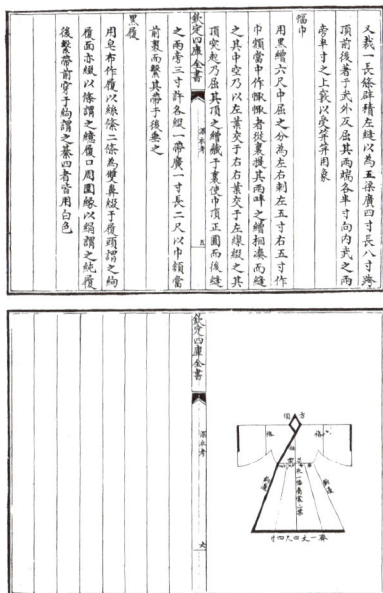

图5-5 ｜ 深衣（清代，休宁）

❶ 礼记［M］. 胡平生，张萌，译注. 北京：中华书局，2017：24.
❷ 仪礼［M］. 彭林，译注. 北京：中华书局，2012：993.

的政治符号，未经国君允诺，场合不合时宜都是不能随意穿着和驾驭的。出使途中如路过其他地方需要借路，带上布帛向当地朝臣请命，得到允许后方可通过，离境时当地的主君还会奉上牲口、草料以示还礼。

到了聘问君王时，礼节的繁复程度不亚于朝觐天子。同样是"一波三折"的朝觐仪节，使者尽管代表天子来访，但并未省却任何程序。皮弁服在宾礼中有着十分重要的地位，各种觐见的仪节都少不了它。使者前去聘问的时候要穿着皮弁服，国君也应该穿着皮弁服在大门内迎接。进门后先由贾人取出送给君主的圭玉，再用饰有彩带的缫藉托起来，将圭玉递给上介。上介则可以不穿袭衣，直接接过圭玉，再将缫藉折起，一并交给使者。使者身着袭衣，托着圭由门的左侧进入，行礼后为君主奉上圭，并将来访时主君的受命告诉对方君主。接受献礼时国君也需穿着袭衣接受圭玉，待使者退出门后国君把玉交给太宰，这时候他要站在堂下，露出裼衣。上摈出来请使者，使者也露出裼衣，捧上束帛，里面放着璧，再次进献。如果使者聘见的是国君的夫人，那他行聘礼时要用璋，再次进献要用琮。若还是有事需要禀报，就用束帛献礼，献礼的仪节则都是相同的。如此来回往复若干次，才算是完成了聘问之礼。

而公事完成了，还不能完全表达使者的敬意，因此为表礼数周到使者还会在私下求见国君。这次虽说是私人拜会，但是和聘礼的仪节一样一丝不苟。提出求见申请后，国君认为来使聘问之仪节已经行使完了，该是自己向使者回礼的时候了，所以会先辞见，后再请求按礼招待使者，为其设宴款待。这期间使者与国君多次揖让，反复拜礼，二人虽身份地位不同，却一丝不苟地执行每一项礼法。随使者而来的副使和随行人员私见国君同样要执行如此严苛的礼制。

不仅如此，使者、副使与随从还可能会私见卿、大夫，或是国君夫人，同样是有着具体的仪节，尽管礼仪的规模有所减少，流程有所简化，奉赠的礼品档次亦有所降低，但执行起来依旧是十分严格地遵循着礼尚往来的根本。

在使者众人离开前，国君还要和夫人、卿大夫宴请使者一行，并由大夫向使者馈赠礼品，最后亲自送别。回国后，使者向主君复命，回家告庙。

小聘也可称问，它不进献加上玉璧的束帛，不向夫人进献，不设宴。在聘礼实行中如果突然遭遇所聘之国的国君去世，或国君的夫人、世子去世的情况，或是在使者出访后本国国君暴毙，使者的父母去世，甚至使者或副使亲身遭遇不测，这种情况都叫"聘遭丧"。尽管这些突发状况也许并不常见，但根据《仪礼·聘礼》的记载同样有各种严格的处理方式。

（二）诸侯相聘礼仪服饰制度

行礼时，我们会发现古人很多礼节是十分复杂的，因此行礼的时间也就特别长。但实际上除却流程复杂，这里还有更深层次的含义，古人认为行礼时间越长，礼就越重。有些重要的礼节从天蒙蒙亮就开始，到结束的时候人已经疲乏得不行。但面对如此冗长的礼仪，施礼者必须抖擞精神，认真秉承礼法的规范，这样才能维护礼制的威仪，如有丝毫怠慢则是大不敬的表现。这对我们现代人来说，恐怕是难以想象的。而且诸侯相聘的时候，很多程序需要反复执行，出门、进门；坐下、站起；敬礼、回礼，一系列复杂的程序要记得清清楚楚，不得有任何疏漏。对于服装的要求更是十分具体，时穿时裼，如若不是对"礼"有着无上的尊崇，反复研习，且意志坚定，一般人且不说没有任何疏漏，恐怕都很难将礼节的全部流程执行完毕（图5-6）。

图5-6　｜　朝觐图

礼法简化的情况也发生过，但多为发生特殊事宜的情况下。《礼记·曾子问》是这样描述的："曾子问曰：'诸侯相见，揖让入门，不得终礼，废者几？'孔子曰：'六。'请问之。曰：'天子崩，大庙火，日食，后夫人之丧，雨沾服失容，则废。'"❶由此可见，对于诸侯来说，实行聘礼时仪容庄重的重要性是可以和天子驾崩这样的大丧相提并论的。一旦雨水沾湿了朝服，令诸侯仪容失态，相见的礼仪就要马上废止。绝不可以不整之容相见，那是对天子和君主的怠慢。

此外，还有一些需要天子在场的仪式，诸侯均必须着朝服以示敬意。例如，出使以后，但凡是仪式中较为正式的场合，众人均需身着朝服向天子所在的方位行礼。在这里，朝服不再是一件简单的衣衫，更多的是一种尊崇、归顺的象征，代表着君臣阶级的从属关系，以及对天子统治的认同，这在很多文献中均有所记载。

春秋战国时期诸侯与诸侯、国与国之间的关系更是随着战乱纷争而不断发生着变化。因此在当时遣使朝聘或诸侯相聘，就如同当下处理国际外交关系一般。这时候的相聘之礼也随着相聘的频繁而逐渐简化，礼的内在精神更是逐渐发生了变化。聘礼并不仅仅是一种形式化的复杂仪式，它在古代社会是有着一定的实际用途的。从某种意义上来讲，诸侯交"聘"就如同现代社会国际交流一般重要。战国期间，国与国交往频繁，使节交往频繁。有

❶ 礼记［M］. 胡平生, 张萌, 译注. 北京：中华书局, 2017: 566.

时候不再称作"聘"，而用"使"代替，但其作用意义是一样的。

诸侯相聘时最重要的一个仪节是赠送或贡奉礼品，而聘礼中最重要的礼物就是玉器。《仪礼》云："凡四器者，唯其所宝，以聘可也。"[1]四器指的是圭、璋、璧、琮。各自用途不一，圭璋以行聘，璧琮以行享，可以根据诸侯所需行礼。除此之外，在不同场合这几种玉器也分别有着自己独特的用途，如使者聘君用圭，享君用璧，聘夫人用璋，享夫人用琮，在这些眼花缭乱的礼品中，以圭的地位最高（图5-7）。

如前所述，朝见天子所用的圭有九寸长，下面配有一个长度相等的托板用来承玉，也称缲藉。圭的样式基本相同，圭之长短可区别聘见者之官阶。一般的诸侯聘问，缲藉上用三种颜色分别

图5-7 | 玉圭

是朱色、白色、苍色。聘问等级较低的诸侯，就只用朱、绿两种颜色。另一种绘有五彩纹的缲藉，是只有天子才能享用的。

在出发前的告庙仪式之上，使节进入聘问国、到达聘问国远郊和到达下榻馆舍后都要核验礼品。每次过程中最耗时的程序就是对玉器的核验，不仅要检查圭、璧、璋等是否完好，还要取出擦拭，所以玉的重要程度可见一斑。《礼记·玉藻》中提到"古之君子必佩玉"[2]。至于为什么玉在古代如此之珍贵，《礼记·聘义》中孔子是这样回答子贡的，他说并不是玉之少而珉之多，所以有贵贱之分。而是因为"夫昔者，君子比德于玉焉；温润而泽，仁也；缜密以栗，知也；廉而不刿，义也；垂之如队，礼也；叩之，其声清越以长，其终诎然，乐也；瑕不揜（掩）瑜、瑜不揜瑕，忠也；孚尹旁达，信也；气如白虹，天也；精神见于山川，地也；圭璋特达，德也。天下莫不贵者，道也。《诗》云：'言念君子，温其如玉。'故君子贵之也。"[3]也就是说玉的物理质感、性情特点与君子所追求的品格非常相似。玉色的温润光泽，质地坚硬又有韧性，低调不张扬的外形，清脆又悠远清扬的声音，透彻且不掩瑜瑕等，如同君子修身所要追求的仁、义、礼、智、信等各种美好品质。行聘礼使用圭璋时，无须再加附属，就像有德之人。所以孔子引《诗经·秦风·小戎》中"言念君子，温其如玉"之语，说明古人心目中的君子恰如美玉温润无比。

使者若能向聘问国国君呈献圭玉，那便是肩负极高的荣耀，执行的礼仪自然也是高规格的。行聘享礼时有司先打开木椟，取出圭玉，交给副使；副使接过圭，再转交给正使；正使这时候要身着"袭"衣。通常古人内身穿着的是葛布衣或裘皮衣，因此外面要加一件称为"裼"的漂亮的罩衣遮挡里面暗淡的色彩，正式的礼服则穿在裼衣之外，被称为"裼袭礼"。在很多礼仪中，行礼者敞开衣襟，甚至褪去左袖，就是为了露出里面的裼衣，展示

[1] 仪礼 [M]. 彭林, 译注. 北京: 中华书局, 2012: 1066.
[2] 礼记 [M]. 胡平生, 张萌, 译注. 北京: 中华书局, 2017: 1903.
[3] 李学勤. 十三经注疏·礼记正义 [M]. 北京: 北京大学出版社, 1999: 1670.

里面的纹样以示对礼法的重视，此为"裼"。而"袭"衣则出现在特别隆重的场合里，前襟扣合，袭衣将裼衣遮掩住，以示庄重。使者呈上圭玉，施行聘享礼是一个相当隆重的仪节，因此要着"袭"衣以示对对方国君的敬重。除却华丽的袭衣，执圭还要有缫藉托承。由于礼仪的隆重，受聘的一方还需先行"辞玉"，以示谦虚，几番推辞后才能同意使者上堂行聘享之礼。聘问国国君受玉时也要"袭"衣施礼，以示对圭的珍视，这正是受到前面提及的古时人们对玉的敬重的影响。

使者敬上圭玉后其礼仪并不算完成，就如同士相见礼，还礼的仪节也是必不可少的。在使者完成聘见之礼准备回国的时候，最后的还礼仪式才会展开。国君先是会派卿大夫前往使者的馆舍，将先前接受的圭、璋等献礼一一奉还给使者（图5-8）。使者面对君主归还的礼物，仍然要十分恭敬地接受，因此要衣"袭"受礼，以示对国君的尊重。这一特殊的礼法体现了宾礼礼尚往来的特质，收下圭、璋后，国君一一奉还看似多此一举，实际上如同君子还雉一般，整个仪节重在礼法，而非礼物。一方面如果国君面对使者带来

图5-8 | 玉璋（三星堆博物馆藏）

的奇珍异宝，毫不掩饰照单全收，那会让人觉得他贪财荒淫，继而对其德行、统治都产生质疑。另一方面，谦卑恭敬是礼仪的重点，行聘礼的目的是联络感情，奉上再贵重的玉器也只是用礼的贵重代表敬意之重，如果受礼者将关注点放在这些奢华的礼品上，那则违背了聘礼的真正内涵，因此还礼之仪是必不可少的。天子为了笼络教化诸侯人心，规定朝觐天子一年一小聘，三年一大聘，实际上这不仅为体现自己的统治，让诸侯定期进贡，更是天子一种高明的统治策略。诸侯借来朝觐天子之际，可以彼此以礼来相互诫勉，也正是因此诸侯才能以礼相交，做到外不相侵，内不相陵。

因此，聘礼礼物的厚薄在这里不是最重要的。之所以选择圭、璋行聘，是希望彼诸侯通过相互朝见加强联系，而非礼器贵贱的比拼与炫耀。《礼记·聘义》曾这样说："以圭璋聘，重礼也；已聘而还圭璋，此轻财而重礼之义也。诸侯相厉以轻财重礼，则民作让矣。"❶礼轻情意重便是这个意思。如果使者带去的玉器太多、太贵重，那么聘礼反而成了聘问国的负担，致对方国君于贪图财富的不义境地。所以礼不仅表现在施礼者的行动中，更要体现在施礼者对礼的深入理解中，不仅要遵循仪节执行，更要为受礼者着想，互礼互敬这才是有礼之举。正如《礼记》所说："礼者，殊事合敬者也。"❷孟子也说过："礼人不答，反其敬。"也就是说礼的核心就是敬，诸侯相聘问能相互尊敬而重礼轻财，正是在为天下做出表率，君臣王侯以礼规范自己的言行，百姓才会崇尚礼让之风。这正是聘礼的本义之一。

❶ 李学勤.十三经注疏·礼记正义［M］．北京：北京大学出版社，1999：1670.
❷ 礼记［M］．胡平生，张萌，译注.北京：中华书局，2017：2387.

除却诸侯相聘问时，玉石作为礼之器物在另一种会面形式下也承担着重要的角色，那就是诸侯间的会盟。盟，指几个诸侯国为了同一利益或目的，相互建立盟约，以求统一行动，这同样也是宾礼中诸侯国相互聘问的一种礼法。一般来说盟是由一个诸侯国最先发起的，国君会派使节到各处去游说、斡旋，并最终确定盟约内容与会面地点，再订立正式盟誓，称之为"会盟"或"盟会"。主持会盟的首领或国君被称为"盟主"。春秋战国时期，为巩固自己的霸主地位诸侯国经常拉拢小国君主进行结盟，这些称霸的大国国君成为盟主后，便会号令小国维系自己的利益，拥护自己的地位，因此本是礼制的盟会之仪成为诸侯争霸的手段。葵丘会盟、践土之盟、孟津会盟都是盟主国君联络诸侯，巩固自己霸主地位的著名历史事件。

会盟时的典礼称为盟礼，这种仪式充满着神秘的宗教主义色彩，因为盟礼中立誓缔约是要在神灵之前完成的。当时的人们信奉神明，认为凭借神力是可以约束参加会盟者的行动的，因此人们在进行盟礼时经常会对天立誓，它依赖的不是礼法的制约，而是人们对神明的敬畏和道德的力量。1965年冬天，在山西侯马老电厂原址上发现了一处晋国考古遗址，在这里出土了大量玉器、牲畜，以及5000余件隐约可见朱书字迹的玉石薄片。这些玉片、石片上书写的均为盟约和誓词。其中主要是晋国官僚赵鞅广交各方势力，联合诸大家族举行盟誓活动，为共同对敌缔结盟约。这批文物后来被称作"侯马盟书"（图5-9），也成为了解古代宾礼、盟约的重要资料。玉石作为盟约的载体，象征着结盟双方在神灵前做出的遵守誓言的承诺。它的坚硬、牢固也说明誓言的不可破除，一旦打破誓言就会如玉石般粉身碎骨，暗示着违约一方将会受到来自神灵的严厉惩罚。

图5-9｜侯马盟书

从周朝的文献记载看来，盟礼最初主要是"周天子盟诸侯"所用，以联结天子与诸侯的关系，建立信任。而春秋之后，随着列国纷争，诸侯纷纷结盟使得盟礼愈发频繁，其形式与内容也发生了改变。盟礼分类众多，可分为特盟、参盟、同盟、合盟、婚盟等。各种盟约虽形式相近，但均有自己独特的内涵，例如：特盟，指诸侯为了某种特殊目的与另一方诸侯签订盟约，如修订友好、弃恶交好等；参盟，指三位以上的诸侯结盟，这种盟礼的最大特点是三方都是平等的，没有中心盟国或盟主；同盟，指以同盟为名，使诸侯顺服的联盟，多出现于大国争霸之时。

然而实际上尽管有着玉石般牢固的盟誓作为束缚，但会盟作为一种不稳定的关系在群雄纷争的战国时期还是被推翻了很多次，最常见的情况就是为了打破旧的盟誓而缔结新的盟约。文公二年，晋国因鲁国礼法不周，派公孙前来拜年，而意欲讨伐鲁国。为避免杀伐鲁国赶紧弥补，由鲁兴前去朝见。为羞辱鲁国，晋国派出大夫阳处父与鲁行盟约。到了转年十二月，为消除上一次盟约的影响，以免对其他诸侯国产生不良影响，晋国又要求修改盟约。于是鲁文公又来到晋国，同晋襄公会面改盟。这一次晋襄公不仅设宴款待文公，还赋了《菁菁者莪》，鲁文公还礼《嘉乐》一诗。这种盟约一开始就建立在没有诚信的基础之上，因此其盟誓并不牢固，很快会随着时局的动荡被打破。更因为这种混乱的格局，甚至还出现了"必质其母以为信"这种礼法德行尽失的说法。

当然，礼法约束下除了偶有打破盟誓的信任，大多数情况下古人对君子之间的约定还是会恪守承诺的。如会、同，依旧是两种宾礼中的礼仪，二者经常被统称为"会同"，诸侯间会同多为订立盟约，也就是我们常说的同盟。《左传·僖公九年》就有"凡我同盟之人，既盟之后，言归于好"❶的记载。会同的另一种解释是诸侯朝见天子，《周礼·春官·大宗伯》记："时见曰会，殷见曰同。"❷诸侯没在规定的时间去觐见天子，称为"会"；许多诸侯同时去觐见天子，称为"殷"。由此也可以看出，从某种角度来看将诸侯齐聚一堂，订立盟约，也是天子笼络诸侯的手段。

除却聘、觐、盟、誓中以礼器约束礼法，宾礼中还有一种礼仪是比较特殊的。它既代表着封赏，又象征着惩罚，是仪礼制度在政治制度中多元化的表现，这就是锡命之礼。锡命，又作赐命。赐，指上级对下级、长辈对晚辈的给予；赐命，则专指君主对诸侯或尊长辈对卑幼的赐予。宾礼中所谓"赐"是一种嘉奖，君主赏赐诸侯的礼物大致可分为九种，包括衣冠、车仗、兵器、物料等，这种礼仪称为"锡命礼"。《礼记·玉藻》中将其总结为"君赐车马，乘以拜"❸，也就是说接受了锡命后，需要答谢还礼，形式则以拜谢为主。在古时能得到国君的赐命，是一种无上荣光，因此帝王赠予臣子的一切事物无论好恶，均要冠以"赐"的头衔。葵丘会盟时，周天子以"赏服大辂，龙旗九旒，渠门赤旗"赐赏齐桓公；除却实际的赏赐，命令也可以作为"赐命"之礼，赏赐给下级。吕相绝秦时就提出过"矜哀寡人，而赐之盟，则寡人之愿也"的说法。借此便可以理解，为什么即使是君主处决诸侯臣子，仍要冠以"赐死"的称谓。开元盛世，唐玄宗由于宠溺贵妃杨玉环，疏于朝政，致使国内局势动荡，社会矛盾不断激化。开元晚期，玄宗怠政，转而将兵马交予安禄山独掌，同时重用奸佞李林甫、杨国忠为相，导致将相不和，最终酿成"安史之乱"。天宝十五年（756年），长安失陷，唐玄宗仓皇出逃却又在马嵬坡遭遇军队哗变，众将杀死杨国忠后，又逼着他处死杨贵妃。玄宗只得忍痛赐给杨贵妃一条白色丝帛，令她自缢。因此，后来的"赐帛"也逐渐成为"赐死"的代名词。

当然，赐礼更多情况下还是表示封赏，在唐宋时期，官服常以颜色区别等级，凡三品以上的官员，其公服为紫色，五品以上，至四品的官员，则着绯色公服。唐人对官服有着

---

❶ 左传［M］. 郭丹，程小青，李彬源，译注. 北京：中华书局，2016：1063.
❷ 周礼［M］. 徐正英，常佩雨，译注. 北京：中华书局，2014：403.
❸ 礼记［M］. 胡平生，张萌，译注. 北京：中华书局，2017：741.

一种近乎执着的偏爱，在后来成为禁忌的紫色、红色朝服，在当时则成为皇帝若对某官表示宠幸，常"赐紫""赐绯"，即赐官服，实际也是升迁之意，以示厚爱。但因各种仪节皇帝都会奉赏官服，赐服太多，以至于朝廷集会曾经一度满园朱紫。但也有另一种情况，那就是官阶未至着绯，但特许可穿红色袍服，被称为"借绯"。当君主"赐绯"之后，这身袍服是要一直穿着不得脱下的（图5-10）。

图5-10 | 男侍从图（唐代，杨㫰，杨瑾）

三、藩邦来朝

商周之际，在中国幅员范围内生活的族群有很多，周人灭商并在东征践奄之后建众诸侯国，形成了周王朝的统治圈，但在周王统治区域之外尚有许多与周处于敌对、战争状态的邦国，如戎、猃狁、淮夷、楚等。在统治圈的边缘，也就是周王朝的边疆地带，情况还要复杂得多，这里有许多与周保持着特殊关系，但又显然独立于西周诸侯国体系之外的小国。铭文材料史料中记载了大量藩邦遣使见周王、周王遣使出征、藩王来觐周王等一系列事件。《北堂书钞》记载："怀远以德，诞敷文德，舞干羽而有苗格，弗宝远物则远人格。无怠无荒，四夷来王。明王慎德，四夷来宾。柔远能迩安劝庶邦，柔远能迩以定我王，惟德动天无远弗届。"❶也意味着自周王朝伊始，统治者通过恩惠、德政，采取礼制教化，敞开国门迎接异邦，文化交流往来的通道被逐渐打开。

（一）天子受藩国朝觐

古礼规定五服或是六服之内，诸侯需定期朝拜天子，虽说这或许是统治者制定的一种理想化的制度，执行起来因各种因素未必严格，但依旧在历朝历代的礼仪制度中延续下来。而国之疆有界，《周礼·秋官·大行人》案："九州之外谓之藩国，世壹见，各以其所贵宝为挚。"❷也就是说九州之外称作藩国，每当藩国的新君继位时都要来朝觐天子一次，各自用他们最为珍贵的宝物作为见面礼。

藩邦来朝早在《尚书·舜典》中就有所记载，"五载一巡守，群后四朝。敷奏以言，明试以功，车服以庸。"❸帝王出巡边远地区，藩国诸侯再朝见，各自报告政绩。舜帝会根据藩国诸侯汇报的成果进行评定，论功行赏，和其他诸侯一样，如若成绩斐然也赐给他们车马和服饰。

---

❶ 虞世南.北堂书钞［M］.序刊本.陈禹谟，校注.万历二十八年（1600年）.
❷ 周礼［M］.徐正英，常佩雨，译注.北京：中华书局，2014：808.
❸ 孔颖达，等.尚书正义［M］.上海：上海古籍出版社，2007：827.

那时候"会四夷诸侯,天子绕无繁露,朝服,八十物缯斑。""四夷相见则服其本服"❶,皇上虽以礼服相迎,但绝非高规格的装备,来朝的藩邦也均着本族服饰。但随着历朝历代藩王朝觐或藩邦来使均依礼来朝,国事交流愈发受到重视,两朝会面的规格也越来越高。到明朝时期藩王来朝皇帝要身着裘冕,百官也要着朝服侍立,来宾若收到赏赐的衮服则也要穿上觐见。

因此藩邦各国逐渐熟悉了中国的礼仪文化,且随着交流的不断深入,礼仪文化对他国也产生了深远的影响。这种影响绝非停留在表面上,如在明代朝鲜李氏王朝编纂的《国朝五礼仪》中就可看出中华礼仪文明的深入影响。不仅撰书依循五礼制度,里面还翔实记载了李氏王朝君主接受明帝王赐予的两套冕服的样式及细节。这两套服章冕冠对后代朝鲜礼制文化的发展也产生了极大的影响,朝鲜冕冠更是基于此进行的改制。

汉宣帝甘露二年(公元前52年)冬十二月,匈奴呼韩邪单于自五原塞传来消息,愿在甘露三年正月带上奇珍异宝前来朝觐。尽管官员们均认为匈奴单于主动觐见,并乐于奉上异珍以示臣服,但他毕竟并非正朔,地位应该比诸侯王低。但汉宣帝却不这么认为,在他看来:"盖闻五帝三王,礼所不施,不及以政。今匈奴单于称北藩臣,朝正月,朕之不逮,德不能弘覆。其以客礼待之,位在诸侯王上。"❷也就是说,外来的藩王乐于臣服我朝,那自然应该以客礼相待,呼韩邪单于应在各位诸侯之上。因此汉宣帝为单于参见朝拜制订了特殊的朝觐礼仪,"位在诸侯王上,赞谒称臣而不名"。可见,因单于位高于诸侯,殿拜时只需称"臣",当然天子赐给呼韩邪单于的嘉奖不止封号,还包括一系列的"物质奖励":汉朝冠服衣裳,饰有戾草浸染绶带的黄金玺,玉制宝剑,佩刀一把,弓一张、四支矢,有缯衣的戟十杆,安车一辆,马鞍、马辔一套,马十五匹,黄金二十斤,钱二十万,衣被七十七套,锦绣绮缎以及杂帛共八千匹,棉絮六千斤。

如此高规格的接待令匈奴与汉朝关系掀开了新的篇章,继而促成了匈奴与汉朝在历史上备受瞩目的一次和亲。当呼韩邪单于再次携礼朝觐,并表示愿意成为汉婿的时候,当时的皇帝汉元帝欣然接受。《汉书·元帝纪》有这样的记载:竟宁元年(公元前33年)春正月,匈奴呼韩邪单于来朝。诏曰:"呼韩邪单于不忘恩德,乡慕礼义,复修朝贺之礼,愿保塞传之无穷,边陲长无兵革之事。其改元为竟宁,赐单于待诏掖庭王嫱为阏氏。"❸这位叫作王嫱的女性就是我们熟知的王昭君,这次和亲便是历史上著名的"昭君出塞"。随着送亲的队伍,汉元帝还赏赐了大量衣服锦帛等物品(图5-11)。

图5-11 │ 元青花昭君出塞罐(日本出光美术馆藏)

❶ 徐一夔,等.大明集礼·卷三十三[M].北京:国家图书馆出版社,2010:523.
❷ 班固.汉书[M].北京:中华书局,2007:93.
❸ 许嘉璐,等.二十四史全译·汉书(元帝纪)[M].上海:汉语大词典出版社,2004:111.

当时的亚洲接受来自周围夷狄各国的朝贡，中国皇帝也同时封赐各国君主。从大量的古籍记载中可以看出，四方来朝不仅体现出当时中国的外交态度与策略，更说明了仪礼制度对当时政治体制的重要性。在统治者看来以礼治国，以礼治藩，才能维系国运之长久。但从根本上看这种关系，实际上是中国皇帝与诸侯的上下关系在中国皇帝同夷狄君主之间的关系上的投影，是一种来自结合儒教王道思想而设想出来的独特的国际秩序观念。而在这一制度的促进下，也使得当时的"政治中心"同时成为全球经济交流活动繁荣的"贸易中心"。

唐代诗人王维的《和贾舍人早朝大明宫之作》诗中有"九天阊阖开宫殿，万国衣冠拜冕旒"❶的说法，这一诗句正是对万国来朝的精准描述。唐朝沿袭历代传统接待来自世界各地的藩王诸侯，一系列礼制的制定充分体现了中国古代传统政治制度中对外关系的包容政策。正所谓"万国衣冠"指代的便是万国来朝的使者。依唐例，来使"服其国服"，无须再更换衣着，因此天子虽身着高规格礼服在宫殿之上亲自接见来访的诸位藩邦领主、各国使节，而来者觐见时衣冠制式仍依照各国自己的俗例穿着，并无额外要求。由此可见，这里的"万国衣冠"既是指代各国使团，意喻国力昌盛，来访国家、人数众多，也是指使者们朝见时所着之本民族服饰样式千姿百态，各具特色。同样的场景在清代画作《万国来朝图轴》（图5-12）中也可以清晰地看见，这幅现存于故宫博物院的作品描绘了乾隆年间藩属及

外国使臣到紫禁城朝贺的场面，在画师的笔下乾隆皇帝在后宫悠闲地歇息，等候外面的来使和百官朝拜，而热闹的太和殿前则百官矗立，使团云集。当然这只是大清帝国一厢情愿的臆想，据史料考据这种万国来朝的盛景在当时并未出现。但值得注意的是，即便是为了体现国力强盛的"面子工程"，画作中各国贡使或怀抱奇珍异宝献礼，或手持各国名号旗帜，衣着则是样式各异，长短不一，或包头，或戴帽，色彩更是斑斓，丝毫没有因循我国觐见之礼法。虽然是按照想象中的场景完成的画作，但来访各国使团并未被绘制成身着赐服拜会帝王的画面，可见藩邦来朝的觐见之礼中"服其国服"的制度一直沿袭下来。

既然有使来访，便有遣使之礼，这才称得上是交流。《周礼·秋官·大行人》解释道"间问以谕诸侯之志，归脤以交诸侯之福，贺庆以赞诸侯之喜，致襘以补诸侯之灾"❷。这里遣使访问期

图5-12 | 万国来朝图轴

---

❶ 千家诗［M］. 张立敏，编注. 北京：中华书局，2019：374.
❷ 周礼［M］. 徐正英，常佩雨，译注. 北京：中华书局，2014：808.

间的职责被规划得十分细致，闲问指派使者前往慰问诸侯，并把王的意旨告诉诸侯；归脤是赠送祭祀用的生肉给诸侯以祈福，向诸侯庆贺赞美他们遇见的喜事；当诸侯遇到困难时要聚集财物用于行袷礼接济。

当然天子遣使有时候也是有求而来的，当天子出于政治目的遣使诸侯寻求帮助时，实际上已经将原来礼尚往来的内涵打破了。尤其是到了濒临礼崩乐坏的春秋战国时期，天子遣使向诸侯国表达关心，则是为了巩固其集权统治。这使得当时的宾礼内涵也逐渐产生了变异。桓公"十五年春，天王使家父来求车，非礼也。诸侯不贡车服，天子不私求财。"❶由此可见，本来诸侯对天子没有贡车服之礼的制度，根据古礼，车服在礼制中象征地位尊贵，理应由天子赏赐，而天子颠覆礼制，屈尊遣使求赠，这更说明了礼制的崩塌。

无论藩邦来朝，还是天子遣使，这种诸侯与天子间的你来我往，看似都是一些繁文缛节，但实际上有利于君主对诸侯国的管理，以便稳定局势、一统天下。这一形式在唐代宾礼制度的表现中更为明显。虽然汉唐以后朝廷编订"五礼"中"宾礼"的内容和范围不断地在调整变化，但外藩来朝之礼一直都保留了下来。《新唐书·礼乐志》即将宾礼限制为接待、宴会藩国君主、使臣之礼，其云："宾礼，以待四夷之君长与其使者。"❷也就是说唐代的宾礼成为当时主要的外交手段。《大唐开元礼》中的宾礼也是如此，有"藩国主来朝以束帛迎劳""遣使戒藩主见日""藩主奉见""受藩国使表及币""皇帝宴藩国主""皇帝宴藩国使"及"藩主辞见"等礼节。《旧唐书·职官志》提到"鸿胪寺卿"之职："凡四方夷狄君长朝见者，辨其等位，以宾待之。"❸从这里可以看出，唐代十分重视朝廷与藩属国君之间的交往，既把他们当作臣下，又把他们当作宾客，所以对他们的接待十分优厚。

唐代宾礼主要有七项活动："迎劳""戒见日""藩主奉见""皇帝受藩国使表及币""宴藩国主""宴藩国客""藩主辞见"。每项程序繁杂、严谨，体现出唐代历朝诸王对国际公共关系的重视，这也就不难理解唐王室在当时国际上影响之大了。唐代藩国服制并非像传统历朝历代以远近定亲疏，而是以藩国的效忠程度极其国际地位决定的。幅员辽阔的地方未必被封为"大国"，以高规格礼仪接待。一旦拒绝效忠天子或是与大唐为敌，一样被称作"小国"。这一点很像在中国传统社会生活中将人格卑下的一类人称为"小人"，因此唐王封赐之礼仪规格的高低是来朝藩国与唐关系亲疏的印证。

《通典》中详细记载了大唐贞观年间藩国来朝的情境："大唐贞观二十年（646年），有司言：'按史记，正月诸侯王朝贺凡四见，留长安不过二十日。今请每春二王入朝，礼毕还藩。'从之。至二十二年（648年）十月，令百僚朔望服袴褶以朝。"❹

从一个细节就可以看出唐王朝对藩国来朝的重视，在颁布了请诸侯藩王朔望来朝的政令后，诸侯百官来朝的时候要求穿着的是："袴褶之服，朔望朝会，服之。""褶"是一种短

❶ 左丘明.春秋左传详注［M］.北京：中华书局，2024：871.
❷ 欧阳修，宋祁，等.新唐书［M］.北京：中华书局，1975：661.
❸ 刘昫，等.旧唐书［M］.北京：中华书局，1975：1037.
❹ 杜佑.通典［M］.北京：中华书局，1988：867.

身广袖的袍，袴通"绔"，跨也，既套裤。这种样式的服装来自少数民族骑射生活中的需求，战国时期传入，两汉为近臣武士之服。进入唐代后，袴褶作为朝觐的穿着规定为："五品以上，细绫及罗为之；六品以下，小绫为之；三品以上紫，五品以上绯，七品以上绿，九品以上碧。"❶不仅朝觐时的服装，胡服对当时的唐朝社会服饰同样产生了很大的影响。当时盛行的圆领缺胯袍、裤褶、幞头、胡帽、靴等都是源自胡服。而且这些服装样式虽多为骑射御马时穿着，但不只为男子专享，同时也为唐代女子所钟爱，以至于一时间大唐国土中流行起女着男装的风潮（图5-13）。

尽管唐政府对来朝藩王采取了一种几乎是屈尊降驾的姿态，试图以怀柔、拉拢的政策将疆域不断巩固扩大，但这一政策在初唐时期收效还是较为显著的。一方面，历代中国皇帝对于"礼制"的态度始终是十分坚定的，他们深信通过"忠""信""义"等观念影响外来君主可以减少摩擦，通过"礼"来教化藩国。另一方面，以特殊仪礼安排接待藩国来朝，在当时来说是唐帝国"齐家、治国、平天下"的礼制手段。通过这一系列缜密的外交策略，在唐政权建立之初笼络了不少坚定的支持者，为建立和巩固自己"大唐盛世"的霸主地位，维护以"华夏帝国"为中心的国际秩序打下了坚实的基础（图5-14）。

藩王来朝作为唐朝仪礼中的一个较为重大的场合，对其相关人员都有着十分严苛的规定。唐朝统治者号令朝廷命官在这种外国使节在场的情况下，衣冠仪容、行动坐卧都需要十分小心，丝毫不能影响中国"礼仪之邦"的美誉。这种政治化的约束对唐朝服饰的影响十分深远，源于赵武灵王胡服骑射的袴褶从藩邦来朝时的迎宾服章发展到后来竟然逐渐成为唐代官员的公服。唐帝王基于当时政治环境下制定的"汉制胡服"政治制度为民族融合、文化交流都奠定了坚实的基础。这些在当时的《旧唐书》《新唐书》《通典》等典籍中都有所记载。

例如："京文官五品已上，六品已下，七品清官，每日入朝，常

图5-13 | 女着男发陶俑

图5-14 | 宾客图

❶ 许嘉璐，等.二十四史全译·新唐书·车服志［M］.上海：汉语大词典出版社，2004：415.

服袴褶。诸州县长官在公廨，亦准此。"❶ "冬至、元日大礼，朝参官及六品清官服朱衣，六品以下通服袴褶。" "京官朔、望朝参，衣朱袴褶，五品以上有珂伞。"❷ 等等。

由此可见，当时在京的五品以上及六、七品清官，需每日着袴褶入朝觐见。这跟用于参朝的弁服是相近的；同时"诸州县长官在公廨，亦准此"，在公廨办公应属"寻常公事"，因此穿袴褶也成为"寻常公事之服"。而根据《新唐书》的记载，六品以下官员在冬至及元日大礼，甚至可以穿着袴褶出入朝野典礼了。

在唐代仪礼中还曾记载有"鞢韄七事"的礼制，"鞢韄"的释义是一种带具，上面系有七件随身佩戴的小物件（图5-15）。"七事"一词最早出现在《旧唐书·舆服志》："武官五品已上佩鞢韄七事，七谓佩刀、刀子、砺石、契苾真、哕厥、针筒、火石等也。至开元初复罢之。"❸《新唐书》中也同样有类似的记载："初，职事官三品以上赐金装刀、砺石，一品以下则有手巾、算袋、佩刀、砺石。至睿宗时，罢佩刀、砺石，而武官五品以上佩鞢韄七事，佩刀、刀子、砺石、契苾真、哕厥、针筒、火石是也。"可见"七事"指的是别在腰间带上的七件实用性极强的小工

图5-15 | 鞢韄

具。这看似花哨的鞢韄七事同样也是来自胡人的物件，一方面是为了方便马背上的民族行进迁徙的时候挂配物品的腰带，另一方面佩戴的这些小物品不仅为他们的生活提供了便利，更成为草原民族在漫长的迁徙过程中的一种精神寄托。

鞢韄流传入中原后逐渐成为文武官员佩戴什物的带具，文官一般佩戴"四事"：手巾、算袋、刀子、砺石；而武官则佩戴"七事"，有的武官也会加上手巾、算袋，那便是"九事"了。不过这一服制运行得短暂而曲折，起先是为免唐初文武官员服制划分不清而设立的，后至武则天统治时期废止。不久又被唐睿宗重启并做了修订，因嫌文官游牧气息太浓而废除了"二事"，只留下手巾与算袋。而后至玄宗，又规定了鞢韄佩戴的时宜和场合，就这样几经更迭后还是彻底被罢废。虽说表面上只是一条礼法的反复修订，但借此也看到唐代时局的变化。小小带具体现了唐廷与胡族之间从兼容并包到排斥胡风这种若即若离的关系。

（二）藩国服饰礼仪制度

正是这种沿袭于传统，又兼容并包，铸就了当时世界文化集合体的大唐文明，同时，这与唐代全盛时期丝绸之路商贸活动的频繁交流也不无关联。随着愈发多元的西域文化注入中原文明，外来世界的新鲜事物也大大刺激了唐人的消费热情。根据历史上对丝绸之路

❶ 许嘉璐，等.二十四史全译·旧唐书·舆服志［M］．上海：汉语大词典出版社，2004：1509.
❷ 许嘉璐，等.二十四史全译·新唐书·车服志［M］．上海：汉语大词典出版社，2004：427.
❸ 同❶.

的记载，当时的商贸活动十分频繁，售卖的物品更是应有尽有。外来物品以其独特的风俗特点，吸引了当时大量具有高消费购买力的大户人家，这些充满异域风情的货品成为他们的消费对象。无论是奴隶佣人、艺人歌伎，还是家畜野兽、食物香料，从金银珠宝再到金石玉器，千奇百怪、不胜枚举。而对普通百姓来说日常生活中的服饰、面料以及染料成为他们最为热衷的商品。自唐太宗定都长安后，兼容并包的文化态势从丝绸之路自西向东蔓延，不断与中原文化交融共生，更有很多被载入礼制。因此，这股"胡风"自上而下地传播开来。

当然，文化传播的核心重在交流，大唐文化同样也远播西域，在诸多考古发现中我们都可以看见唐风的影子。现存于内蒙古博物院的雁衔绶带锦袍（图5-16）就是当时中原文化外传的例证之一。这件文物最早出土于1991年内蒙古兴安盟科右中旗代钦塔拉苏木辽代贵族墓，纹样保存基本完好，服装样式非常特别。1992年，在内蒙古阿鲁科尔沁旗耶律羽之墓也发现了许多雁衔绶带锦袍残片，两次考古发现可基本复原当时锦袍的样式。无独有偶的是

图5-16 | 雁衔绶带锦袍

在这两件衣服的复原过程中我们可以看见，衣服的前襟都可以拼出一对大雁的造型，两只大雁相对展翅，嘴里衔着一条绶带，分别立于花朵之上。《旧唐书·舆服志》对武则天时期的锦袍有这样的描述："左右鹰扬卫饰以对鹰、左右玉铃卫饰以对鹘……宰相饰以凤池，尚书饰以对雁。"[1]《新唐书·车服志》也有"德宗尝赐节度使时服，以雕衔绶带"[2]的记载。《唐会要》曰："节度使文以鹘衔绶带，取其武毅，以靖封内；观察使以雁衔仪委，取其行列有序，冀人人有威仪也。"[3]在这些史料中可以看出，赐服的图案中大量出现雕衔绶带、鹘衔绶带或雁衔仪委等大型禽类的身影，因此可以断定这件锦袍上的图案为雁衔绶带纹。

与历朝历代一样，唐朝时期的官服图案也有明确的规范："袍袄之制，三品以上服绫，以鹘衔瑞草、雁衔绶带及双孔雀"[4]，雁衔绶带的图案被作为三品以上的官服，或是节度使、观察使的官服纹样。参考前面的发现也可以看出，在这些图案中反映官服等级高低的主要标志是禽类和绶带，不同的禽鸟、绶带表示不同的等级。

由于唐人对官服、朝服的热衷，禽类衔绶带的图案在中晚唐时期的服饰纹样中十分盛行。这一现象在诸多文学作品中都有所体现。在白居易的多首诗作中对此有所描述，《初除

---

❶ 许嘉璐，等.二十四史全译·旧唐书·舆服志［M］.上海：汉语大词典出版社，2004: 1511.

❷ 许嘉璐，等.二十四史全译·新唐书·车服志［M］.上海：汉语大词典出版社，2004: 417.

❸ 王溥，等.唐会要［M］.江苏书局，清光绪十年（1884年）刻本.

❹ 同❷.

官蒙裴常侍赠鹘衔瑞草绯袍鱼袋因谢惠贶兼抒离情》中"鱼缀白金随步跃，鹘衔红绶绕身飞"，《闻行简恩赐章服喜成长句寄之》中"荣传锦帐花联萼，彩动绫袍雁趁行"，《喜刘苏州恩赐金紫诗》中"鱼佩茸鳞光照地，鹘衔瑞带势冲天"。这些诗词中提到了鹘、雁等不同大型鸟类作为纹样的主体，或衔绶带、或衔瑞草，式样丰富多姿。

此外，雁衔绶带锦袍的出土也反映出当时唐代纺织技术的突飞猛进。根据很多可考文物史料的记载，早在汉代就出现了花楼织机身影，到唐代花楼织机构造有所改进，织造技术更是愈发高超，因此出土了大量织造技术水平极高的唐代服饰织物。这也从侧面反映出尽管当时辽代的契丹人已经开始研习织造技术，但若想达到如此高的造诣绝非一蹴而就的。因此很多学者认为，这件袍服大致多为辽人从中原掳掠的织作。

唐代礼仪服饰的变革说明，在国际交流不断加强的政治环境下，天子对"服等"观念受场合、规格有了更多的灵活性，甚至出现了许多"加敬""优诏""优礼"等做法，也就是赐予诸侯藩王高出原本等级的服冕或封赏。服饰礼仪的变化也随着社会的发展因时而异，某种服饰跨越了两个服等的情况时或出现；各服等的名称未必总那么严格，有时也用得比较随意。"故礼出乎义，义出乎理，理因乎宜者也"，管仲这句话可谓对当时充满辩证主义色彩的礼制文化做出了精辟的诠释。

礼制影响下藩国来朝不仅为中国古老的冠服制度带来了变革，其对亚洲地区所带来的影响也是一直在延续。2019年5月在日本冲绳县展出了琉球国末代国王尚泰王的冠服——"御玉冠"，而近观其样式实际就是当年明朝皇帝赏赐给他的皮弁服冠。当时的琉球国在大明朝看来不过是一个远方的小小岛国，因此琉球藩王前来朝拜时，明帝自然要显出大国风度。于是不仅封其为中山王，还赐王及王妃皮弁冠服等物以示恩泽。自此琉球国每年前来朝贡，成为当时中国的附庸国。当时明皇赐予中山王的冠为七梁冠，这是明朝一品官员的制式。而伴随着明王朝的覆灭，赐冠服也成为过去式，因此中山王便依制复制了一个。这一次他野心勃勃地将原来御赐的七梁改为帝王专享的十二梁，也就是展览中展出的那顶弁冠，除此之外其样式别无二致。

从前面的例子不难看出，自张骞打通西域之后，这条轨迹上的沙漠、海洋、草原被世界各国的商人们陆续征服，丝绸之路宛若蛛网开始逐渐蔓延，商贸往来也愈发频繁。早先的丝绸之路只能运输丝绸，作为当时世界上唯一掌握养蚕技术的国家，中国曾一度禁运蚕卵，一经发现甚至会惹来杀身之祸。但随着偷运输出，养蚕技术不再是华夏独有的技术，因此丝绸也不再是这条商贸之路的唯一产业，从服装贸易的交融也可以看出丝绸之路俨然已经成为文化交流、贸易的通渠。一方面从欧洲到东瀛世界各地刮起了一股中国风，丝绸制品、充满东方情调的服装服饰成为贵族们争相追捧的潮流之物；而另一方面来自异域的服装、香料、金饰甚至宗教、建筑同样以各种文化态势进入中国，对一向恪守传统的中国人产生着潜移默化的影响。但这种影响虽然是相互的、共通的，却也依旧存在着国家实力的比拼。小国、附属国受到大国的影响必然是更大、也更加深远。中亚地区的古老民族粟特人曾经是丝绸之路上活跃的一支力量，往来于丝路各国之间进行各种商业活动，曾一度有很多粟特商人定居中国，甚至去世后安葬于此。在我国北方发现过不少粟特风格的墓葬浮雕，值得注意的是这些墓主人在塑造自己典型的粟特形象的同时，却为妻子穿上了汉人服装（图5-17）。在法国学者葛乐耐（Frantz Grenet）看来，这种现象是粟特女子形象被滥用的表现，甚至在当时身着传统粟特女子服装成为"下层社会歌舞胡姬"的表现。[1]由此可见，当时即便是于丝绸之路游刃于各国的粟特人在来到当时的中国后，依旧被本土文化所冲击甚至改变。在粟特人的传统墓葬习俗中女主人的形象是不被刻画的，因此当时葬在中国的粟特墓主们或是将自己的妻子塑造为身着汉人服装的样子，或是干脆将自己在中国的汉人妻子刻画于墓碑屏风之上。

图5-17 | 粟特人墓刻局部

（三）从宾礼到礼宾

然而，在前来朝觐的外族来使中并非所有人都像唐代诸位藩国主君这样乐于俯首称臣。作为早期和清政府接触的使节，英国公使阿美士德勋爵（Lord Amherst）初次与中国朝廷接触的时候就因为朝觐仪式闹出了麻烦。依据当朝仪礼，任何人作为臣子觐见皇帝的时候都应该行三跪九叩之礼，对于效忠英皇室的阿美士德勋爵认为向中国皇帝磕头有辱国体，不肯执行。当时还沉浸在天朝礼治体系中的嘉庆皇帝对这种轻蔑狂妄很是不满，坚持要求来使磕头行礼，阿美士德勋爵曾提出妥协方案，例如由与他品级相同的官员也向英君主画像磕头行礼，或者由皇帝颁布诏书，待中国遣使访英时也向英主行三拜九叩之礼，都被嘉庆帝一一拒绝了。清廷官员与其多次协商后，提出阿美士德勋爵以"单膝下跪低头三次，并重复动作三次"代替三跪九叩的方案。无独有偶的是，早先英国曾派出的马格尔尼使团觐见乾隆皇帝时也是因为同样的礼仪问题大费周章，最终中英首次外交谈判以触礁失败而告终（图5-18）。

但到了嘉庆皇帝接见的时候又出了状况，由于载运官服和国书的车辆还未抵达中国，加上舟车劳顿，阿美士德勋爵又提出稍事休息，等衣服文书到了之后再去朝觐。英国使团的出尔反尔无异于雪上加霜，导致皇帝大为光火，一怒之下取消了殿见，并下令驱逐使团离京。这件事看似是为了一身迟到的官服，贻误了英国向中国重申通商特权的机会。但其实不难看出在这里服装的作用不仅仅是遮衣蔽体、象征身份，更成为一种政治仪式的符号，官服代表着来使的身份，更象征着其所属国的国家威仪。

实际上，清早期我们接待邦交国家来访的礼仪还是建立在传统礼法度基础之上的，但

[1] 葛乐耐.驶向撒马尔罕的金色旅程［M］.毛铭，译.桂林:漓江出版社,2017: 20.

图 5-18 ｜ 大英帝国阿美士德使团来华航海见闻录

在仪式规程上受国际社会态势的发展与人们的思想变革，不得不做出了变化。自努尔哈赤建业以来，清统治者深知仅凭草原民族的骁勇善战是无法统治长久的，唯有与汉民族文化不断融合才能巩固疆域。因此清政府采用软硬兼施的方式，一方面笼络人心，另一方面又力排异己，在传统礼制框架下从各个方面修订仪节，终使得大清王朝统治得以延续两百多年。但到了晚清，随着西方国家的渐渐涌入，国际局势发生变化，加之清廷集权日渐甚微，本已变了模样的宾礼制度逐渐妥协而成为一种"外交"手段。当时张之洞曾警醒过世人："各使请觐必然频数，动辄于觐见时面加要求，必致条款陆续增添，日逼日紧，从此中国无自主之权，不可为国矣。❶"然而历史的脚步是谁也无法阻挡的，到了同光年间（即同治、光绪年间），随着宾主实力地位、身份的转移和异位，西方国家在相关礼仪的制定和实行过程中逐渐占据了主导地位。自此中国的传统宾礼制度的朝觐之礼，在一次次的退让与屈从中成为接待西方列强的礼宾之仪。

---

❶ 虞和平.近代史所藏清代名人稿本抄本·第二辑·第 18 册［M］.郑州:大象出版社有限公司,2014: 318.

四、士相见礼

五礼中最能反映礼尚往来精神的就是宾礼，宾礼不仅可以处理国与国之间的政治关系，更能用于处理人际关系。士相见礼便是诠释人与人交往的礼仪制度。《仪礼·士相见礼》记载了初入仕途的士拜访职位相近的士的礼节，此外未入仕途的士拜访道义相近的士、士见大夫、大夫相见、士大夫见君等仪节都是士相见礼的内容。之所以将其称为"相见礼"而非"见礼"是因为古人尊崇礼尚往来，宾拜访主人后，主人还要还礼，从某种意义上来说双方互为宾主。

（一）士相见仪礼

《仪礼·士相见礼》是初入仕途的士，去拜访职位相近的人的礼仪。见面前为免冒失一般会遣使先行拜访，并与主人定下会面的日子，如贸然前往是不合礼法的。约定好之后，到了拜访主人那天是不能空手而去的，必须携带"挚"前往："士相见之礼。挚，冬用雉，夏用腒。左头奉之。"❶也就是说，士相见的时候要带上雉鸡作为礼物，一般情况下是死雉，夏天为避免腐坏带腒，也就是风干的死雉。

士见面的时候多是一番你来我往的推辞，如同拉锯战一般。无论宾主地位高低，遣词都是十分谦卑的，且辞令格式有严格规定。初见主人，宾客要表示谦虚："鄙人一直想来拜访，但无缘会面。今天终于有使者传达您的命令让我前来。"本来双方的地位相仿，所以亲自上门求见的一方是屈尊降低身份的表现，因此主人不能马上迎接客人，这会使人觉得主人孤傲自大，反倒是拒之门外才是合乎礼法的。当然，主人请客人返回是为了自己有机会前去宾客家拜会，所以主人会说："某子命某见，吾子有辱。请吾子之就家也，某将走见。"❷已然到来的宾客面对主人如此客气，自然更要表示自己的谦卑。表示还是要在主人家相见，拒绝主人请返的提议，回答道："某不足以辱命，请终赐见。"❸主人为表谦虚，再次"请返"，说："某不敢为仪，固请吾子之就家也，某将走见。"❹宾客答："某不敢为仪，固以请。"❺在来宾多次表达在此见面的愿望之后，主人才同意接见来宾。

宾是执挚而来，而执挚是向主人表示敬意的礼节，所以主人如果没有推辞就"受挚"，会显得过于傲慢，因此主人还要先"辞挚"以示谦虚。主人说："既然您一再坚持，那某人理应出门相迎接。但听说您执挚而来，实在是不敢当，还是要辞谢您的礼物。"宾说："某人若不带着礼物而来，怎敢与您这样尊贵的人见面。"此时，主人要说："这等大礼实在愧不敢当，还得再次辞谢。"再辞挚后宾客回复说："某人如果不凭借礼物来表达敬意，就不

---

❶ 阮元.十三经注疏·仪礼［M］.北京:中华书局,1982: 975.
❷ 仪礼［M］.彭林,译注.北京:中华书局,2012: 328−329.
❸ 同❷.
❹ 同❷.
❺ 同❷.

敢前来拜见，所以再次请求收下"。在"再辞挚"之后，主人方可以正式同意接见来宾。主人说："某人虽一再推辞却没能得到您的应允，那就不得不恭敬从命了！"

这样双方你来我往，相互推辞好一阵子才能进得大门，主人"出迎于门外，再拜。客答再拜。主人揖，入门右。宾奉挚，入门左。主人再拜受，宾再拜送挚，出。主人请见，宾反见，退。主人送于门外，再拜。"❶ 主人出大门迎接宾客，拜两拜，宾以两拜作答。主人揖请宾入内，自己先从门的右侧进入。宾捧着雉，从门左侧进入。宾、主双方首先行受挚之礼，主人拜过后接过客人的礼物，客人送出雉后出门，主人让傧者请客人回来，客人再次返回与主人会面叙谈。这样几进几出之后，客人才能成为主人的座上宾，二人也才正式会面。

然而相见的仪式至此并未结束，宾客离开时，主人送出大门外，再次拜客人，客人这才能离开。会面中的主人会一并表达改日到宾客府上拜会的意愿，他希望趁机将上一次客人带的雉鸡送还，以示感谢。这时候主宾角色发生了置换，昔日的主人变成了客人，客人变成了主人，客人带着上一次留下的雉表示："'向者吾子辱，使某见。请还挚于将命者。'主人对曰：'某也既得见矣，敢辞。'宾对曰：'某也非敢求见，请还挚于将命者。'主人对曰：'某也既得见矣，敢固辞。'宾对曰：'某不敢以闻，固以请于将命者。'主人对曰：'某也固辞，不得命，敢不从？'宾奉挚入，主人再拜受。宾再拜送挚，出。主人送于门外，再拜。"❷ 为了挚的去留，主人与客人再次客套起来，同样，最后离开前宾主还需要反复推辞才能拜别，至此才能算是完整的士相见礼（图5-19）。

图5-19 | 晋爵图（局部，明代，陈洪绶绘）

经过了请返、再请返、辞挚、再辞挚、受挚、会客、送客等一整套流程后，并没有像我们今天理解的那样，完成了见面礼仪。而是还需要有一套同样严苛的回访流程，只有主、宾双方都互相拜会，也就是说所有程序都严格执行了两遍之后才算是士相见礼。正所谓："礼尚往来，往而不来，非礼也"，单方面的行动不能称为"相见"。这套复杂，甚至有些啰

❶ 仪礼［M］. 彭林，译注. 北京：中华书局，2012：328-329.
❷ 同❶.

嗦的仪式在现代人看来恐怕难以理解，只是两个人见面有必要搞得这么麻烦吗？但对当时的士来说，并非仅仅是见面之礼仪，还反映出他们对仕途生活的向往，拜会期间的礼仪能够清晰地反映出自己的人格，继而有可能对自己榜上提名、加官晋爵产生影响，因此士对相见礼的执行是一丝不苟的。

当时的士官阶不高，因此日常穿着往往也有明确的特点，既充满了文人气息，又严格恪守等级制度，不能随便越级。在唐初，受文人政府的社会风气影响，文人多有着远大的政治抱负，多饱读诗书、文韬武略，以期布衣卿相、治国平天下。这部分人尽管社会地位并不高，但熟悉社会生活状况，深知知识分子对建国立业的重要性。加之当时社会普遍认为能否及第晋爵是体现个人价值的重要标准，因此士们对自己的言谈举止、仪容服饰都格外在意。尤其是当他们拜会有可能为自己仕途提供帮扶的人士，礼的重要性就更加显著了。一方面对礼严谨执行体现对主人的尊重，另一方面恪守礼制也是士展示自己贤能的方式。由于对高洁品性的要求，在当时士大多身着白衣，这一服制最早源自隋朝，士在未经科举仍待步入仕途之时多着此种衣衫，以示自己知识分子的身份，因此期待及第之士也常被人们称为白衣秀才。随着科举制度的重要性被越来越多的人认可，向往中举的士们都希望自己早日考取功名，成为"白衣卿相"，所以也有人将这些人称为"一品白衫"。

而在《新唐书·车服志》中还有"士服短褐"的说法，也说明日常生活中，没能中举的士和平民一样也是身着短款粗布衣。除此之外，唐代士人还曾经"竞穿半臂"，在唐代女子着半臂并不新鲜，这种短袖对襟上衣以其新颖的样式一度很受女性欢迎。男子半臂和女性有所不同，制式如衫，宽口短袖，长度及膝，这也成为当时一道独特的风景。由此可见，唐代士的着装，恰如其文化特质一样也是丰富多姿的。这些以诗会友、以诗言志的唐代诗人经常饮酒作乐，生活方式更是自由不羁。他们虽衣着简朴，却不注意穿衣仪节，饮酒作诗、衣衫不整的形象出现在很多绘画或是文学作品中；抑或是有人一身胡服骑马摇鞭，自在惬意；还有人田园牧歌，短褐耕作，寄情于乡野。总之，对于当时唐代的士大夫诗人来说，服装样式可尽随心意，着装仪节也不再严谨。

反观同样重视士大夫文化的宋代却是另外一番景象，下层士大夫平日多身着直裰、道袍等宽衣大袖的服装，这类服装多以棉麻、纱葛制成，因此颜色样式无法做到华丽精美，倒也符合士大夫文人雅士的风格。在交往见礼中，士大夫穿着的多为皂衫，束角带，戴乌纱幞头，穿靴。皂衫即黑色的短衣，因士相见礼的服装多以黑白为主，同样不会过分奢华。

"趋礼"是古人日常生活中常用的一种传统礼节。趋，指的是"短而多的步子快步走"，也就是我们俗称的小碎步，古时趋礼是在一些特定场合执行的。《论语·子罕》云："子见齐衰者、冕衣裳者与瞽者，见之，虽少，必作，过之，必趋。"❶也就是说，当孔子遇见穿丧服的人、穿戴礼帽礼服的人和盲人，尽管对方年轻，也一定要站起来；在这些人的面前走过时，要快走几步，表示敬意。由此也可以看出，仅凭服饰样貌就可判定施礼的对象，

❶ 论语 [M]．陈晓芬，译注．北京：中华书局，2016：291.

衣冠服饰在礼仪制度中的作用显而易见。宾礼的礼法从一方面可以看出，同其他仪节一样，礼仪对象由长幼尊卑、阶级地位决定，另一方面也体现出礼制的人性化和平行性。不仅仅是身着锦衣华服的达官显贵要施礼，面对衣着丧服者同样要给予一定的同理心，对对方的悲恸有所共情，所以才会行礼。这种平等相待的原则，不仅在士与士相见中可以看到，当大夫与大夫、诸侯与诸侯、国与国之间交往的时候同样可以采用。

士族在旧时候官吏地位比较特殊，指的是比较有声望、有地位的知识分子。在当时中国有一项比较特殊的人事体制来选拔官吏，也就是科举考试。因此也就形成了一个特殊的士族阶层——一个专门为做官而读书考试的知识分子阶层。士是当时中国社会的特有产物，它出现于战国，是知识分子与官僚相结合的产物。因此当时的士见高于自己等级的人，会更加谨慎小心，如《仪礼·士相见礼》记载："士见于大夫，终辞其挚。于其入也，一拜其辱也。宾退，送，再拜。"❶体现了尊卑等级与礼节的谦敬。

这是《仪礼》中《士相见礼》对士见大夫的情景。尽管士拜见的是比自己等级地位略高的大夫，但主人不会因身份地方而对礼法有丝毫改变，依旧是推辞再三，不肯接受礼物。宾客进入府内，主人要对宾客的光临表示感谢，送走宾的时候，主人还要拜辞两次以示谦卑（图5-20）。

图5-20 | 拜谒图（山东博物馆藏）

（二）庶人与官员

《礼记·曲礼》中有"礼不下庶人"之说，仅看字面的意思仿佛是在说：庶人无须受礼遇规范。但在《礼记正义》中孔颖达解释道："礼不下庶人者，谓庶人贫，无物为礼，又分地是务，不服燕饮，故此礼不下与庶人行也。"❷郑玄也有："为其遽于事，且不能备物"的解释。古代中国被称为礼仪之邦，无论宴饮、祭祀还是战争，对贵族的车马衣物都有一定的要求并遵循相应的礼仪规范。郑玄和孔颖达的大意是：因为百姓生活疾苦，终日劳作，没机会接受礼仪教导，哪来的闲情逸趣郊饮燕射，所以他们更无法参与礼法的建设。所谓"礼不下庶人"其实是在说不再专门为"庶人"建立礼法，但并不意味着可以不执行长幼尊卑的礼法。

如在古人相见行礼时，不能徒手，必有所执，所执之物谓之挚。如前面《士相见礼》

---

❶ 阮元.十三经注疏·仪礼［M］北京:中华书局，1982: 975.
❷ 李学勤.礼记正义（十三经注疏标点本）［M］北京:北京大学出版社，1999: 87.

云：“挚，冬用雉，夏用腒。”❶《左传·庄公二十四年》御孙曰：“男贽大者玉帛，小者禽鸟，以章物也。女贽不过榛栗枣修，以告虔也。”❷《仪礼·聘礼》中，宾、主人堂上行礼，手中就执着束帛、束锦、圭、璋、璧、琮等物。如聘礼时，宾“执圭”；享礼时，宾“奉束帛加璧”；聘夫人，则执璋，享夫人则束帛加琮；醴宾，则主君手捧束帛；私觌，宾奉束锦。总之，行礼过程中，皮马为庭实放在庭中，玉帛为礼币要拿在手中。而在行礼执圭、璋之时，要有一个特殊的附加动作，也就是礼书中常提到的“袭”，即掩好正服的前襟。因此所谓的“庶人假士礼以行之，而有所降杀”，说的是仪礼中对庶人的约束并不少，只不过是对他们的要求比较低罢了。这种低姿态还体现在庶人的礼服上。《礼记正义》记载：“庶人吉服，深衣而已。”❸也就是说一般情况下，庶人只要穿着深衣就可以当作礼仪服饰了。

我们乐于看出，古人执挚相见并非为谄媚巴结而献礼，反倒是借此礼表达内心的敬意。因此作为受挚一方，在收到礼物后一定要在次日马上回访，并将礼物奉还，否则就真的会被人们认为是贪财傲慢之徒，坏了名声。即便是国君见礼也没有这么大架子，国君出行、田猎时遇见庶人，庶人也不必像诸侯贵族那样行大礼，只要疾走进退就可以表示敬意了。可见，当时礼制虽繁复，但并非完全的形式主义，而其内涵更是在强调“德”之重要性。

而随着封建社会的不断发展变化，将统治者拟制为天下之父，将父权悄然移植为君权。在很多服饰制度中都体现出君权于父权之上，且君权具有至高无上的最高权威。《礼记》中对君权在服饰制度中的权威性有着明确的解释：“革制度衣服者，为畔，畔者君讨。”❹凡是任意改变服饰制度的人，有冒犯君主之罪，这也是统治者通过服饰制度对君权进行控制的手段。这时候的礼制似乎更加注重等级、官阶，企图通过严格的长幼尊卑维系整个朝廷的威严。

相比官员，庶人见礼虽少了繁复，但也有礼有节，不能僭越。“洪武五年令，凡乡党序齿。民间士农工商人等平居相见、及岁时宴会揖拜之礼、幼者先施。坐次之列、长者居上。如佃户见佃主、不论序齿、并行以少事长之礼。”❺

比起庶人礼服的极简化，官员礼服就复杂得多了，主要分为朝服、祭服、公服、常服。除了官方场合要求着朝服、吉服，平日官员们可穿着公服或常服。一旦在礼服场合穿着，姿态仪容都要一丝不苟。以明代仕官相见应用最为广泛的揖礼为例，其行礼时的场合次序、行走回避、尊卑上下都有着明细的仪节。《大明会典》有载，“凡官员拜揖。洪武二十年定，凡公、侯、驸马相见，各行两拜礼。……如有亲戚尊卑之分，从行私礼。”❻可见品级地位不同，不仅行礼作揖要遵从制度，就连走路的步伐、方位都有规范要求。

除却礼服，即便闲居在家时服装也是不能乱穿的，官员们接待宾客的时候，更要仪容

---

❶ 仪礼［M］．彭林，译注．北京：中华书局，2012：326.

❷ 左丘明．春秋左传译注［M］．北京：中华书局，2024：201.

❸ 郑玄，注／孔颖达，正义．十三经注疏·礼记正义［M］．品友仁，整理．上海：上海古籍出版社，2008：1563.

❹ 礼记［M］．胡平生，张萌，译注．北京：中华书局，2017：835.

❺ 李东阳，等．大明会典［M］．申时行，等重修．明万历十五年（1587年）内府刊本.

❻ 同❺.

严整，合乎身份，以示对朝廷和天子的敬重。居家礼服的制度同样是受到了自上而下的影响，嘉靖七年（1528年），明世宗认为皇帝的燕居冠服"多俗制不雅"，便命令内阁辅臣张璁参考古代帝王所服衣冠的形制修订服仪。张璁根据礼书中"玄端深衣"的记载进行改制，设计出一套玄端深衣，服制仿古人交领大袖，前后均补龙纹（图5-21、图5-22）。

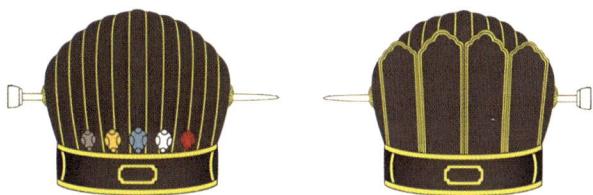

图5-21 | 燕弁冠

燕弁冠服的形制被描述为"冠，匡如皮弁之制，以乌纱冒之，分十有二瓣，各以金线压之，前饰五采玉云各一，后列四山。朱绦为组缨，双玉簪。服，如古玄端之制，身用玄，边缘以青。两肩绣日月，前盘圆龙一，后盘方龙二，边加龙文八十一，领与两祛共龙文五九（45条）。衽同前后齐，共龙文四九（36条）。衬用深衣之制，黄色。袂圆祛方，下齐负绳及踝十二幅。素带，朱里，青表，绿缘

图5-22 | 燕弁服

边，腰围饰以玉龙九片。履，玄为之，朱缘、红缨、黄结。袜用白。"❶可见燕弁冠与皮弁冠样式相同，用乌纱覆盖，帽顶为十二缝，每缝用金线覆盖，冠的前面装饰有五枚玉云，象征五行，后面装饰了四座山形纹样，四山取其"镇静"之义。但在佩戴时，根据《大明会典》《大明冠服图》等资料绘制的燕弁冠记载，只有一只玉簪固定在头上，而并非文中所记载的"双玉簪"，以及颌下用红色丝带系结。这一点张璁在《燕弁冠服图说》也有所提及，他认为："玄冠、朱组缨，天子之冠也……今更名曰燕弁宜矣……然皮弁用朱组缨，此而燕居，宜去缨，从便可也。"

燕弁服是与古时玄端制式相同，所谓玄端，玄取"玄邃（至德渊微）"之义，端取"端方（齐庄中正）"之义。衣身黑色，袖口、领口及前襟均采用青色装饰边缘。世宗理想中的燕弁服两肩要添加日月二章纹，但张璁认为冕服玄衣上用日月，是为了象征"向

---

❶ 李东阳, 等.大明会典［M］申时行, 等重修.明万历十五年（1587年）内府刊本.

明而治"，而燕居服上为体现"向晦宴息"的含义可以省去此纹章。

后来张璁又提出，有品级的官员闲居时服饰也应有一定规矩，以免造成舆服的混乱，故又重新制订了《忠静冠服图》。《明史》记载："按忠静冠仿古玄冠，冠匡如制，以乌纱冒之，两山俱列于后。冠顶仍方中微起，三梁各压以金线，边以金缘之。四品以下，去金，缘以浅色丝线。忠静服仿古玄端服，色用深青，以纻丝纱罗为之。三品以上云，四品以下素，缘以蓝青，前后饰本等花样补子。深衣用玉色。素带，如古大夫之带制，青表绿缘边并里。素履，青绿绦结。白袜。"❶无论是燕弁冠服，还是忠静冠服都体现了礼制思想在中国传统文化中之纵深。

到了清代，官员从见面到告辞的礼节更加烦琐不堪，有些已经忽略了礼制内涵，成为纯粹的虚伪客套。如清代官员同级京官来访，客人到达主人门外，随从上前通报姓名，看门人进去通报主人，主人即整肃衣冠在大门外作揖相迎。进入内门，要让客人先进。登临台阶，客人在西，主人在东。到达大厅，宾主面向北拜两次，拜毕，主人请客人面向西就座，客人作揖致谢，回请主人面向东就座，主人回揖坐定。侍从上茶，客人作揖接茶，主人答揖。宾主边饮茶边谈话。谈话结束，客人作揖告辞，主人答揖。客人降阶离别，主人送至大门，客人作揖，主人答揖。客人请主人留步，主人坚持送出大门，目送客人乘车马离去方才返回。客人官品较主人低一等，主人直接上前请客人入座。客人也还请主人入座，互相谦让致谢，其余仪式与二品以下在京堂官、翰詹科道等见大学士礼仪相同。即主人在大门内相迎，事毕送出大门，毋须目送客人离去而回。品官与阁、部、院、寺、监属官相见，均用同级相见礼仪。

这时候的官员服饰同样有着严格的制度，最广为所知的便是"补服"（图5-23）。清代官员朝服上的这块方形图案称为补子，补子分为文官和武官两种。

文官：一品仙鹤，二品锦鸡，三品孔雀，四品云雁，五品白鹇，六品鹭鸶，七品鸂鶒，八品鹌鹑，九品蓝雀。

武官：一品麒麟，二品狮子，三品豹，四品虎，五品熊罴，六品彪，七品、八品犀牛，九品海马（图5-24）。

另外，御史与谏官均为獬豸。獬豸是古代一种神兽，能辨别忠奸。

明清两代补服最大的区别在于明代补服为圆领大袍，因此袍服的胸前和后

图5-23 | 补服（选自《钦定大清会典图》）

❶ 张廷玉.明史［M］.北京：中华书局，2015：5632.

图5-24 | 盘金补子（清代）

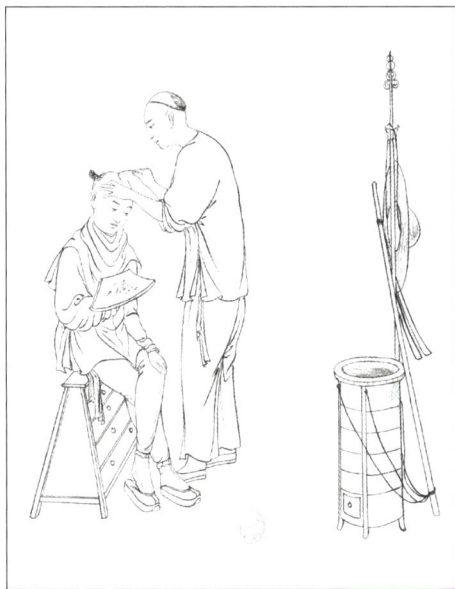

图5-25 剃发（选自《市景三十六行》）

背各缀一块方形补子，而清代补服则因朝服改为对襟马褂，因此胸前的补子被拆分成两块。

清廷对服制的重视更甚于前朝，皇太极自满清入关后就一直在教导众官员从历史的角度出发，汉服不能效，祖制不能改。于是才有了轰轰烈烈的薙（剃）发易服运动（图5-25），极力推行满族的衣冠制度，强迫汉人剃发留辫，以"薙发"作为归顺清朝统治的象征。"留发"与"留头"的问题作为满汉矛盾的突出表现，贯穿了清朝统治的始终。

当时在全国强制推行剃发易服，令汉人着满服，剃鬓发。这一举措立刻招来汉民不满，其民间阻力之大，是当时的清政府没有想到的，于是政令颁布不到一个月的时间，摄政王多尔衮就颁布了另一谕文以缓和局势："予前因归顺之民无所分别，故令其薙（剃）发，以别顺逆。今闻甚拂民愿，反非予以文教定民之本心矣。自兹以后，天下臣民，照旧束发，悉从其便。"这条谕文看似予民自由，实则缓兵之计。在多尔衮看来清廷基础尚未完全确立，外敌尚未完全征服，因服制阻挠大部分汉人降服是得不偿失之举。

除发型外，服制也有着严格的规定。之后顺治帝的《钦定服色肩舆永例》颁布天下，成为皇室、官员，甚至百姓着装的范本，其中对服装的样式、色彩、质料、纹样、制作等都做出了详尽的规定。这其中对文武官员补子纹样制订了规范，并完善了清官员的补服制度。形成了上下有别、尊卑有序、贵贱有等的冠服体系，各级官员必须严格遵守，不得擅自越级。

第六章 ◉ 嘉礼中的礼仪服饰制度

《说文解字》中对于"嘉"的解释是"美好"。古代礼制中的嘉礼承担了重要的社会职能和国家职能，用其来使民众相互亲善，随着时代的不断变化与发展，对嘉礼的方式、内容也有所改变，嘉礼的相关礼仪更加丰富形成了一个新体系。

在历史发展长河中，关于嘉礼所发挥的政治及社会作用是非常大的，在不同朝代都有不同的内容，这些形式也发生了较多变化，但是关于嘉礼的核心却始终没有改变，它寄托了人们对美好的向往祈求。正如《论语·为政》中所记载的，弟子子张与孔子商量未来朝代发展中礼仪制度是否会有变更，孔子表示商朝的礼俗机制都是继承发展的夏朝礼仪，周朝礼仪又继承发展了商朝的礼仪，每个朝代对上一朝代的礼仪继承都是取其精华，选择合适的进行继承发展，朝代更换但是一些流行于民间的约定俗成的规律却不曾改变。根据相关史书记载看，夏商周三代政治关系具有传承性，文化发展也具有传承性，而嘉礼发展成果就是集中了三代的成果，本质并没有任何改变，仅仅是从礼仪内容及礼仪形式上做了调整。

一、成人礼的服饰制度

根据周礼相关规定，古代男子年龄满20岁需要举行冠礼，女子年龄满15岁需要举行笄礼。在举办成人礼活动中需要改变发饰或帽饰以此区分是否成年，这些活动过程都有严格的礼仪规范，不论是冠礼还是笄礼，都已经深入民心。通过这样的仪式传播能够让子女认识到自己已经成人，需要承担相应的社会责任和家庭责任，更需要按照规范约束自己的言行举止。

（一）成年男子执行冠礼

冠礼属于周礼中的"五礼"之一，这是对成年男子的美好祝福，属于嘉礼范畴。在周礼中行了冠礼表示男子已经成年，这对古代男子而言是最为重要的一天，正如《礼记·冠义》记载："冠者，礼之始也，嘉事之重者也"❶，冠礼是五礼中的第一礼，是嘉礼中最重要的。古人执行冠礼都有严格的标准与要求，男子一生发展的起点就是从冠礼开始的，举行冠礼有很多复杂程序，在整个冠礼活动举行之中分为三个部分：一是活动前期准备，需要确定好日子，并通知亲属宾客前来参加；二是加冠过程，在举办活动中需要摆列一些礼仪用品，同时还要迎接参加活动的宾客，并由主持者为成年赐名字等；三是礼成之后还需要酬谢宾客，通报宗师一族的亲戚，对参加活动的宾客相送。

从冠礼开始，表示男子已经成年，成为家族的继承者，或者宗族的继承人，所有重任及期望都会寄托在这些成年男子身上。古代社会讲究"学而优则仕"，从成年礼之后直到晚年很多男子都在追求功名利禄，对成功人生的界定就是考取功名。在这些关键阶段，礼仪

---

❶ 礼记.［M］. 胡平生，张萌，译注.北京:中华书局，2017: 3921.

发挥了重要的引导作用，它是为人处世的根本，更是彰显了礼教功能，对于男子一生荣辱奔波，是从冠礼开始的，它是其他礼仪的基础，所有的婚丧嫁娶都是在冠礼之后实现的，一旦男子年满20岁，所行冠礼就是关键一步，表示男子需要独立门户，需要承担更多的社会责任和家庭责任。尤其是在封建社会时期，男子的重要责任就是荣耀家门、开枝散叶，继承家业等。在很多祖训中都提及了要通过礼仪治家，只有将小家治理到位，才能让国家治理到位，正所谓"齐家，治国，平天下"，这三者之间是相互关联、相互影响的。礼教为人民固定了思想，只有礼仪充分掌握之后才能在社会上有所发展。

在等级严格的宗族法制框架下，冠是基于王权富贵者设计的权利，只有经济富足、权利之上的家族才会行使冠礼。上流社会中很多男子成人的标志并非在于是否达到20岁，而是是否举办了冠礼。君子成人的标志是戴冠之礼，一旦完成了冠礼就必须得摒弃嬉戏散漫的行为，必须为品德素养及功业不断努力。冠礼并非针对万民的礼仪，在贫穷家庭的男子根本没有带冠的资格和权利。从根本上寻找原因看：在《礼记》中有记载，古代富贵人家从孩子一出生就开始举办接生礼仪、养子礼仪、起名礼仪以及见父礼仪等，当孩子满6岁时开始进行教育，发展至10岁之后孩子与父母会分开，独立小门户由他们独立成长，在10岁之前的教育抚养都是由母亲完成的，嫡子明显优于庶子，大夫之子优于士之子。从生理发展特征上看，10岁孩子已经有了性别思想，男子与女子需要分开生活，分开进行教育。换言之，也就是从此刻开始相关礼仪要一点点灌输给男子。如《礼记·内则》记载：男子女子年龄满7岁之后，不能够同席而坐；男子女子年龄满8岁之后，出门入户或者参加任何宴席，后者必须谦让长者；这是礼教上所讲究的尊卑有序。男子女子年龄满10岁之后，就需要寻找新的师傅，并寄宿在外学习。同时还提及了从20岁开始男子就要正式学习礼仪，30岁要成立家室，要开始博学众才，人生十年曰幼，学；二十曰弱，冠；三十曰壮，有室；四十曰强，而仕；五十曰艾，服官政……"❶

由此可以看出，所有的冠礼礼仪都是围绕男子成长路程展开设计的，从幼儿时期的启蒙教育，到教育小孩懂礼仪、知礼仪、守礼仪等，关于礼仪的萌芽教育从6岁就已经开始了，从10岁至15岁则开始进行初级教育，类似我们当前的小学教育。家庭稍微富裕者可以邀请教书先生直接上门教书，与我们当前所提及的家教相似，或者直接安排子女去当地私塾念书。学习的课程集中在琴棋书画、读诗经、习舞蹈等，15岁之后称为"成童"就要开始准备成年教育了，教育内容以围绕实践性教育为主，如射箭、舞刀、马术等，经过七八年的学习之后差不多到了20岁，成为成年人，开始研读史书，储备文化基础知识，且这一时期的男子身体素质更高，具有很强的自我保护能力，很多男子也从此时进入社会，行走于市面。正如《礼记·曲礼》中记载的"男子二十，冠而字"❷，完成了成年礼举行后，可以进入更高层次的学习，从20~30岁开始逐步接受更加系统的学习，为走上仕途发展夯实

❶ 礼记.［M］胡平生，张萌，译注.北京:中华书局，2017: 87.
❷ 杨天宇.仪礼译注·士冠礼第一（十三经译注）［M］上海:上海古籍出版社，2004: 86.

基础。

古代社会举办重大活动一般都会选择家庙、宗祠，周代冠礼活动更是男子一生的关键礼仪，一般都会将活动场所设定在祖庙中，主持活动的人员必须是德高望重者，都会选择家族中有身份的长者主持冠礼活动。通常情况下会由受冠礼人的长兄或父亲担任，冠礼活动程序比较复杂，行礼过程较烦琐，经过前后三次加冠之后，对成年男子取字，并执行相应的礼见程序。根据《仪礼·士冠礼》相关记载可以看出：古者冠礼，筮日筮宾，所以敬冠事。敬冠事所以重礼，重礼所以为国本也。"❶

在活动的当天，加冠的男子需要将头发绾起来，加冠当天一早需要摆设好活动用品，若是对嫡子进行加冠需要在祖庙堂东边位置设立活动席位；东向是接待宾客的最佳位置，在这一位置加冠，表示男子日后将会继承家族。古代社会讲究尊卑观念，对于庶子加冠相关礼俗相对较简单，只需要在房门外完成。仪式开始之后加冠者需要从东房走出，并跪在活动席位上，一般是赞宾为其梳头发，并用绸缎将头发绾起来，经过三次加冠才能完成（图6-1）。

首次加冠：戴缁布冠，着玄端。缁布冠是用黑麻布制作而成的帽子，在整体设计上帽子比较朴实，并没有特别之处，周朝人当时戴这种帽子，主要是希望戴帽人能够发挥质朴精神，要记住历史，不能忘记初心。但是贵族已经不再使用这样的帽子，在活动过程中只需要戴戴、做做样子而已，一般会由主持者捧着帽子对受冠者致辞，常用的致辞多数都是吉祥话，主要意思是表达祝福和期望等。完成了致敬辞之后会直接将帽子戴在受冠者头上。受冠者完成首次嘉礼之后，会回房间重新更换衣服，出来之后又会进行第二次加冠和第三次加冠。缁布冠是古代加冠活动的重要服饰，它代表了对古朴德行的尊重，周礼规定中对于第一次加冠者，需要用到这种帽子，简单古朴，由于其制作材料是麻布材料，因此也称为"麻冕"。在《礼记·郊特牲》中记载了上古时期的人们在实施加冠活动中，都是使用白色麻布制作而成的，帽子在活动使用之后会被保留，若是在祭祀场合中则会直接将白色帽子染成黑色，成为缁布冠。

对于缁布冠可以根据使用活动及场所分为两类：一类是吉庆场合使用的"吉冠"；另一类是祭祀场合使用的"丧冠"。前文也提及了冠礼是嘉礼的一种应该使用的是"吉冠"。在《新定三礼图》中载有："整个帽子结构分为四个部分，帽子中间部分称为冠体，上下还分布了武、缺项、青组缨。整个冠体部分宽度为

图6-1 | 戴冠着衣木俑 [汉代，选自《中国织绣服饰全集·历代服饰卷（上）》]

---

❶ 郑玄，注 / 孔颖达，正义. 十三经注疏·礼记正义 [M]. 品友仁，整理. 上海：上海古籍出版社，2008：12110.

3寸，前后分别是缝制了落顶，两头上面都是武部分。"❶吉冠在缝制上均匀分布了很多横线，这些都在武的上面，内部则是反向缝制而成的，整个帽子宽度在10厘米左右，缝制线条走向是横向的，还设计了个性竖褶装饰，在两头连接位置处包裹了武；武部分是帽子的卷边设计，在卷边中填充了铁丝、藤条等，由于它呈现出黑色，故此很多地方也将武称为"玄武"。正如古代学者郑玄所言："武，是冠卷。"❷根据《新定三礼图》的绘图可以看出：玄武部分在冠体下面，呈现了圆圈状态，能够起到固定帽体的作用，从而保证了帽子能够拥有较好的造型。❸缺项部分结构是需要缠绕在额头位置，最后在脖子位置打上绳子，也因此称为缺项。它外部结构特征是两头都分布了小接头，并由绳子串联，能够起到聚集的作用，但是缺项的四个方向上都有布头结，能够让帽体固定在受冠者头上。青组缨部分则是两条青丝带，主要是能够绑住帽子。

发展至周朝，对于缁布冠使用就不多见了，一般在第一次加冠活动中会使用到这样的帽子，以此表示对古代礼仪的尊重与继承，同时也警示后人需要返璞归真。正如孔子所言，通过这些粗麻布帽子加冠，能够告诫后人不要忘记初心，暗示更多成年人要尊重内在德行的修炼。完成了加缁布冠，还需要穿着玄端，搭配下裳，通过服饰的颜色能够体现出尊卑等级。

在《仪礼·士冠礼》中对加冠程序进行这样的描述，当受冠者完成了缁布冠加授之后，需要回房间去更换玄端。玄端是黑色礼服，为礼服中较贵重的一种。整个玄端设计呈现了端庄之感。它是直接被穿戴在上身部分的，与裳相互搭配。上下衣都是对称裁剪的，主要是为了遮蔽。衣服设计分为前后两片，在前端设计上分为三片布料组成；在后端设计上分为四片布料组成。裳的设计上有很多褶裥，它是根据着服人的身材决定的，衣裳的颜色同样有很多分类，不同颜色代表了不同的身份与地位，如大夫一般采用素色，上士一般采用玄色，中士一般采用黄色，下士一般采用杂色。

玄端服属于西周的"齐服"，各级人群都可以穿着，日常在家活动可以穿着，朝拜父母或祭祀祖宗也可以穿着。在周代礼仪中有很多场合需要用到玄端服装，如婚礼活动中，主宾都需要着玄端服装。在执行冠礼活动中，更需要穿戴玄端服装，这表示成年人的德行体现，同时也表示未来他将会参与到国家事务或家庭事务中。

在二次加冠中，戴皮弁，着皮弁服。需要将受冠者请上座，并将其头上所戴的缁布冠摘掉，并重新梳理头发，将头发绾起来并插入发簪。赞宾开始进行二次加冠的致辞。在这一过程中需要用到皮弁，它是由白鹿皮缝制的，在每一块鹿皮连接位置还增加了玉石，这样的帽子展示出精美大方，帽子一般会在上朝的时候戴（图6-2）。在冠礼中增加皮弁就是希望受冠者能够勤政爱民，整个加冠仪式与第一次加冠仪式几乎相同，唯一改变的就是祝

❶ 聂崇义.新三定礼图［M］. 丁鼎，点校·解说.北京:清华大学出版社, 2006: 11.
❷ 周礼·仪礼·礼记［M］. 陈戍国，点校.长沙:岳麓书社, 2006: 1180.
❸ 王先谦.释名疏证补［M］. 上海:上海古籍出版社, 1984: 234-255.

图6-2 │ 定陵出土的明神宗朱翊钧的皮弁［选自《中国织绣服饰全集·历代服饰卷（上）》］

词，对于祝词的大概内容依然是谨慎内在德行，注重言语举止，多数为教诲之类。

完成二次加冠活动后，表示受冠者已经成人了，表示成人者不能忘记本初，成年之后可以参与国家活动和政治活动。

三次加冠需要戴爵弁，着爵弁服。在仪式正式开始之前，需要做好相关穿着准备，三次加冠仪式与前两次加冠仪式是相同的，爵弁冠的颜色是红黑色，更与雀头帽子相似，因此社会中将其合并称为爵弁冠。古代祭祀活动中都需要戴帽，冠礼活动本身是一项吉庆活动，增加这种冠是希望能够让受冠者尊重神明，成人之后能够参与到祭祀活动中。

爵弁设计分为两个结构，一是冠板部分，二是冠体部分，前者是被安设在爵弁顶端的木板，前后一样高，前面圆角后面方角，表示天圆地方。冠板被精美布料包裹着，上下颜色都不同，一般都是上部设计深色，下部设计浅色，像是雀头一样，这样的设计寓意天地融合。后者则是设计在冠板之下，它像是手掌合并状态，左右对称分布圆孔设计，称为"纽"。通过圆孔能够让弁与笄同时固定一体。《仪礼·士冠礼》中载有"纮垂为饰"❶，在这类帽子设计中同样也需要使用到纮，用法与前文所提及的皮弁用法一致。

综合对比看，爵弁是相对较低的礼帽，但却是士阶级的最高礼帽，能够与爵弁服搭配使用，这一礼帽常被用在祭祀场所中，对应的爵弁服象征着权利。经过三次加冠后，需要着爵弁服。在《仪礼·士冠礼》中对爵弁服进行了解释："纁裳、纯衣、缁带、韎韐。"❷，爵弁服与爵弁是相互搭配的，对于士级别已经算是较高的礼服。如《礼记·杂记》中记载的："大夫冕而祭于公，弁而祭于己。士弁而祭于公，冠而祭于己。"❸通过这一记载可以看出：爵弁服是属于士大夫祭祀使用的服装，此外在一些迎亲、招魂等活动中也会穿着此服装。尤其是"涉及国家大事、祭祀活动或国家战事活动，都可以穿爵弁服。在古代能够与君主一同祭祀是一件非常荣耀的事情，士大夫冠礼中都是在最后一环中增加爵弁，以此彰显无限光荣及权利，并能够参与到祭祀活动中。

完成三次加冠活动后，受冠者拜见母亲行礼，随后依次拜见兄弟姐妹，最终更换黑色帽子及服装，带着礼品拜见君主或卿大夫等，通过拜见活动能够让更多人见证自己已经成人，从而获得更高的社会认可。

---

❶ 郑玄，注/孔颖达，正义.十三经注疏·礼记正义：卷三十三［M］.北京：中华书局，1980：1455-1669.

❷ 仪礼［M］.彭林，译注.北京：中华书局，2012：76.

❸ 礼记.［M］.胡平生，张萌，译注.北京：中华书局，2017：2562.

（二）成年女子执行笄礼

男子满20岁则需执行冠礼活动，女子满15岁需要执行笄礼活动，未成年的时候对于笄是不能够戴的，因此在成年之后戴了笄（图6-3），称为笄礼。对于15岁之前的女子，头发一般会被平分为二均匀分布在两侧，扎成发髻，成年后则是将头发盘起在头顶，称为髻，为固定头发会在发髻的位置横插一根发笄。我们常说的结发夫妻中的"结发"就是这个意思，一方面表示将头发绾起并插上笄；另一方面暗喻女子已经成年。通过发式能够区分女子是在童年时期还是在成年时期。

据《礼记·内则》记载："女子……十有五年而笄，二十而嫁；有故，二十三年而嫁。"❶对于未许嫁的女子可以在二十岁行笄礼。关于笄礼的举办仪式与男子冠礼举办仪式是相似的，需要邀请德行较高的女性长辈主持。在女子完成了许嫁订婚之后，需要举行笄礼并取字，之后称呼要以字呼之。许嫁表示女方已经接受了男方的纳征礼。根据这些资料梳理可以看出：不论冠礼或女子笄礼都是属于成年礼的一种形式，与之不同的是，在女子笄礼中邀请主妇主持活动，并为女子插上笄，还要对受笄礼的女子敬酒，查看其命格。在古代中国社会，举行冠礼或者笄礼都是表达子女已经成年的意愿，标志他们已经成为社会成员，可以参与到社会活动和家庭活动中。❷

图6-3　骨笄［商代，选自《中国织绣服饰全集·历代服饰卷（上）》；传世实物原件，上海博物馆藏］

完成了笄礼活动之后，对于受笄的女子需要系上缨带，表示该名女子已经有婚配，以免他人再次提亲。

古代女子在出嫁前的三个月需要到祖庙中进行婚前教育和婚前培训，若是祖庙被毁，则需要到宗室中开展，培训内容围绕"妇德、妇言、妇容、妇功"开展，只有完成之后才能表示女子已成为顺妇。完成了笄礼活动之后，女子若是不幸离世，可以按照成人的丧礼举办。对于完成了笄礼的女子，死后才能举行成人礼。"没有许嫁的女子及没有笄礼的女子，若离世是不能举行丧事活动的"。

15岁且已许嫁女子需要举行笄礼，年龄满20岁，但还未许嫁的女子，所举行的笄礼相对较简单，在活动中不需要邀请主持之人，可以直接由家中妇人举行。完成笄礼之后，受笄的女子在闺阁之中的可以恢复原有的发髻。若是女子没有许嫁，且年龄到了20岁，需要举行笄礼，在活动现场需要由妇人主持活动。对未许嫁的受笄礼的女子，不需要额外请主宾，家中年长女性就可以参与主持。完成笄礼后，若是在家中继续生活的女子，可以将发

❶ 郑玄，注/孔颖达，正义.十三经注疏·礼记正义:卷三十三［M］．北京:中华书局，1980:1586.
❷ 杨天宇.礼记译注·内则第十二（十三经译注）［M］．上海:上海古籍出版社，2004:329.

簪取下，继续保持原有的发式，但这样的情况也是比较少见的，几乎完成了成人礼之后，女子都会出嫁。由此可以看出：许嫁女子在举行笄礼过后，需要在头发上插入发簪，发饰也会转为成人的打扮，在家中或家外都是如此。从本质上看，行笄礼表示女子成人，并祈愿以后可以不骄不躁，勤俭持家，孝敬父母，守妇道。这是对妇女行为的约束规范，更是对伦理德道观念的灌输。

（三）冠礼的教育功能

人成年后都需要举行成年礼仪，以证实和宣告已经成年，能够参与到社会活动和家庭活动中，这也是家庭教育的毕业典礼。古人对成年礼的重视及发展，大概从周朝开始，不同级别身份不同、地位不同，举行冠礼的内容也是大相径庭，活动形式彰显了受冠者的身份及社会地位。

1. 行冠礼的宗法教育功能

冠礼是重要的社会礼仪，它是传承了宗法精神和思想：一是加冠活动场所体现了宗法教育，嫡子在受冠中设定了专门的席位，席位一般会被安置在阼阶之上，其前后左右各有不同的分布阶，主阶是专门供奉家主所用的；西阶供奉来宾。在《仪礼·士冠礼》中也曾提及嫡子冠礼中以阼的分布情况，可以看出其地位。[1] "阼"在孔颖达疏中也有解释说明，它是对活动场所的称呼，在这一位置进行加冕表示嫡子日后会继承家族管理和家族事业。对于庶子的冠礼则是在房门外举行，从这样的场所就能够看出受冠者的地位及身份。[2]

加冠行礼体现了地位之分，对于嫡子和庶子的加冠礼仪是有很大区别的，嫡子在加冠活动中行的是醴礼。"醴"表示口味偏甜的酒水，这是供贵宾所使用的酒水，同时还会在活动中进行祝词。在《仪礼·士冠礼》中记载："甘醴惟厚，嘉荐令芳"。[3]对于庶子在加冠活动中行的则是醮礼，这种酒水口感相对较苦涩，常被用于婚礼之上。在《仪礼·士冠礼》中记载了若是活动没有醴酒，可以用醮酒代替。[4]郑玄注也提及了敬酒方面的礼仪，如尊者向卑者敬酒，完成敬酒后不需要回敬。若是在嫡子成人礼中不用醴酒，可以使用醮酒，但是对于庶子却只能使用醮酒，永远不能使用醴酒。此外在庶子行醮礼位置也与嫡子位置有很大区别。嫡子"醮于客位"，表示门户外的西侧为宾客的席位，由于嫡子是未来继承大统者，需要在这一位置上敬酒；对于庶子则是"房外"醮礼，由此可以看出其位置不高，不能在象征性的位置上敬酒。最后成人礼致辞也有很大区别，贾公彦疏中记载了在三次加冕过程中，嫡子成人礼致辞都是不同的，但在庶子加冕中则没有致辞，这也体现了宗法制度

---

❶ 杨天宇.仪礼译注 [M]. 上海:上海古籍出版社，2004: 8.
❷ 郑玄，注/孔颖达，正义.十三经注疏·礼记正义:卷三十三 [M]. 北京:中华书局，1980: 1472.
❸ 同❷.
❹ 同❶: 17.

的等级化特征。❶

受冠者的待遇不同，对于嫡子受冠或庶子受冠待遇有较大差异，完成了加冠后，嫡子可以面见君主，但庶子则没有这种资格，这也在反复强调嫡子的至高尊荣，以此防范庶子对权力的争抢与觊觎。完成了成年礼仪之后，受冠者需要脱掉冠，更换上成人服装以此证明男子已经成人了。除了服饰外，最突出的标志则是帽子和取字，《仪礼·士冠礼》中提及了冠礼之后取字，之后的称呼都要根据字来称呼。郑玄对"名字"进行了解释，名是父母所给予的；字则是成人礼之后所取得的，它是对成年男子的尊敬之称呼。❷君父可以称呼其名字，其他人都要以字相称，完成了冠礼，取了字则表示已经成人，加冠之后需要用成人的面貌去拜访亲朋友客，与他们见面也需要行成人见面礼。这些都完成之后需要穿着玄端服装，面见君主、乡绅等。故此在《周礼注疏》中提及了"男子二十而冠，冠而列丈夫"。❸

受冠者完成了冠礼之后表示均已成人，因此会拥有更多的权利，如成年者可以结婚生子，在《周礼·春官·大宗伯》中曾提及"冠礼"和"婚礼"是针对成年男女而言的，对于没有举行冠礼的男子，即便已经满20岁也不能有婚礼。❹通过这些记载都能够看出，举行婚礼必须从冠礼开始，只有完成了加冠活动，之后的结婚生子才能合乎礼法约定。在《左传·襄公九年》中也肯定了加冠之后，结婚生子才算是合乎礼数。❺不仅如此，只有受冠者才能参与到各种国家政治场合中，甚至给予"管人"的特权。如《礼记·冠义》中有记载，冠者表示成人，随后可以治人。受冠者日常所穿着的玄端服装，就是参与各种活动的服装，记载有证，晋文公接受了周襄王的任命，就穿着端服，以表示尊重。❻可以看出，经过实施冠礼之后，男子就能顺利成人，他们也会成为齐家、治国、平天下的骄子，运用周礼治理民众。

权利与责任义务是对应的，有多大的权利就需要承担多少的责任义务，完成加冠之后，受冠者需要承担责任和义务。其一成年男子需要承担服兵役的义务，古人在15岁进入大学学习；20岁成人加冠，开始参与服兵役，对于皮弁所指代的含义就是田猎与征伐。其二成年男了需要承担为父为夫的责任，对于三次加冠中所佩戴的爵弁冠就是表示人子的意思，同时还要承担君臣的义务。根据《礼记·冠义》记载所言："冠者，礼之始也。是故古者圣王重冠。"❼对于加冕者需要从孩童玩耍的心理逐步转变为成年人心态，要践行忠孝顺悌，成为合格的兄长、父亲、臣子，要扮演好社会中的各种角色，只有如此才能称为人上人，才能有资格去治理民众，才能让他人信服。

------

❶ 杨天宇.周礼译注［M］.上海：上海古籍出版社，2004：198.

❷ 郑玄，注/孔颖达，正义.十三经注疏·礼记正义：卷三十三［M］.北京：中华书局，1980：879.

❸ 郑玄，注/贾公彦，疏.周礼注疏［M］.彭林，整理.上海：上海古籍出版社，2010：571.

❹ 杨天宇.仪礼译注［M］.上海：上海古籍出版社，2004：2.

❺ 冯作民.白话左传［M］.长沙：岳麓书社，1989：2053.

❻ 同❺.

❼ 杨天宇.礼记译注［M］.上海：上海古籍出版社，2004：812.

在整个冠礼活动中，分为很多个小环节，不同等级、不同场合及不同时间需要穿着不同、佩戴不同，这些规定都强调了宗法特征，经过一遍遍的体验，以此让子女能够感受到宗法礼制的约束，在潜移默化中影响子女的心态和行为，这样的灌输不断强化，以规范成人子女的德行。

2. 行冠礼的君子之德功能

周朝非常重视人的礼仪德行，礼仪是个人德行的外在体现，通过循序渐进的培养，能够促进个人品德积累发展，正如《周礼》中所提及的"教国子"制度："一曰至德，以为道本；二曰敏德，以为行本；三曰孝德，以知逆恶。"，表示基于三"德"教育国子，其一是坚持道为本的至德，其二坚持行本专一的敏德，其三知晓逆恶之行的孝德以为道本。❶此外古人表示成年礼只是从外部证明了成年，但是还需要借助德行改变去验证成年，正如《荀子·劝学》中所言，德行操守定型能够被感应出来，这才算是真正的成人。❷冠礼活动仅仅起到了宣示的作用，告诫更多人加冠者已经成人，在道德教育领域中，只有稳定了品德操守才能算是真正的成人，道德教育及期盼从祝词和教诲中就能解读出来，如初次加冠祝词为："弃尔幼志，顺尔成德。寿考惟祺，介尔景福。"❸二次加冠祝词改为："敬尔威仪，淑慎尔德。眉寿万年，永受胡福。"❹三次加冠祝词又改为："兄弟具在，以成厥德。黄耇无疆，受天之庆。"❺在三次加冠过程中祝词都是不同的，一次要求更比一次要求高。首次加冠希望受冠者能够摆脱游玩之心，要抛开幼稚行为及思想，要谨言慎行，遵守成年人应该遵守的规范；二次加冠希望受冠者能够提高修养、修德，对自己的行为要反省思考；三次加冠希望参与活动的嘉宾作证，以训诫的方式告诉成年子女要传承美德，要培养君子德行。

一个成人的成长历程，从最初的家庭教育到后来的社会历练，整个过程需要时间沉淀，需要空间转换，它并非一蹴就成的，故此古人们讲究教导孩子需要循循善诱，而非拔苗助长，在不同阶段要做不同的事情。加冠礼当日，家中父母长辈们会不断训导，对受冠者进行教育，从穿着衣服到为人品行等都会进行教诲，孩子需要在成长中不断践行和体会。经过十余年的家庭教育之后需要对成年男子加冠，这就表示家庭教育已经结束。无论从身体上或是心理上，孩子都已经具备了成人的素养和理解能力，尤其是在品德方面。古人重视礼仪，讲究法度，但是这些概念绝非抽象的概念，它彰显了一个人对分寸的掌控，若是长期受到良好的家庭教育，能够辨是非、明事理，家庭教育完成之后，其所掌握的礼数足够其后面的实践学习。通过隆重的成年礼能够让孩子重新认识这个社会，正如《礼记·冠义》

❶ 周礼［M］. 徐正英,常佩雨,译注. 北京:中华书局,2014: 373.

❷ 荀况.荀子［M］. 北京:光明日报出版社,2014: 273.

❸ 杨天宇.仪礼译注［M］. 上海:上海古籍出版社,2004: 60.

❹ 同❸.

❺ 同❸.

中提出的："礼义之始，在于正容体，齐颜色，顺辞令。"❶，家庭教育是希望孩子能够知晓礼仪，通晓大义，因此需要做好举止言行。具体可以从三个方面理解：其一成年人必须容貌体态端庄，我们常听老人提及"站有站相，坐有坐相"，其意思就是要求容貌体态端庄大方。这是对人的基本要求，若是连这些基本行为都无法做到，更不要提及其他行为规范了；其二成年人必须言表齐一。表情姿态需要端正，言表统一，外表端正，不能随意嬉笑，要听话恭顺，正所谓言必信，信必中正。其三成年人语言要讲究和顺，不能随意出口伤人，这也是最浅显的表现，父母在教育孩子上不能随意讲脏话，需要通过委婉方式告诫，通过自身的行为影响孩子，逐步培养孩子的醇厚心性。当年龄达到20岁，男子已经具备了独立能力，能够自主生活，经过十多年的家庭教育，他们完成了人生中的重要一次礼仪，给受冠者带来心灵震撼，能够让他们从内心重新认识自己，重新认识社会，面对生活及现实需要承担起相应的责任与义务。

　　一般加冠礼仪活动的地点会设在宗庙，占卜仪式也是在宗庙门口开展的，这表示对祖先的尊重，也希望祖先能够看到后代子孙加冠成人。根据《礼记·冠义》中相关记载显示："古人比较重视冠礼，会将冠礼举办场所设定在宗庙之处"，由此可以看出对冠礼的重视程度，同时也能够看出尊卑秩序。❷宾主的位置设计是根据东西原则进行的，主宾占据的位置能够让所有人看到，它是主持整个冠礼的特殊人物，而宾赞者往往是"立于房中，西面，南上"❸，这样的巧妙位置设计，是方便随时为加冠者戴帽子或其他衣物。关于南上位置则是前来参与活动的嘉宾席位，这表示对来宾的尊重与待客之道。来宾会为成年男丁戴帽子，主人需要位于下堂，所有的人都需要跟着主持人的节奏进行。完成这一系列活动后，宾升堂，主升堂，各自回到各自的位置上。❹通过这一过程可以看出有序尊卑的特征，根据站位就能体现出等级制度，严格的行礼制度，让人们能够对冠礼有深刻认识，能够彰显出君臣、父子、嫡庶的等级制度，体现了宗法机制的特色（图6-4）。

　　成年男子每一次加冠的顺序都有严格的要求和标准，首次加冠的是缁布冠，次之为皮弁，最后则是爵弁。这三种帽子代表了不同含义，其中：缁布冠表示本质初心，表示成年人不能忘古；皮弁表示田猎和征战，成年人有义务承担田猎和兵役；爵弁表示祭祀，要时常纪念祖先，要感谢祖先遗留下来的财富。在《仪礼·士冠礼》中就曾提及"三加弥尊，喻其志也"❺。

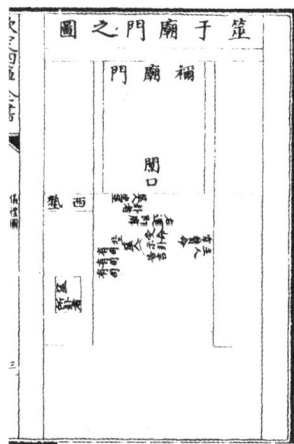

图6-4　| 士冠礼方位图（选自《新编仪礼图之方位图》）

---

❶ 杨天宇.礼记译注［M］.上海:上海古籍出版社,2004: 22.

❷ 同❶.

❸ 杨天宇.仪礼译注［M］.上海:上海古籍出版社,2004: 200.

❹ 同❸.

❺ 郑玄,注/孔颖达,正义.十三经注疏·礼记正义:卷三十三［M］.北京:中华书局,1980: 1580.

三次加冠需要完成三次敬酒，敬酒辞令内容也不同，首次敬酒会表示"美酒清澄，祭献真诚"❶，寓意感谢与祝福，亲朋好友都前来祝福加冠，未来受冠者要尽孝道，永远保持孝悌之心不改变；其次敬酒会表示"美酒清澄，佳肴敬献"❷，表示祝福，希望整个活动能够有序开展，并对上天赐福表示感谢；再次敬酒会表达"美酒甘醇芬芳，笾豆陈列馨香"❸，寓意将祭祀品呈献给祖先及上天，希望能够保守家族永远昌盛。经过三次敬酒后，加冠程序就完成了，随后还需要为成年人取字，辞令表达多是美好祝愿之意。如冠礼礼仪已经完成，当前需要为成年者表字，表字往往带着祝福和期望，希望能够引导其一生的发展。在表字中为了区分家中兄弟的排行，一般会使用"伯、仲、叔、季"❹做修饰。无论是何种致辞，多数都是表达祝福和期望，希望成年者可以修德养，成人才，孝父母，亲兄弟，突出了中国家庭伦理精神。完成加冠活动之后，还需要穿着玄端服装，去拜见尊长人员，这些人接受拜访时也会附带几句教诲直言，但是多数教导都是一般性内容，告诫成年者要谨慎行为、踏实做事、善良宽厚等。关于品德方面的教育有很多，通过这一过程对于受冠者也是一种无形的学习与认知。执行过冠礼，对受冠者能够起到德育熏陶的作用。

男子行冠礼，女子行笄礼，通过这些礼仪宣告了他们已经成年，此后需要承担相应的责任和义务，可以拥有对应的权利。对于成人根本就是要懂礼仪，行礼仪，言行举止都要逐步完备，要规范自己的行为，为人子要讲究孝道；为人臣要讲究忠，只有如此才能算是真正的处世为人，故此在整个活动中都必须严格按照成人礼仪展开。活动过程复杂烦冗，从礼仪开始到礼仪结束，细致到每一个物件的排放，都有专门的讲究。

二、婚嫁服饰制度

在中国传统礼仪中，婚礼是重要组成内容之一，男女缔结连理必须经过婚礼仪式才算是真正完婚。在婚礼仪式中充满了寄托和祝福，希望新人们能够为家族开枝散叶，能够保障子女昌盛，为家族繁衍子嗣。古代社会讲究信仰，认为无后者无脸见祖先，故此生育是大事，而这与婚姻有紧密关系。发展至今，社会对婚姻礼仪依然非常重视，婚姻礼仪也成为中国文化中的重要内容。

（一）议婚环节

女子完成笄礼之后，表示女子成人可以参与婚嫁活动了，其中在婚礼礼仪中涉及六个步骤，亦称为"六礼"，在古代较多典籍中都有记载，如《仪礼·士昏礼》《礼记·昏义》

---

❶ 杨天宇.礼记译注［M］.上海：上海古籍出版社，2004：42.

❷ 同❶.

❸ 同❶.

❹ 卢元骏.说苑今注今译［M］.天津：天津古籍出版社，1988：395.

等中都将婚姻的六个程序称为"六礼"，分别为纳采礼、问名礼、纳吉礼、纳征礼、请期礼、亲迎礼。在《仪礼·士昏礼》记载中也提及了："昏礼，下达纳采，用雁。"❶这验证了婚礼采纳过程中的确使用了雁，若是女方同意这门亲事则会接受雁，在纳采过程中使用雁表示两种意思，首先是男方对女方表示尊重和赞美之情；其次雁代表鸿雁。古人常说鸿雁传情之，此外雁在古代被赋予了很多美好的寓意，如诗词歌赋中常常以鸿雁传递思念之情，鸿雁代表信守承诺不会变更的意思，雁结群而飞体现了长幼有序。另外，一些古代文学大师也曾用雁与女性对比，如将美丽女子比喻为沉鱼落雁，雁在当时被称为随阳之鸟，故此在纳采礼仪中会使用到雁。纳采礼仪中女方家人需要穿着玄端服装，男子也需要穿着玄端服装，双方见面的地点会约在宗庙之处，因此在钱玄先生遗留的记载资料中提及：婚礼礼仪中，所有执行的六礼均是在女方宗庙内完成的。❷在宗庙举办各种活动折射出了周代宗法特色，基于宗庙展现的社会意识形态，给后代子孙灌输了更多宗法理念，因此可以看出宗族或家庭对于成年礼仪的重视程度。但是女子成年礼不能在宗庙内进行，可在家庭内部完成，这也体现了男女不平等的地位，宗庙并非寻常场所，女方婚礼礼仪可以在宗庙接待男方，一方面凸显了对婚姻的重视程度，另一方面也象征着婚姻大事非男女两个人的事情，更是关乎两个宗族的发展。

为了保障同姓不通婚而制定了原则，因此问名是比较重要的。得到名字后，男家主人会执女名进行占卜，对于占卜结果会托媒人转告给女方，这一过程称为纳吉。纳吉所携带的礼物还是雁，仪式过程与纳采是相似的，纳吉需要女方姓名，还需要女方的生辰八字，就是我们所说的出生年月日及时辰，携带这些信息后会去宗庙进行占卜，若是结果为吉，则会告诉女方，完成了纳吉也就相当于与婚姻有了初步的约定。

（二）定亲、迎亲环节

当完成了纳采、问名、纳吉三方面的礼仪之后，则需要开始纳征。纳征简单的理解就是送聘礼，经过这一过程表示婚礼正式进入了筹备环节，男子向女子家赠送聘礼，从聘礼能够看出家庭的富裕情况。行纳征礼说明两家婚姻已经确定，媒人所携带的聘礼一般都是：锦缎十匹；鹿皮两张；关于纳征礼在《仪礼·士昏礼》中有详细的记载，表示纳征礼的具体拿法，需要将鹿皮从中间位置对折，并将毛纹面对折于内部，两只手需要紧紧抓住前后足的位置，头部的皮需要朝左边，拿鹿皮的人有两名，一左一右同时进入庙堂，并将鹿皮当众呈上，展开鹿皮纹路。在《仪礼·士昏礼》中提及"征，成也。使使者纳币以成昏礼"❸，这里所说的"征"表示谈成的意思，表示婚事关系已经确定。❹

"请期"表示男方将结婚的日期告知女方，需要请占卜师傅选择合适的日子，确定婚

❶ 郑玄，贾公彦.仪礼注疏［M］.北京：中华书局，1980：961.
❷ 钱玄.三礼通论［M］.南京：南京师范大学出版社，1996：189.
❸ 同❶：962.
❹ 同❷：575.

期，故称为"请期"。关于请期的礼仪是男方谦虚的说法，表示男方不敢擅自做主定下日期，会将良辰吉日确定后告知女方，最终还是需要女方定夺。女方看到日期后则会商量出结果，再告诉男方，虽然程序上是这样操作，但实际上基本会以男方确定的日期作为结婚时间，这也凸显了男权至上的封建礼制特征。

完成了聘礼赠送，确定了良辰吉日，紧接着就会进入亲迎环节。在亲迎之日，男子父亲会对男子教诲并交代日后需要承担的家庭责任。❶男子要向父亲承诺能够做到，随后带着迎亲队伍去女方家迎娶妻子。女方家一般会在宗庙前设立宴席，一方面希望祖先能够同意婚事，并告知祖先儿女已经成年即将出嫁；另一方面希望能够得到社会的认可。古代婚礼中为什么非要制定亲迎环节，有人说是为了防止有人逃婚设计的，经过亲迎环节也就相当于昭告天下两家结为亲家。亲迎的时间一般是在下午黄昏，男方家中会陈设好宴席，准备好亲迎使用的道具，如富贵鼎、敬酒樽、豆盛稷等。在男方出发之前，父亲都会说几句寄托之语："前去迎接你的妻子，成婚后由你们夫妻二人继承宗庙祭祀，日后要以贤德引导妇人，让她能够继承贤淑的品德行为。"男子承诺后，转身启程。亲迎当日男子需要戴爵弁，上穿缁衣、下穿纁裳，腰间系上腰带，随行人及车马也都有标准，随行人员需要穿玄端服装，为妇人准备的车子外面增加了帷帐。

女方的宴席一般会安排在宗庙室门西边，在女子房间里堆放了很多嫁妆以及装饰使用的物品，如假发头饰、婚服等。傅母头发用缁缅绾起，并横插一根发簪，穿着生丝缯织制的衣服，站在妇右边，随嫁的丫鬟或小厮们都会着黑色衣裳，头发也是用缁缅捆扎，横插一根发簪，背后披着单披肩，站在妇身后，这些都属于送亲队伍。迎亲队伍到了门口后，女方看门使者会继续请问何事。并代替婿转告主人要说的话，一般说辞是"您命令我黄昏迎娶，我奉命前来"。女家主人会出来迎接，她们穿着玄端服装，并对迎亲一队人马行拜礼，经过三揖三让礼之后，引导婿登上庙堂。主人一队则是从阼阶前行；迎亲一队则是从西阶前行。抵达东房门后，将雁放置在地上，继续向新妇人行稽首礼，随后转下堂。新妇梳妆准备完成后从房中走出，父亲告诫女儿"日后在婆家要谨慎恭顺，不能违背舅姑教导"。在当时结婚时还有一个习俗，就是女方的母亲将一块佩巾结在待嫁女儿的带子上，以示身系于人。《豳风·东山》描写："皇驳其马，亲结其缡"❷（即迎亲花马白透黄，娘替女儿结佩巾），其中"缡"就是指"佩巾"。另外，我们还可以在新疆民丰汉墓出土的一件棉布手巾中看到，在这块手巾的一角，缚有一结，并续有布带，显然是用来系佩用的佩巾。一切准备就绪之后，母亲一般只能将女儿送到庙口，不能出门，需要帮助女儿系鞶囊，重申教导之类的话，通过鞶囊随时提醒女儿不要忘记父母临行前的教导。新妇随婿出门，主人相送但是不需要下堂。

新妇在正式登上车子之前，婿会根据礼仪引导其上车，再将车上的抓绳递给新妇。随

❶ 郑玄，贾公彦.仪礼注疏［M］.北京：中华书局，1980：963.
❷ 袁梅.诗经译注［M］.济南：齐鲁书社，1985：380.

后婿开始驾车，大约车轮转动三周之后就会下车，由随从人员代替驾车，他会重新回到墨车中，墨车走到前面，到家之后会停留在大门口等待妇车。当妇达到门口之后，夫弯身作揖，邀请妇人进门。夫妇二人直接去寝室，并揖请妇进入寝房中，引导妇人随着西侧台阶进入房间，进入室内后二人需要行"同牢共馔礼"，换言之就是夫妇二人一起吃饭，随后就寝，迎亲礼仪就此结束。

（三）婚礼服饰规定

据《仪礼·士昏礼》所记，亲迎当日男子穿的衣服为"纁裳缁袘"。"裳"是古人穿的下衣，属"裙"的一种，但与现代的裙不同。古人衣外束带，带的颜色与衣色相同。纁为浅绛色；袘为裳下的镶边，缁袘就是裳下镶着黑边。男子着"纁裳缁袘"，段玉裁注曰："不言衣与带而言袘者，空其文。明其与衣皆用缁"。那么，男子所穿的衣服即为：下缘镶着黑边的浅绛色的裳，黑色的上衣，束着黑色的带。再看女子的衣服，则是"纯衣纁袡"。此处只言衣而未言裳，据贾疏说"妇人衣裳不异色"，则皆为黑色。即此女子所穿的衣服为：镶着浅绛色边的黑色丝衣、黑色裳。

由此可知，古代亲迎尚黑，这是因为古人认为夫为阳，妇为阴；昼为阳，夜为阴；赤为阳，墨为阴。迎女子入门，即迎阴气入家，宜在夜里进行，穿黑衣。所以《仪礼·士昏礼》记载的亲迎当日夫妻双方皆穿黑衣。

《仪礼·士昏礼》中还记载了迎亲之时，男方与女方的重要陪同所穿的服饰。具体阐述如下：婿服饰，男方也就是婿，即士阶层，采用交领大袖的服制，头戴爵弁，身穿下缘镶黑边的纁裳，也可以穿戴爵弁、缁衣、缁袘、缁带、纁裳、纁韠、纁屦等。随从们，穿着玄端服。玄冠（委貌）、端衣，（玄、黄、杂）裳，韠如裳色，屦如裳色。[1] 新妇，也就是士妻，身穿纯衣搭配纁袡，纯衣为黑色的深衣搭配黑红色的蔽膝，还可以加景衣或是丝衣，都是玄色，乘坐迎亲马车以后，还要佩戴缨[2]，笄（固发笄），兼有纚，褖衣，另有施衿结帨，黑屦。姆，作为陪伴在新妇旁边的年长女性，从出门直至入房，她的穿戴都很考究，纚、笄、衣绡为领，此亦为褖衣[3]。足穿黑屦，位于新妇的右侧。

《毛诗·郑风·丰》孔疏："男以昏时迎女，女因男而来。嫁，谓女适夫家；娶，谓男往娶女。论其男女之身，谓之嫁娶；指其好合之际，谓之婚姻。嫁娶婚姻，其事是一，故云'婚姻之道，谓嫁娶之礼'也。若指男女之身，则男以昏时取妇，妇因男而来。婚姻之名，本生于此。若以妇党、婿党相对为称，则《释亲》所云'婿之父为姻，妇之父为婚。妇之党为婚兄弟，婿之党为姻兄弟'，是妇党称婚，婿党称姻也。对文则有异，散则可以通。"[4]

---

❶ 李学勤.仪礼注疏（十三经注疏标点本）[M]．北京:北京大学出版社，1999: 70.

❷ 同❶: 85.

❸ 同❶: 78.

❹ 郑玄，笺／孔颖达，疏.十三经注疏·毛诗注疏[M]．上海:上海古籍出版社，2013: 1270.

《仪礼·士昏礼》云："主人入，亲说妇之缨。"说缨，古时妇人十五岁许嫁，行筓礼后着以缨饰，表示已有所系属。此时新郎亲手解脱其缨饰，表示此缨是为自己而系的，同时也表示夫妇的亲密。

1. 迎亲服制

《仪礼·士昏礼》记载女妇及随嫁者亲迎之日所服，如下所述：女次，纯衣。缥袡，立于房中，南面。也就是说，待嫁女头上装饰着假发，穿着下缘镶有缥边的丝质衣服，在东房中当门处朝南站立。傅母头上用缁纚缠发髻，发髻中插着笄，穿着黑色生丝缯制的衣，站在待嫁女的右边。

由上文可知，亲迎时士妻所服为次、纯衣缥袡等服饰。此处纯衣为丝衣，且为褖衣，褖衣为士妻助祭之服，婚礼而服助祭服，即摄盛之意，与士服爵弁服同。亲迎节男主人所服为"爵弁，缥裳，缁袘"，郑注言"大夫以上亲迎冕服。冕服迎者，鬼神之。鬼神之者，所以重之亲之"，贾公彦注释，迎亲时穿冕服的是大夫以上，士家穿着祭服玄端；而助祭使用爵弁。一般情况下，爵弁服制也可以用来亲迎，一为摄盛，则卿大夫朝服以自祭，助祭用玄冕，亲迎亦当玄冕，摄盛也。若上公有孤之国，孤絺冕，卿大夫同玄冕。侯伯子男无孤之国，卿絺冕，大夫玄冕也。孤卿大夫士为臣卑，复摄盛取助祭之服，以亲迎则天子诸侯为尊，则衮矣，不须摄盛，宜用家祭之服，则五等诸侯玄冕，以家祭则亲迎不过玄冕，天子亲迎当服衮冕矣。❶身穿祭服斋戒而后迎亲，是以祭祀鬼神的虔诚态度来对待夫妇婚礼。❷

据记载，婚礼常有摄盛之举，有"敬慎"之义，此处"鬼神之"正为此意。贾疏曰：士服爵弁助祭之服以迎，则士之妻亦服褖衣助祭之服也。❸……云"凡妇人不常施袡之衣，盛昏礼，为此服"者，此纯衣即褖衣，是士妻助祭之服，寻常不用缥为袡，今用之，故云盛昏礼为此服。《礼记·丧大记》曰："妇人复衣不以袡。"袡为出嫁时所穿衣为丝衣缥袡，就是带有缥色镶边的黑色丝衣。❹依上文贾疏所言，为各阶层所服自祭、助祭及亲迎摄盛之服。❺

摄盛是古代男女举行婚礼时，可根据车服常制超越一等以示贵盛。各等级身份的王侯将相亲迎时所穿的衣服皆有不同，据史料记载："天子诸侯着衮冕；上公有孤之国着孤絺冕，卿大夫玄冕；侯伯子男无孤之国着卿絺冕，大夫玄冕（摄盛）；士着爵弁（摄盛）；士妻着褖衣（摄盛，王后以下，初嫁皆有袡）。"❻亲迎时待嫁女所穿的褖衣为摄盛，一般不再使用袡，亦见其非常服，可见古人重"婚礼"之情实，后世普通夫妇成婚，夫可服官帽蟒袍，妇可着凤冠霞帔，应该说与婚礼摄盛之义不无关联。

❶ 郑玄，贾公彦.仪礼注疏［M］.北京：中华书局，1980：75.
❷ 杨天宇.礼记译注［M］.上海：上海古籍出版社，2004：323-324.
❸ 同❷.
❹ 同❷：565-566.
❺ 同❶：72.
❻ 同❺.

2. 侍从服制

《仪礼·士昏礼》言女从者所服"颢䄌"❶之制，郑玄以士妻服"颢䄌"作解，由注可知，二者皆服此"颢䄌"。康成（郑玄字）注经，往往有"各举一边，相兼乃具"之法❷。这样的注解阐述清晰，一目了然，一扫章句烦琐之风，范晔称其"删裁繁诬，刊改漏失，自是学者略知所归"❸，诚非虚语。如据郑玄所注女从者所服，我们亦可略窥士妻"颢䄌"制，经注如下：女从者毕袗玄，纚笄，被颢䄌，在其后。郑注：女从者，谓侄娣也。诗云："诸娣从之，祁祁如云。"❹袗，同也，同玄者，上下皆玄。《诗》云："素衣朱襮"❺，《尔雅》云："䄌领谓之襮"❻，《周礼》曰："白与黑谓之䄌"❼。天子、诸侯后夫人狄衣，卿大夫之妻，刺䄌以为领，如今偃领矣。士妻始嫁，施禅䄌于领上，假盛饰耳。言被，明非常服。贾疏：云"颢，禅也"❽者。根据《周礼·内司服》记载：内司服"掌王后之六服：袆衣、揄狄、阙狄……"又注云："侯伯之夫人揄狄，子男之夫人亦阙狄，唯二王后袆衣。"❾故云后夫人狄衣也。云"卿大夫之妻，刺䄌以为领"者，以士妻言被，明非常，故知大夫之妻，刺之常也。以为其男子冕服，衣画而裳绣，绣皆刺之。其妇人领虽在衣，亦刺之矣。然此士妻言被禅䄌，谓于衣领上别刺䄌文，谓之被，则大夫以上刺之，不别被之矣。❿据《礼记·郊特牲》记载："绡䄌丹朱中衣，大夫之僭礼也。"皇帝和王公贵族"中衣有䄌领，服则无之。此今妇人事华饰，故于上服有之，中衣则无也。"贾疏繁芜，但仍然语焉未详。据其意，天子、诸侯后夫人、卿大夫之妻皆刺䄌以为领，而士妻亦"于衣领上别刺䄌文，谓之被"，则二者区分似不明显；且此句后接《礼记·郊特牲》"绡䄌"文，似将"绡"作"刺"，以为"刺䄌"于中衣上，而姆所服郑注云"绡为绮属"，亦有隙⓫。

对于婚礼服饰的材质，也非常重视礼仪约束。据《礼记·玉藻》云：以帛里布，非礼也。用帛做布衣的内衣，是不符合礼法的。孔疏："以帛里布，非礼也"，若朝服用布，则中衣不得用帛也。⓬据此，丝帛较布贵重，轻重有别，内外相称，方符合礼仪要求。

综上所述，袅衣、景衣、禅衣与颢衣的样子基本相同。大多是诸侯夫人、庶人之妻，都是穿锦衣外面再加上袅衣，又因"欲露锦文"⓭，故用禅穀被之于锦衣之上；若为士之妻，

❶ 郑玄，注/孔颖达，疏.礼记正义［M］.北京：北京大学出版社，2000：240.
❷ 同❶.
❸ 范晔.后汉书·张曹郑列传［M］.北京：中华书局，2023：1213.
❹《续修四库全书》编委会.续修四库全书：第88册［M］.上海：上海古籍出版社，2002：505.
❺ 郑玄，贾公彦.仪礼注疏［M］.北京：中华书局，1980：78-79.
❻ 王念孙.广雅疏证［M］.北京：中华书局，2004：416.
❼ 同❺：78.
❽ 同❼.
❾ 同❼.
❿ 同❼.
⓫ 杨天宇.礼记译注［M］.上海：上海古籍出版社，2004：107.
⓬ 同⓫.
⓭ 同❺：75.

则于縠衣外加景衣，其嫁服不用锦，着景衣只"为行道御风尘"❶而已。总而言之，两种衣服都可以称为禅衣。《唐风·扬之水》有云，"素衣朱襮"❷。根据注释，名称的构成与"縠黼"相似，即"素衣"与"縠"对应，一为中衣，一为禅衣；"朱襮"与"黼"对应，由《尔雅·释器》言"黼领谓之襮"❸，郑注《礼记·郊特牲》"襮，黼领也"可知，二者可通。因此，"縠黼"即在縠衣领上刺有黼文，此縠衣无里，为纱縠所制，衣上"别刺黼文"❹，非本有黼文，故曰"别被之"❺也。

由此可见，縠衣与景衣，当为同物异名，各有侧重。但縠衣与景衣异名同物，縠黼却与景衣不同，此为敖氏之误。国君夫人始嫁服翟衣，在途中换服锦衣加褧襜；而士妻在途亦服缁衣，外加景衣，令衣鲜明且御尘，此为阶层分殊。平民的嫁服穿锦衣外配禅縠，孔疏注释"庶人之妻得与夫人同者，贱不嫌也"。❻

3. 婚礼配饰制度

纵观历史，封建社会等级分明，在婚礼上穿戴华美锦绣的凤冠霞帔对普通百姓而言，是根本不可能的。普通百姓家的女子结婚时，只好假借"凤冠""霞帔"之名，制作出类似凤冠霞帔的样子，为了图个吉利。普通人家穿戴的凤冠霞帔和实际意义上的凤冠霞帔大相径庭。当时的这种行为，其实就是民间百姓对王公贵族的奢华之美的效仿。直至清朝，这种效仿现状逐渐被官府默许，同时凤冠霞帔也成为正妻与妾室的重要区别。

（1）凤钗凤冠

戴凤冠、披霞帔是新娘的典型装束，是对美好婚姻的向往。

凤冠脱胎于先秦的禽鸟冠，经历了漫长的发展演变之后，从各种冠饰中脱颖而出，成为以皇后为代表的高等级命妇所戴之礼服头冠，其象征之高贵、制作之精美、用料之奢华，堪称中国古代名副其实的"奢侈品"。古时候的冠不仅是男性的身份象征，有时候也是女性的饰物。如五代马缟《中华古今注》记载："冠子者，秦始皇之制也。令三妃九嫔，当暑戴芙蓉冠子，以碧罗为之，插五色通草苏朵子。"❼

作为女冠的一种，凤钗插缀在女冠上，就形成了最初的凤冠。作为古代女性饰物中的"奢侈品"，凤钗在晋唐之际已然制作考究、所费不菲。《晋书》记载，东晋元帝司马睿要册封一位贵人，有司奏请购置爵钗（即雀钗），晋元帝考虑后认为花费太多而未同意。堂堂皇帝，居然也认为金爵钗制作繁复、过于昂贵。又有唐代诗人于濆《古宴曲》道，"十户手胼

---

❶ 郑玄, 笺 / 孔颖达, 疏. 十三经注疏·毛诗注疏 [M]. 上海: 上海古籍出版社, 2013: 543–545.

❷ 同❶.

❸ 同❶.

❹ 同❶.

❺ 同❶.

❻ 同❶: 32.

❼ 崔豹. 古今注·中华古今注·苏氏演义 [M]. 北京: 商务印书馆, 1956: 35.

胝，凤凰钗一只。"❶ "胼胝"就是老茧，十户百姓辛劳耕作手上都磨出了老茧，也只能挣得一支凤钗的价值，可知钗的贵重与不易得（图6-5）。

凤钗、凤冠因为成本高昂、制作不易的缘故，即便没有服制规定，也不可能是平民百姓女子可以日常佩戴的首饰。但权贵者为了标榜自己的身份和地位，还是逐渐明确了什么身份的女性才可以用凤鸟作为装饰，凤钗、凤冠的使用也随之更加规范（图6-6）。

早在晋朝时就有规定，皇帝的妻妾中只有皇后和位同三公的三夫人才能佩戴凤鸟爵钗。至宋代，服饰制度、翟之类已经与皇室后妃的身份地位相对应，凤纹作为地位差别的标志，形成了一种上下有序的服饰制度。

从宋代开始，凤冠正式确立为后妃的礼服冠，《宋史·舆服志》记载后妃们在受册封、朝谒景灵宫祭祀轩辕等最隆重的场合都要戴凤冠。如皇后穿袆衣用九龙四凤冠，上有大小花枝各十二，两博鬓；嫔妃穿翟衣用九翚四凤冠；命妇穿翟衣用花钗冠。中国妇女用于行礼的冠饰，向以凤冠为重。长期以来戴凤冠、着霞帔，一直被视为妇女的最大荣耀。在南宋时对凤冠进行了改制，除原来的凤花外，还增加了龙的形象，名谓"龙凤花钗冠"。从传统绘画的《历代帝后像》中可以看到戴这种凤冠的贵妇形象。在宋代以前，多用的是凤凰首饰，不仅有凤凰形簪、凤凰形钗，还有凤凰形冠，但不属于真正的礼服（图6-7、图6-8）。

明代妇女的礼冠同宋代相比更加亮丽华美，冠上插缀各种金玉珠翠首饰。上至皇后，下至品官之妻，依照典制都可以戴冠，根据身份品级的不同，头冠上所装饰的饰件各有等差，其间又有种种细致而严密的差别。例如自皇后以下至皇妃、皇太子妃、亲王妃、公主们，头冠上都使用金凤簪，但只

图6-5 ｜ 龙凤钗一对［选自《中国织绣服饰全集·历代服饰卷（下）》］

图6-6 ｜ 宋仁宗皇后像［选自《中国织绣服饰全集·历代服饰卷（下）》，图中曹皇后头戴龙凤花钗冠，着交领大袖、上有翟纹的袆衣］

图6-7 ｜ 明代孝肃皇后肖像［选自《中国织绣服饰全集·历代服饰卷（下）》］

❶ 上海古籍出版社. 全唐诗［M］. 上海：上海古籍出版社，2010：965.

有皇后和皇太子妃因为是正妻，头冠可以称为凤冠，妃嫔、亲王妃和公主们所用的头冠，则只能被称为翟冠。明代后妃冠服主要有礼服和常服两种，出席仪典时穿礼服，燕居时穿常服，均佩戴凤冠或翟冠，分别称为"常服冠"。这些头冠因为装饰有大量的珍珠、点翠，有时也被称作珠冠或珠翠冠。

图6-8 | 明代孝端皇后九龙九凤冠［选自《中国织绣服饰全集·历代服饰卷（下）》］

而自郡王妃以下及品官之妻的头冠，也称翟冠，则不可以用金凤簪，只能用金翟簪。所谓金翟，是外形和凤鸟相似的鸟，差别在于头顶只有一根翎毛，尾羽不做火焰状且数量较少，脖子较短，脖颈、下巴上也没有其他装饰。但在民间习惯上，将品官之妻的翟冠也称为凤冠。大概是因为对于宫墙之外的百姓而言，能够见到戴真正凤冠的机会微乎其微，他们眼中的外命妇们所戴的翟冠，就如凤冠一样标志着高高在上的身份。

在出土的明代礼冠实物中，有的冠上除了有各种金玉宝石首饰外，还缀有大小珍珠两千余颗。这样沉重的冠是不可能经常佩戴的，只能在礼仪场合佩戴（图6-9）。明初皇后的礼冠和宋代一样，为九龙四凤冠。永乐三年（1405年），重新制定冠的形制：以漆竹丝制成圆框架，两面用罗纱裱糊，外表饰以翡翠。用翠龙九，金凤四，中间的一龙口衔

图6-9 | 明代孝端皇后六龙三凤冠［选自《中国织绣服饰全集·历代服饰卷（下）》］

一颗大珠，上有翠盖，下有珠结，其余的龙也都口衔珠滴。冠上饰有翠云四十片，大珠花十二枝，每枝上有牡丹花两朵，花蕊两个，小花也是十二枝。冠两边还各加有三扇博鬓，上面还装饰着金龙翠云并垂有珠滴。此外，冠上还装饰有翠口圈、珠翠面花等首饰。

明代皇太后、皇后的朝冠冠顶的东珠以金凤承托，每只金凤上各饰有东珠三颗，珍珠十七颗。朱纬上缀一圈金凤共七只，每只金凤上各饰有东珠九颗，猫睛石一颗，珍珠二十一颗。冠后有金翟一只，饰有猫睛石一颗，小珍珠十六颗。翟尾垂珠五行，珍珠三百有二。每行有一颗大珍珠，中间金衔青金石结一个，饰东珠、珍珠各六颗，末端缀珊瑚。冠后有护领，垂明黄条二，末缀宝石，以青缎为带。朝冠也分冬夏二式，冬朝冠用熏貂制成，夏朝冠则以青绒制作，其他基本都一样。其他嫔妃命妇的朝冠，冠顶的层数装饰及冠上的首饰依次减少数目或降低档次。

清代皇后、嫔妃参加祭祖仪式时，所戴的礼服冠分为夏朝冠和冬朝冠。孝贤皇后画像中佩戴的是冬朝冠，是以褐色的貂皮制成的一种褶檐软帽（如果是夏朝冠则用青绒），帽顶上覆以红纬，红纬顶上缀一圈金凤，共七只，帽顶是三层金凤，这种朝冠即是一种

满族化的"凤冠"。但就实际形制来看，清代后妃的朝冠与宋明的凤冠还是有很大的差别。依据清初定立服制时不用先朝衣冠形制而仅"取其文"的原则，新的服饰制度里没有凤冠的名称，但保留了以凤装饰礼冠的做法。

除皇后之外，满族出身的嫔妃和高级宗室命妇，也可以按照服制规定戴装饰有不同数量的凤、翟的礼服朝冠。后宫身份自皇贵妃、贵妃、妃、嫔而下，朝冠上分别饰一周金凤七（皇贵妃与贵妃相同）、金凤五、金翟五，亲王、郡王、贝勒福晋的朝冠上都饰金孔雀五。而自贝子福晋以下，所有夫人的朝冠上不再有鸟形冠饰，只以金云、金簪为饰。

除了朝冠外，清代满族贵族女性用来搭配礼服的，还有一种以凤鸟为饰的头冠——凤钿。清乾隆年间大学士福格在其笔记《听雨丛谈》中介绍，八旗妇人盛装时，有佩戴钿子的传统，功用等同于凤冠。钿子以铁丝或藤条为骨架，上覆皂纱，再缀以珠翟、珠旒、珠翠花叶等饰物。钿子也分不同等级，最高级的为凤钿，上面除了有珠翠凤翟之外，还有装饰华丽的左右博鬓、凤翟口衔的珠旒串等，造型繁复；而另外的常服钿子，只饰珠翠，没有珠旒等饰物。

满族在入关之前，是没有"二十始冠"的冠礼制度的，男子一年四季都戴帽子，贵族女性也在夏季佩戴尖缨凉帽，冬季佩戴尖缨貂帽。这种尖缨帽的形制在清代服制中被明确固定下来，成为礼冠的样式。不过在入关前，满族贵族女性的服制还未正式确定，服饰难免仍有粗陋之处，清代《满文老档》记载天聪六年（1632年），清太宗皇太极曾为此特地下诏书训诫教导女眷们注意仪容、及时享受。正是在这样的"祖训"的思想指导下，清代经皇太极、顺治、康熙、雍正、乾隆各朝不断修订，确立了满族女性的官方冠服制度，朝冠上有黄金、东珠和各色宝石，虽然帽形与男子朝冠相似，但装饰要繁复、华丽得多。

（2）霞帔

五代马缟《中华古今注》记载："女人披帛，古无其制。开元中，诏令二十七世妇及宝林、御女、良人等寻常宴参侍，令披画披帛，至今然矣。"❶显然自唐玄宗开元间起，帔帛正式走入了宫廷生活之中，虽然还未写入服制，但已经成为一种衣俗。

宋代可以说是霞帔的一个转型期，它既是民间女子寻常穿用的衣饰，又被收入服制，开始进入到内外命妇的礼服规制里。宋代规定："霞帔非恩赐不得服，为妇人之命服；而直帔通用于民间也。"《宋史·乐志》载宫廷教坊里有十支女子舞蹈队，其中"拂霓裳队"的舞娘们"衣红仙砌衣，碧霞帔，戴仙冠，红绣抹额"；"采云仙队"的舞娘们"衣黄生色道衣，紫霞帔，戴仙冠，执旌节鹤扇"。❷这些舞女穿戴的霞帔，应当就是直帔式样的帔帛，形制承袭唐代披帛的式样，可以随舞者身姿而动。

与此同时，另一种霞帔就成为后妃常服及外命妇礼服的配饰。这种霞帔的形制是两条锦缎，分别自身后披挂在两肩上，下端垂至身前，末端相连再挂一枚金玉坠子以保持锦缎

❶ 崔豹.古今注·中华古今注·苏氏演义［M］.北京:商务印书馆,1956:87.
❷ 脱脱,等.宋史［M］.北京:中华书局,1985:1036.

的平整。因为是有身份的女性在比较正式的场合穿用，穿着者多呈现出静止的、端庄的姿态，这种霞帔已经失去了最初帔帛的灵动之态。

因为穿用霞帔的特权来自恩赐，皇帝常向受其恩宠的女性赐戴霞帔，于是在宋代宫廷里就出现了"红霞帔""紫霞帔"的名号。《建炎以来系年要录》记载，绍兴九年（1139年）"后宫韩氏为红霞帔"。因为韩氏仅被称为"后宫"而其无具体品级名号，可见受封前只是普通官人，受封的"红霞帔"也不会是高品级的名号。宋人张扩《东窗集》记载："红霞帔冯十一、张真奴、陈翠奴、刘十娘、王惜奴等并转典字，红霞帔鲍倬儿、紫霞帔王受奴并转掌字制。"[1] 这其实是一则皇帝开具的封赏文书，把一批身份为红霞帔、紫宫人提升为"典字"和"掌字"。宋代宫廷内命妇中，"典字"为正八品，"掌字"为正九品，是品级序列中最低的两级，可见"红霞帔""紫霞帔"的品级地位较典字、掌字更低，应当是不入品的，很可能是得到皇帝青睐的宫女第一步晋升获得的名分，使她们同一般宫女区别开来，如果能够继续获得皇帝的恩宠，才有机会晋封为有品级的嫔妃。

在宋代，霞帔的规格还没有后世那么高，外命妇以霞帔为礼服配饰，而后妃等内命妇只以霞帔为常服配饰，在更隆重的场合穿戴礼服时却是不用霞帔的。但到了明代，霞帔与凤冠的组合成为内命妇礼服的定制，霞帔在女性服制中的地位上升到了最高的等级。《明史·舆服志》记载："命礼部议之。奏定，命妇以山松特髻、假鬓花钿、真红大袖衣、珠翠蹙金霞帔为朝服。"[2] 自明代开始，随着命妇们固定把花钗凤冠和霞帔同时穿戴，"凤冠霞帔"逐渐合为一词，两件原本各自独立演进而来的服饰，好像越来越彼此不可分割，以至于今天，当我们看到明清小说、戏曲服装中凤冠和霞帔同时出现时，也感觉是最自然不过的事情。

明代霞帔的具体形制是什么样的呢？明人周祈《名义考》记载："今命妇衣外以织文一幅，前后如其衣长，中分而前两开之，在肩背之间，谓之霞帔。"[3] 每条霞帔的定制是宽三寸二分（约11厘米），长五尺七寸（约190厘米），是两条类似于今天女性所用的长丝巾的细长锦缎，自大衫后摆处固定，铺陈向上搭过两肩，一直披至身前，下端垂有玉石或金银的坠子（图6-10）。

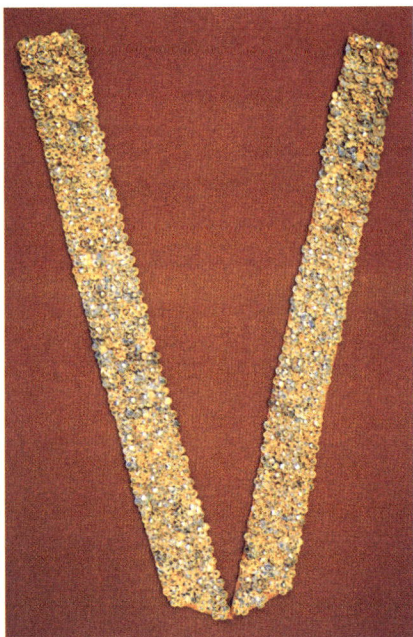

图6-10 | 明代皇后金丝珍珠霞帔［选自《中国织绣服饰全集·历代服饰卷（下）》］

既然是服制的一部分，品级不同的女性穿戴的

[1] 张扩.东窗集［M］.上海：商务印书馆，1934：368.
[2] 张廷玉，等.明史［M］.北京：中华书局，1974：1605.
[3] 周祈.名义考［M］.上海：上海古籍出版社，2008：62.

霞帔，就一定会有不同之处，以彰显身份和地位。命妇们穿用的帔，品级的差别主要体现在用色和纹饰图案上。《礼部志稿》记载，永乐三年（1405年），亲王妃礼服为："大衫霞帔，衫用大红，纻纱罗随用；霞帔以深青为质，金绣云霞凤纹，纻丝纱罗随用"。世子妃冠服"与亲王妃同，惟冠用七翟"。郡王妃礼服"大衫霞帔丝纱罗随用；霞帔罗随用；霞帔以深绣云霞翟文，丝纱罗随用；坠子亦铍翟文"。❶至于各品级的外命妇们的霞帔，《明史·舆服志》记载，一品用金绣纹，二品用金绣云肩大杂花纹，三品用金绣大杂花纹，四品用金绣小杂花纹，五品用销金大杂花纹，六、七品用销金小杂花纹，八、九品穿大红素罗霞帔，没有纹样。这些纹饰方面的规定与当时官员们官服上的品级补子纹样的作用相似，也是服制别贵贱、明等差的一种表现形式。

清代的服制因为承袭了满族的风俗，虽然对中原汉族服制有所沿袭，但又是另起炉灶、自成体系的。就霞帔而言，清代的命妇们也穿霞帔，但名称虽同，造型却有很大改变。其具体形制上的差别：明代之前的霞帔大多是细长一条，而清代的霞帔却阔如背心，末端垂下细密的流苏，还在前胸后背缀有补子。

（3）民间婚礼的凤冠霞帔

中国古代的婚礼礼服服色，自周代的玄纁开始逐步演变，南北朝时一度出现白色的婚服，到了唐宋用青色，最终在明代变为大红色，并在民间盛行开来。明初律令里还明确规定，民间女子的礼服不许用金绣，袍衫只能用紫绿、桃红等浅淡的颜色，不可以使用大红、鸦青（黑而泛紫绿）和黄色，就算是婚礼、寿诞等大喜日子里，也不能穿大红衣裳。但到了明末清初，叶梦珠的《阅世编》中记载了明末婚礼的隆重场面，称在崇祯初年，婚事当天的礼服还用的是蓝色绸缎，只有在喜轿的四角挂上桃红色彩球以示喜庆。之后不久就开始突破了服制禁忌，先是在婚服上采用刺绣，然后开始有人用红色绸缎制作婚服，再之后甚至使用大红织锦和满绣的大红纱绸等，先前对民间婚礼礼服用红和用刺绣的禁忌被全部打破，此后"真红对襟大袖衫"加"凤冠霞帔"的装扮，成为至今国人对"喜庆""中式婚礼""中国新娘"的标准认知（图6-11）。

当然民间婚礼时穿戴的凤冠霞帔，也不是真就可以按照皇后娘娘的制式恣意妄为，就算是"摄盛"，也还是要有一定之规的。自明末至近代的四百年间，男子娶妻俗称"小登科"，

图6-11　清代汉族女嫁衣［选自《中国织绣服饰全集·历代服饰卷（下）》］

❶ 华梅，等.中国历代《舆服志》研究［M］.北京：商务印书馆，2015：354.

这一天依照惯例，新郎可以穿九品官服，新娘可以用九品命妇之服。以这末等命妇的冠饰为例，在明代洪武二十六年（1393年）所定的服制里规定可以装饰：珠翟两个，珠月桂开头两个，珠半开六个，翠云二十四片，翠月桂叶十八片，翠口圈一副，上缀抹金银宝钿花八个，抹金银翟两个，口衔珠结两个。所以，自明清以来，就习惯把民间婚礼时的冠服通称为"凤冠霞帔"，但那其实只是"借名"而已，完全不是我们文物中看到的那种凤冠的样子。就算民间新娘完全照搬九品命妇服饰作为嫁衣，这所谓的"凤冠"上也没有凤，最多可以称为翟冠。至于那些不是出身富贵人家的新娘们的冠饰，连翟钗也用不起，只能叫作花冠。

从出现至明代，凤冠霞帔一直都是内外命妇们的尊贵象征。清代，因为满汉服制的差异，凤冠霞帔倒是与宫廷满蒙贵妇们的日常生活相隔较远，稍有民间化的倾向。但可以确定的是，清末民初时的凤冠霞帔，已经经常活跃在戏曲舞台上，开始了它作为一种艺术表现形式的新生命。

（四）婚礼的变迁

1. 先秦的昏礼

自先秦以来，婚礼就是儒家礼仪体系中一个非常重要的组成部分。《仪礼》是儒家的十三经之一，记载了周代的士冠礼、士相见礼、乡饮酒礼、觐礼、士丧礼等各种礼仪规定，其中"士昏礼"部分，记录的就是先秦士大夫阶层举行婚礼的各种礼俗。

为什么称"昏礼"，而不是"婚礼"呢？在传统观念里，一男一女的结合，不仅标志着一个新的小家庭的诞生，还是一个大家族扩充人丁、延续血脉的重要节点。《礼记·昏义》中说："敬慎重正而后亲之，礼之大体，而所以成男女之别，而立夫妇之义也。男女有别，而后夫妇有义；夫妇有义，而后父子有亲；父子有亲，而后君臣有正。故曰：昏礼者，礼之本也。"[1] 婚礼被看作社会伦常的基础。按照先秦人的世界观，男为阳，女为阴，婚礼意味着阴阳结合；而白天为阳，夜晚为阴，黄昏是阴阳相交的时间，所以为了使人的阴阳相合与天地万物的阴阳相交同步，婚礼则选在黄昏时举行，即称为"昏礼"。

"昏礼"上，新郎在迎接即将成为自己妻子的女性时，要有"亲迎"的仪式。《仪礼注疏》记载，"天子亲迎当服衮冕""卿、大夫通玄冕""士变冕为爵弁"，总之，新郎要穿着盛装，郑重其事地进行这个仪式。而婚礼上的新娘，则"纯衣纁袡"，即穿着通身黑色的礼服（即纯衣），装饰有浅红色的边。

这里男子的"爵弁"和女子的"纯衣纁裳"，实际上都是越级的穿着。玄冕、爵弁是士大夫们参加君王主持的国家祭祀活动时的穿着，结婚是私人的典礼，本不应当穿用；而纯衣纁袡本是王后之服，士庶之妻除了在助祭时穿着之外，在婚礼的亲迎当日穿着也属特例。

---

[1] 杨天宇.仪礼译注［M］.上海：上海古籍出版社，2004：836.

东汉经学大师郑玄在注释《仪礼》时将这些情况都称为"摄盛",即为了显示婚礼的贵盛而临时性地超越了日常礼制的规定。既然是"摄盛",是暂时性的,就仅限于在婚礼进行的过程中才能使用,婚礼一旦结束,一切就要变回日常的样子。先秦时婚礼结束后的第二天早上,新妇沐浴更衣,穿戴"缃笄宵衣"(以黑色纱绢制成的礼服)去拜见公婆,而那身婚礼时的"纯衣纁袡"就不能再穿了。对此,郑玄解释说:"不着纯衣纁袡者,彼嫁时之婚服;今已成婚之后,不可使服,故退从此服也。"❶

2. 秦汉时期婚礼

先秦时期简单朴素的婚礼形式也被奢华排场的形式所代替。西汉宣帝诏曰,"夫昏姻之礼,人伦之大者也;酒食之会,所以行礼乐也。今郡国二千石,或擅为苛禁,禁民嫁娶不得具酒食相贺召。由是废乡党之礼,令民亡所乐,非所以导民也。"❷这种奢侈的婚礼形式直至唐代。

在汉代,人们都喜穿大围裹式的、上下连属的大袖袍服,领口、袖口、襟、下摆部位都缀以缘边。不仅增加了服装的牢固程度,也达到了美观的效果。尤其到了东汉时期,这种集华美与实用价值于一身的袍服是新娘的必备礼服。

新娘的礼服可在材质、颜色上看出尊卑等级、社会地位。皇室贵族的衣料奢华精致,精工细作。在色彩上有严格的等级制度。在《后汉书·舆服志》中有所提及,一般贵族女子出嫁能使用的衣服颜色大约有12种,面料大多是上等的锦、绮、罗等,衣服边缘都要制作成为双重边,史称重缘袍。特进、列侯(特殊贡献、诸侯等)以上锦、缯,采十二色;六百石(丞相、太尉等)以上重练、采九色,禁丹、紫、绀;三百石(御史大夫、九卿等)以上五色采,青、绛、黄、红、绿;二百石(县长、县丞等)以上四采、青、黄、红、绿。因为这种袍的领子非常低,要露出里衣的衣领,故而在里面要穿三层之多的里衣,也有人称其为"三重衣"。在这个时期新娘出嫁还有个习俗叫作"障面",在杜佑所撰写的《通典·礼典·嘉礼四》中解释了这种习俗的原因,因为当时不仅战争频发而且礼仪制度还没有很完备,男女通过媒妁之言、父母之命而成婚,两人之前没有见过面,新娘由于害羞,所以用纱罗遮盖住自己的面部。无从考证这种理由的真实性,但可以看出在东汉时期新娘"障面"的习俗已经盛行开来。

3. 唐宋时期婚礼

我国古代最繁盛时期,当属隋唐,当时思想开放、疆域辽阔、南北一统、经济繁荣、民族融合、对外贸易往来频繁,各种宗教礼仪汇聚一地。

成婚可谓是家族的头等大事,古往今来如是,隋唐时期更是有过之而无不及,婚礼隆

---

❶ 杨天宇.仪礼译注[M].上海:上海古籍出版社,2004: 1562.
❷ 郑玄,贾公彦.仪礼注疏[M].北京:中华书局,1980: 83.

重非凡。根据古籍史料记载，唐朝新娘的婚服主要有两种形制，即贵族妇女所穿的翟衣和庶人妇女所穿的花钗礼衣。当然婚服依旧延续了前朝郑重庄严的欢庆喜乐的氛围，夫婚服为绯红色，妇婚服为青绿色，正所谓是"红男绿女"。其实贵族妇女与普通妇女所穿的婚服从形制上看并无明显的差别，但是从所绣的纹饰上可以看出尊卑等级。

"钿钗礼衣"也就是上襦下裙的款式，同时还要搭配一条帛，也就是唐朝最流行的配饰"披帛"（图6-12）。同时，出嫁女子也有"障面"的习俗，但不再用纱罗而是用团扇。当男女进入洞房，再无旁人，只有二人相对时，新娘才敢大胆放下扇子，露出花容，古代称为"却扇"。

到了宋朝，一些士庶阶级举办婚礼时，经常会出现超越自己身份等级的现象。宋代女性婚嫁礼服的形制是身穿大袖衫，下着长裙，外披霞帔。霞帔在宋代正式成为命妇服制的一部分，是宫廷命妇的日常着装，外命妇只能在祭祀典礼等重大的正式场合穿着，而平民女子则只有在婚礼出嫁这个特殊的时间场合下才可以穿用，因此也不算是僭越了（图6-13）。

宋代婚服的用色也与唐代大致相同，女子仍以青色为主。例如宋代皇后像中皇后穿深青色翟衣，腰带、蔽膝、鞋袜也都是青色调的，领口、袖口、下摆有红色云纹样镶边，这便也是宋代女性婚服的配色色系。

图6-12 | 钿钗礼衣示意图［唐代，选自《中国织绣服饰全集·历代服饰卷（上）》］

图6-13 | 宋仁宗皇后像［选自《中国织绣服饰全集·历代服饰卷（上）》，画中曹皇后头戴龙凤花钗冠，着交领大袖、上有翟纹的祎衣］

北宋孟元老《东京梦华录》记载，在婚礼前男方送女方的催妆礼为"冠帔花粉"，而女方则回赠"公裳花幞头"之类，说明这些就是婚礼上男女穿着的衣饰。宋末元初吴自牧在其著作《梦粱录》中，记录了当时临安城（今杭州市）富贵之家婚嫁时为女儿准备的嫁妆："富贵之家当备三金送之，则金钏、金镯、金帔坠者是也。若铺席宅舍，或无金器，以银镀代之。否则贫富不同，亦从其便，此无定法耳。"[1] 可知虽然宋代朝廷明文规定，只有命妇可以佩金银玉饰件，霞帔非恩赐不能使用，但在现实生活中，经济实力才是决定新嫁娘会使用何种材质嫁妆的最主要因素，富贵人家女子会在婚礼时用霞帔，佩戴金或镀金的霞帔坠饰和其他饰件，而家贫的女子则只能放弃这个展示荣耀的机会，这可能也是宋代士族墓葬多出土银材质帔坠的原因（图6-14）。

图6-14　｜　明代贵族女子蟒服示意图［选自《中国织绣服饰全集·历代服饰卷（下）》］

4. 明清时期婚礼

公元1368年，朱元璋推翻蒙古元朝，汉族收回了统治权，而汉族的衣冠制度也得到了恢复，婚服则基本沿用唐宋制度。明制婚服和唐宋相反，绿男红女，以佩戴相应等级凤冠、花钗或垂丝穗遮面、纸扇遮面，身着真红大袖衣、真红褶裙。明代随旧俗，《明史·礼志》记载，"凡庶人娶妇……婿常服，或假九品服；妇服花钗大袖。"[2] 也就是说，平民新郎可以穿着九品官职的服饰，新郎官也是"官"嘛！新娘穿花钗大袖（唐代礼服名称，这里指代从九品命妇服）。现代的我们无身份等级限制，明代婚礼采用皇后礼服形制的也非常多。

明代婚服大多身着大红色的对襟大袖衫，穿霞帔，戴凤冠。直至如今，这种形制的服饰形象仍是华夏儿女婚服的必备款式。大袖为对襟，与宋代相比，前门襟略有不同。明代的凤冠与宋代基本一致，有较多的画像存世。皇室女子或命妇的凤冠因品阶不同，冠上所饰也不同，冠两侧还常会佩戴有品阶之分的凤钗，称为"金凤二"，皇后凤冠上的凤钗簪头为凤凰，口衔长长的珠结链子，展现出皇后的尊贵地位和华美装饰。

在清代，虽然服制变更，但在民间口谣关于清朝"剃发易服"政策中"十从十不从"

❶ 孟元老, 吴自牧. 东京梦华录·梦粱录［M］. 南京: 江苏文艺出版社, 凤凰出版传媒集团, 2019: 267.
❷ 张廷玉, 等. 明史［M］. 北京: 中华书局, 1974: 1605.

的原则里，有一条："男从女不从，而婚姻不从"，即民间婚嫁时汉族新娘的婚礼服饰，仍可以沿用明代传统。根据汇编清代掌故逸闻的《清稗类钞》记述："凤冠为古时妇人至尊贵之首饰……其平民嫁女，亦有假用凤冠者，相传谓出于明初马后之特典。然《续通典》所载，则曰庶婚嫁，但得假用九品服。妇服花钗大袖，所谓凤冠霞帔，于典制实无明文也。至国朝，汉族尚沿用之，无论品官士庶，其子弟结婚时，新妇必用凤冠霞帔，以表示其为妻而非妾也。"❶

（五）婚礼的文化功能

自古以来，婚礼一直备受关注，饱含祝福吉祥的寓意，一场婚礼不但代表个人的幸福，也蕴含两个家族的兴旺，更是孝道的落实，传宗接代，继承父母传下的家业，所以婚礼的重要性不言而喻。因此在操办婚礼的过程中一定要慎重，毕竟婚姻是关乎两个家族的事情。当今社会推崇一夫一妻制，在一场婚姻中，如果不出意外，一辈子也就仅此一次。

1. 婚礼的象征功能

古往今来，婚礼对于一对新人来讲，影响着其一生，在举行婚礼的过程中，要拜天拜地，给来宾敬酒，不仅是一份责任，更是一种担当，所以婚礼现场在喜庆的同时，也必然是庄严肃穆的，正因如此，在操持婚礼时需要小心谨慎。

在我国历史上，最为常见的择偶方式是媒人介绍，"媒"寓意媒介的意思，对男女双方进行撮合，将两家人介绍成男女亲家，进而通过媒人组成婚姻关系，即所谓的"明媒正娶"。

在举行婚礼的过程中，为了彰显婚礼的庄严肃穆，需要用到很多道具。新婚夫妇能否体面地完成婚礼，除了自身的气质，在穿戴上必须非常讲究。结婚前的傍晚，新娘要将礼服穿上，多以红色为主，乃喜气之意，头上要戴之前编好的发套，等待第二天的迎娶。新郎在第二天带着迎亲队伍到达新娘家门外，等待女主家人迎接，行过礼数之后便将新娘接上备好的花轿，返回男方家中。花轿在回家的路上被前来迎亲的人前呼后拥，非常气派，行至男方家附近开始出现许多父老乡亲索要喜钱；新娘下轿后，需跨过马鞍，寓意平安吉祥；随后将进入拜堂环节；紧接着就是入洞房。到了第二天早上，新娘要拜见公婆，经过一系列的礼节，新媳妇才是真正意义上的家庭成员，此后新媳妇穿衣打扮要大方得体。

倾心一生一世的美好婚姻是每个人的向往，正因如此，婚礼愈发显得神圣庄严，所以参加婚礼的宾客都会精心打扮，不仅是对婚礼的敬重，也是对当事人的尊重。这仅局限于服饰装扮，但是为了使一场婚礼显得极为庄重，必须加以贵重的硬件设施，方可彰显尊贵与重视程度。从《仪礼·士昏礼》相关记载中不难看出古人对于婚礼的重视。进行婚礼仪

---

❶ 华梅，等.中国历代《舆服志》研究［M］.北京：商务印书馆，2015：431.

式时，便将这些贵重设施逐一呈现在来宾面前，如数家珍，是否为达官贵人或富贵人家便一目了然。《仪礼·士昏礼》曾记载了"鼎"的重要性，也代表着身份及地位，所以在一场婚礼中，如果大鼎和贵重物品出现得越多，则足以证明当事人的实力，彰显婚礼的严肃与神圣。

2. 婚礼的政治组织协调功能

马林诺夫斯基曾经说过"文化根本就是为了满足人类所需，也是种手段性的现实"❶，此话运用在婚礼中也不为过。古话说"昏礼者，将合二姓之好"❷，其意不言而喻，在婚礼正式举行之前，两个人还属于两家人，一旦婚礼结束，便成功将二人进行组织协调，便是所谓的"合二姓之好"。从古至今，婚礼的组织协调功能一直受到重视，其作用不可替代。

众所周知，秦晋之好即便有很多矛盾，不过就大体来说仍然成为人们茶余饭后的美谈，主要原因便是政治组织协调功能导致。在春秋时期，秦国和晋国均为大国，位于周王朝西部。正因为两国比邻，考虑到当时国家的发展，常会缔结姻亲。秦晋两国当时被烛之武"且君尝为晋君赐"❸一语道破秦晋间的裙带关系，同时也指出两国对于郑的攻打。秦国曾经在惠公继位之时，派兵出力，后续为能够稳定两国局势，将自己的女儿嫁与惠公，正所谓一举两得。后来惠公逐渐败退，一直流浪的儿子匆忙返回父亲身边，之后受到秦兵护送，最终胜任大统，成为晋文公。而两国之间的关系也相当友好且稳固，而秦穆公却在此时将青涩的女儿许配给晋文公。秦晋婚礼很好地诠释了"合二姓之好"，此后两国之间便相互利用与扶持，相安无事，一直到晋文公驾崩。随后秦国膨胀的欲望愈发不可收拾，全然不顾及晋国丧失君主的痛心，立即展开袭郑，当时受到晋国于崤山的全面攻击，直接导致秦军主帅被擒拿，其余无一生还。秦国在这样的战败中，再次体会了缔结姻亲的好处，秦穆公的女儿因为是晋文公的遗孀，所以出面在晋国的新国军面前为秦国主帅求情，最终如愿。

联姻使彼此不来往的秦晋两国相处非常融洽，一致对外，一个是中原一霸，另一个是西戎霸王，由此可见，婚礼的组织功能作用不可小觑。秦晋两国联姻起到了模范作用，也诠释了组织协调功能的重要性，以至于后世常能见到两国联姻的事例。最为典型的便是汉初与匈奴缔结姻亲，作为有汉一朝的基本国策被推行，直至出现众所周知的"昭君出塞"。联姻最大的好处便是减少两国之间的矛盾，避免许多战火，使得国泰民安，促进两国交往，更为子孙后代之间的民族大团结做了典范。

3. 婚礼的社会教化功能

婚礼是人一生中的重要大礼，"将合二姓之好"不仅宣誓了两家人即将结为亲家，也代

---

❶ 马林诺夫斯基.文化论［M］.黄孝通，等译.北京:中国民间文艺出版社,1987:90.
❷ 杨天宇.礼记译注［M］.上海:上海古籍出版社,1997:1052.
❸ 李梦生.左传译注［M］.上海:上海古籍出版社,1998:318.

表着婚姻中的两个人要共同面对以后的生活，真正成为一家人。

在人们传统的思想中，一直盛行男主外女主内，男子在婚后主要追求功名，女子则在家相夫教子，整理内务。为了一个完整的家，男女之间进行不同分工，所以在婚礼中，新娘的社会教化位置就非常明显。成功的男人非常希望自己身后的女人是贤内助，夫唱妇随，过着神仙般的美好生活。每个人都希望能够家和万事兴，而一个家是否能够"和"，与妇人有很大关联，取决于妻子的礼数，便成就了妇礼一说，其实也代表了妇顺，首先要顺从公婆，其次与家庭内其他女性之间相处和睦，最后方能够让丈夫心满意足，既然家庭内部和谐安定，一个家才会天长地久，可见妇顺的重要性。

从古至今老百姓都明白的"家和万事兴"之道，君王更是非常信奉。在一个家庭中，假如男子没将教化做好，政事处理不得当，便会遭到天谴；假如女子没将妇顺做好，在家务事处理过程中出现任何不得当的问题，也会受到天谴。古代君主三宫六院很常见，其实也不完全是自己一厢情愿，也是受到"古者天子，后立六宫，三夫人、九嫔、二十七世妇，八十一御妻，以听天下之内治，以明章妇顺，故天下内和而家理"❶的影响，大有"以听天下之内治"之意。即便是天子，在婚礼礼节上也非常重视，希望"后院"兴旺。这一现象也源于妇女的社会教化，妇女应尽自己的妇顺，方能家庭和睦安定；男子应彰显自己的教化，促进政事和谐。古圣先王曾经所言——治理国家要由小家到大家，方能治理天下。

在古代，婚礼教化具有双重意义。源于将两个不相同的姓氏相结合，而且一般情况都是女子到男子家，到了夫家，要行妇礼，尽自己的妇顺。女子出嫁前，父母为了孩子日后能够在夫家幸福，自然会进行一番教导，主要是讲述婚礼之后，男女肩负的责任与分工不同，要懂得礼让，懂得在大家的相处之道，更要注意日常生活中的细节与礼仪规范。一个主内，在家里相夫教子，一个主外，在外劳作，以保证家庭经济的稳定，两人要坚守这样的分工，日后孩子在这样健康的家庭中成长，是非常幸福的。总之，父母的教导是为了自己的孩子将来更幸福，同时还要祈祷祖宗保佑，正所谓用心良苦，感恩天下的父母亲（图6-15、图6-16）。

在婚姻中，相处之道也尤为重要，不能单纯认为婚已结，就不

图6-15 | 孝经图（局部）四（宋代，选自《宋代文人画》）

❶ 杨天宇.礼记译注［M］.上海:上海古籍出版社,1997:1057.

图6-16　｜　女孝经图（局部，宋代，北京故宫博物院藏）

用再付出心血来经营婚姻。为了让儿子在婚后能够撑得起家，对他的教导非常重要。可见天下父母都同心，希望自己的孩子婚姻幸福美满。婚礼的社会教化功能不但是婚礼的仪式，更透着一种浓厚的教化意味，意义非凡。

中国古代礼仪服饰是中国历史文化的重要组成部分，与中国传统文化息息相关，并且随着我国传统文化的不断发展而演变。诸子百家的哲学思想在激烈的争辩中逐渐深入人们的内心世界，中国服饰同时在其长期发展演变过程中，与中国传统的哲学思想、伦理道德观念紧密相连，形成了独树一帜的礼仪文化渗透于社会生活的各个层面。其中又以儒家思想为其精神领袖，儒家的思想是中华民族的主流思想，对中华民族的历史和发展产生了深远的影响。礼仪服饰的这种主流思想特征正是随着中华民族几千年来文化的积淀发展而形成的。

一、礼仪服饰制度呈现出的等级观念

《易·系辞》记载着"黄帝尧舜垂衣裳而天下治"。其中的"治"是与"乱"相对而言的。远古洪荒，人类本无衣裳，所穿的禽兽皮毛也不可能有一定的形制。大约在5000年前，正当黄帝、尧、舜时代，我国先民学会了用天然纤维织成纺织品，并制成上身的衣和下身的裳。人们都按一定的样式穿着宽大下垂的衣裳参加祭天地、敬鬼神的活动，使得部落社会由乱走向治，所以说"垂衣裳而天下治"。正如《易·系辞》所记载："天尊地卑，乾坤定矣；卑高以陈，贵贱位矣。"[1]古代的这种尊卑之分，在礼仪服饰上体现得十分鲜明，而从本质上看，它主要有以下特征。

（一）标示社会等级地位

尊卑有分的服饰制度，建立在不平等的基础之上，目的是将不同的社会地位用最表面的形式标示出来，在社会活动之中形成泾渭分明的上下关系，区别贵族与平民间的不同地位，使他们各守本分。

从夏、商至西周，礼仪服饰制度日臻完善，这种制度首先是为了把贵族和平民两大阵营的贵、贱区别开来。也就是说，上层社会有精美的礼服，无论面料、色彩还是纹样都很讲究，款式也很特殊，因为"礼不下庶人"，平民的服装色彩灰暗、纹样单调。贵族与平民两类服饰的明显差异表现在各个方面，其中首服的冠与巾的尊卑之分很有代表性。古制的首服，士人以上用冠，庶民只能用巾。"凡服，尊卑之次系于冠，冕服为上，弁服次之，冠服为下。"[2]周制规定天子、诸侯、大夫最尊贵的礼服用冕冠，南北朝后只有皇帝用。汉代奴仆多用深青色巾故称"苍头"，"汉名奴为苍头，非纯黑，以别于良人也。"[3]汉代以后，尊贵者也用头巾，以为儒雅，而庶人仍不能用冠，因为上可以兼下，下不得僭上。

除首服外，其他服饰也都是尊卑分明，一般不会混淆。而对于民间的服饰禁令几乎历朝

❶ 任宪宝.易经［M］.北京:中国言实出版社,2017:163.
❷ 孙诒让.周礼正义［M］.上海:商务印书馆,1934:671.
❸ 班固.汉书［M］.北京:中华书局,1962:890.

都有。早在《周礼》中就规定庶人吉服只有深衣。"以本俗六安万民……六曰同衣服。"郑注："民虽有富者，衣服不得独异。"贾疏："士以上衣服皆有采章，庶人皆同，深衣而已。"❶ 至汉代，农民只能穿本色麻布短衣，平民穿"褐衣"，不能用彩色。这就是所谓"同衣服"。西汉后期平民可用青绿色，婢的代称即为"青衣"。宋代则有民间禁服紫的禁令。"国朝既以绯紫为章服，故官品未得服者，虽燕服亦不得用紫""举子白纻下不得服紫色衣"❷。

（二）标示等级秩序

封建社会是一个等级社会，历代王朝都把等级制度当作维护自身统治的有力工具，等级意识在中国古代礼仪服饰制度中传达得最为突出。

冕服是帝王最隆重的礼祭服，由不同的服装和不同旒数的冕，形成六种冕服，视礼祭对象不同分别使用。实际上，因为冕的旒数有十二、九、七、五、三的区别，已有等级之分。南北朝以前，诸侯、大夫虽也用冕服，而在同一场合，旒数却有差别。当天子用十旒时，公用九旒，侯伯用七旒，子男用五旒，并依次递降。各级官员的品服，也是以服饰分等级的典型。

隋唐之际逐渐形成了以色彩分品级的官服制度，"今之上领公服，乃夷狄之戎服，自五胡之末流入中国。至隋炀帝巡游无度，乃令百官戎服从驾，而以紫、绯、绿三色为九品之别。"❸如唐代上元元年（674年）规定三品以上服紫，四品服绯，五品服浅绯，六品服深绿，七品服浅绿，八品服深青，九品服浅青。宋代也以"金紫""银绯"为贵。民间因此不能随意服紫、绯等色的衣服。佩饰中典型的是鱼袋。唐永徽二年（651年）规定三品以上佩金饰鱼袋，五品以上佩银饰鱼袋。紫服、金鱼袋加金腰带是人臣极品的标志，称为"金紫"。

礼仪服饰，从起初的强调形式性转到政治需求的合理性，虽说形式性的仪典仍有保留，但统治者更重视的是服饰文化的合理性原则的体现，使得服饰礼仪文化由"礼乐"向"礼政"转化。礼仪服饰也更突出其政治秩序原则，对中国古代社会控制与社会整合发挥了重要作用。所以说，礼仪服饰不单是一种文化的表征，更是对社会统治权力的支持。因此，历朝历代的礼仪服饰均体现着上至天子下至士、王后抑或是命妇等级观念。这种差别体现为：在不同的季节、场合，服饰形制、用料、颜色、文饰等均以身份等级为准。

二、礼仪服饰制度呈现出的"天人合一"思想观

"天人合一"的衣着理念最早体现为人们对服饰制作手法的理解，人们认为将采摘的天然麻、丝、棉捻在一起，织成面料并制成服饰，穿戴在身上，就达到了人和自然融为一体

---

❶ 郑玄，贾公彦.周礼注疏［M］.北京：中华书局，1980：200.
❷ 叶梦得.石林燕语［M］.北京：中华书局，1984：56.
❸ 马端临.文献通考［M］.北京：中华书局，1986：1052.

的意境，进而解释为"天人合一"。后来在儒家天人一体，即人与自然的和谐相处思想的影响下，"天人合一"用自然来比拟人事、服从，由此构建了中国传统服饰文化的主体，通过服饰来表达顺天、同天、敬天的心理诉求。礼仪服饰被作为一种手段，调整人与自然的关系，并在此基础上调整人与社会的关系。礼仪服饰的造型、色彩、图案纹样等均有其寓意，象征着人伦道德和天地之德。

在礼仪服饰制度中，天子服饰受"天人合一"思想影响最深刻。这里不仅有天子独尊的特殊意义，更有与天道相顺应、"以德配天"的内涵，如冕服、五时衣等都与此相关。

（一）"象天"的冕服

按照古制，六种冕服以典礼的大小轻重加以区分而有等差，基本的形制是一种冕冠配合一种祭服，非常烦琐。正如《礼记·郊特牲》所说："祭之日，王被衮以象天，戴冕，璪十有二旒，则天数也。乘素车，贵其质也。旂（旗）十有二旒，龙章而设日月，以象天也。天垂象，圣人则之，郊所以明天道也。"[1]

衮服上所用十二种纹样也取十二之天数。所谓"天数"，是以稻熟一次为一年，一年中月的亏盈为十二次，即为十二个月，一日又有十二个时辰，所以十二这个数字就成了天之大数。大裘冕既是祭昊天上帝之服饰，当然要尽可能与十二相应才能"象天"。皇帝不但在服饰上"象天"，祭天的场所也满含着"天数"。明代永乐十八年（1420年）建于北京的天坛，是皇帝祭天祈谷的礼拜之所，根据"象天"的道理，祈年殿内中央的四根大圆柱表示一年四季，中层的十二根柱子表示一年十二个月，外层的十二根柱子表示一天十二时。建筑与服饰相配合，使"王者配天"更加全面。

（二）顺应时节的"四时衣"

《中国学术思想史随笔》中说："古代所谓明堂，说天子应当住在一所特制的屋子里，这屋子的总名叫明堂，东西南北各有一个正厅，又各有两个厢房。天子，每个月应该换住一个地方，穿这一个月应穿的衣服，吃这一个月应吃的饭，听这一个月应听的音乐，祭这一个月应祭的神祇，办理这一个月应行的时政，满了十二个月，转完这一道圈子。"[2]

关于古制"明堂"的形制和用途，两千年来学者聚讼纷纭，实难定论，"凡此皆系秦汉间邹衍阴阳五行之说，侈言其制，逞臆区画，形如棋格，在先秦非必实有此类建筑。"[3]但汉代确实有与"四时""四政"相应的"四时衣""五时衣"，使帝王所穿衣服的色彩与四季的色彩相呼应，所行"四政"即顺天意。所谓"四政"就是春庆、夏赏、秋罚、冬刑。在

❶ 礼记［M］. 钱玄，等注译.长沙:岳麓书社,2001: 332.
❷ 曹聚仁.中国学术思想史随笔［M］. 北京:生活·读书·新知三联书店,1986: 310.
❸ 钱玄.三礼通论［M］.南京:南京师范大学出版社,1996: 205.

阴阳五行的时空系统中，木、火、金、水分别与春、夏、秋、冬四时相应，并以青、赤、白、黑四色为代表。董仲舒说："天有四时，王有四政，四政若四时，通类也，天人所同有也。庆为春，赏为夏，罚为秋，刑为冬。庆赏罚刑之不可不具也，如春夏秋冬不可不备也。"❶西汉时，皇帝即用"四时衣"（春青、夏朱、冬黑，秋季则用黄）。东汉时，朝服用"五时衣"。皇后也相同。据《后汉书》记载，光武帝的阴皇后死后留下的遗物中，即有"五时衣"（春青、夏朱、季夏黄、秋白、冬黑）。东汉改"四时衣"为"五时衣"，可能是为了与"五行"之"五"相符。这种习俗逐渐传到民间，并在南北朝时随南迁的仕族流布江南。清代笔记中有这样的记载："今江南人，嫁娶新妇，必有五时衣……五时者，谓春青、夏赤、季夏黄、秋白、冬黑也。江南沿南朝之遗，故有此名。"❷至于民间用"五时衣"，自然没有施政的意义，仅是穿衣与天时相符以求吉利而已。这种习俗能自汉代延续到清代，可见中国人自上至下、从古代至近代对"天"的敬畏虔诚。

三、礼仪服饰制度呈现出的伦理道德观念

　　儒家的伦理道德观念包含在礼仪服饰中。从大的方面看，礼是国家的政治制度；从小的方面看，礼是人的行为道德规范。这种礼的内核是仁，并带有浓厚的中国特色。中华民族是个极重血缘亲情的民族。在告别氏族社会进入阶级社会的时候，原来维系社会生活的血缘纽带没有充分解体，形成了中国式的宗法社会。它以"家国同构"为特点，国君即家长，治国不靠法制而是人治❸，要维护人治就必然重视道德教化，尊者、长者尤其要作表率，以构成"父慈子孝，兄良弟悌，夫义妇听，长惠幼顺，君仁臣忠"❹的理想社会。因此，以"三纲""五常"为主要内容的儒家伦理道德纲领，在西汉董仲舒时被提到新的高度，并被一代又一代的儒家所继承，成为"正人心"以维持宗法社会秩序的重要手段。及至两宋，儒家学者突破了仅仅训释、注疏经典的樊篱，用"理""气"来解释精神和物质的关系，把儒学学说推向了理论的最高点，这就是著名的"理学"。道学家们对伦理道德倍加关注，提出了"存天理，灭人欲"的口号，把本来还有人情味的孔孟之说，变成了冷酷无情的封建礼教。

　　而中国以《周礼》《仪礼》《礼记》为基础形成的一整套服饰制度，与道德教化是融为一体的。这些本来主要用于社会上层的服饰观念，在中国封建社会的中晚期，已渐渐浸润到社会的各个阶层。

---

❶ 董仲舒.春秋繁露［M］.上海：上海古籍出版社，1986：93.
❷ 梁绍壬.两般秋雨庵随笔［M］.上海：上海古籍出版社，1983：107.
❸ 孔子家语［M］.王国轩，王秀梅，译注.北京：中华书局，2016：782.
❹ 同❸：86.

（一）君子之德

君子的服饰规范是"非先王之法服不敢服"。君子是与小人相对而言的。君子指社会地位高和有道德的男子，小人指社会地位低和无道德的男子，孔子曾辩证地使用过这两个名词。但服饰制度中的君子，仍然是指上层社会的男子，最低的等级是士，即成年后可以用冠的阶层。平民只能用巾帻，自然属于小人。君子服饰的基本准则是只能按礼制规定的服饰穿戴，不僭上，不逼下。其中，分尊卑、明贵贱就是最重要的原则。此外，法定的服饰如何穿戴也与道德有关，有些服饰形制本身就被注入了道德教化的内容。

1. 穿着方式的道德

古代对男子服饰的穿着方式有严格规定。《礼记·曲礼上》记载："敛发毋髢，冠毋免，劳毋袒，暑毋褰裳。" ❶就是说，男子在公开场合免冠、袒衣露体都是不规矩的行为。即使天热，也不能把裳（下裙）撩起来。冠是体现身份的重要饰物，在正式场合免冠是很不规范的，属于"非礼"。子路是孔子的学生当中很特殊的一位。在他拜孔子为师之前是什么样子呢？《史记·仲尼弟子列传》中说他当时"冠雄鸡"，就是戴着形状像公鸡一样的冠。公元前的480年，时处春秋末期，卫国宫廷发生了一场夺位之战，孔子的学生子路也卷入其中。最后子路被人围困起来，《左传》用"以戈击之"四个字描述了当时的武打场面。那时的子路已经显然不敌。于是，冠缨被打断了。这时子路做了一个动作，慢！然后他整理了一下头发，把冠端正好，再把冠缨系好。在生命最后一刻，他说了一句两千多年来都让世人无法忘记的话："君子死，冠不免！"意思就是说，君子就算死，也要把冠戴端正。可以看出，子路临终前的表现，从根本上还是取决于冠在他心目当中的地位。

从汉武帝与汲黯的关系中，也可看出冠的重要性。"大将军青虽贵，有时侍中，上踞厕而视之；丞相弘燕见，上或时不冠；至如汲黯见，上不冠不见也。上尝坐武帐中，黯前奏事，上不冠，望见黯，避帐中，使人可其奏。其见敬礼如此。" ❷武帝有时不戴冠就接见近臣甚至赴宴，但接见汲黯时必定冠服整齐。一次武帝在武帐中不戴冠，正好汲黯有事上奏，武帝赶紧躲到帐后，让手下人接汲黯的奏章。上层社会如此拘礼是很好理解的，而身居下层的"小人"也会有这种道德观念。《晏子春秋·内篇杂上》中记有如下故事："景公正昼，被发，乘六马，御妇人以出正闺，刖跪击其马而反之，曰：'尔非吾君也。'公惭而不朝。晏子睹裔款而问曰：'君何故不朝？'对曰：'昔者君正昼，被发，乘六马，御妇人以出正闺，刖跪击其马而反之，曰：'尔非吾君也。'公惭而反，不果出，是以不朝。" ❸上述故事中，齐景公白昼披发无冠，乘六马之车载妇人同出宫门，被受过刖刑的门官跪在地上击其马而返，还受到当面斥责："你不是我的君王！"景公惭愧而无脸上朝，承认"寡人有罪"。

❶ 礼记［M］. 钱玄，等注译. 长沙：岳麓书社，2001：14.

❷ 二十五史［M］. 上海：上海古籍出版社，1986：1032.

❸ 晏婴. 晏子春秋［M］. 徐文翔，注译. 长沙：岳麓书社，2021：177.

后在晏婴的劝说下赏赐了门官，算是谢了罪。可见，正常情况下披发无冠而出，是严重的违礼。又如袒衣，袒是指打赤膊或露出上身的一部分，比免冠还要不合规范。几乎尽人皆知的廉颇向蔺相如负荆请罪就是如此。另有商纣王之庶兄宋微子，见纣淫乱于政便多次进谏。纣不听，反而迫害微子。周武王伐纣克殷，微子肉袒自缚膝行表示降服，武王为其松绑并复其官爵。这类例子在史书中屡见不鲜，从另一面说明袒衣赤身都是违反礼制的行为。

2. 以礼仪服饰"修身"

中国古代关于修身的理论是非常丰富的，而修身实际上主要是允恭克让、端正品德，于是物质形态的服饰就跟人的内心道德、精神生活联系起来，服饰的各项物态属性，即成为各种社会道德美和人格精神美的象征。

中国人的修身观念表现在服饰上最典型的范例，就是佩玉行为。《后汉书·舆服志》记："古者君臣佩玉，尊卑有度……佩，所以章德，服之衷也。"❶以玉效德的理论依据在孔子的教育思想中已发展为完整的体系，成为全民认同的价值观念。《礼记》中记载子贡向孔子请教："敢问君子贵玉而贱珉者，何也？"❷孔子教导子贡说：并不是因为珉多，所以轻视它；玉少，所以看重它。那是因为以前君子将玉与美德相比。玉温润而有光泽，像仁者的德性；细致精密而坚实，像智者的德性；方正而不伤害别人，像义者的德性。它蕴藏在地下，但精气神采却呈现在山川之间，所以又像大地一样有无所不载的美德；用圭璋作为朝聘时的信物，是因为玉有币帛所没有的美德。天下的人没有不看重玉的，这正如天下的人都尊重道一样。

服饰"比德"，这使某些与服饰相关的行为具有了某种特定的含义，从而成为表达情感、意愿、心境、态度的某种程式。战国时期楚国诗人屈原多次强调香草佩饰、高冠"奇服"的"比德"作用，以显示自己高洁的志向、傲岸的人格和不屈的精神，这种用外表的修饰来表达内心世界自我修炼的意向多次在他的诗作中出现。在《离骚》里，他对自己穿戴的服饰有着生动形象的描述："高余冠之岌岌兮，长余佩之陆离。……佩缤纷其繁饰兮，芳菲菲其弥章。民生各有所乐兮，余独好修以为常。"❸文中的意思是：我把帽子戴得高高正正的，把佩带结得参差而飘逸，佩着五彩缤纷的华丽服饰，散发出一阵阵芳香。人们各有自己的爱好，而我独爱好修饰并习以为常。对于服装的偏好流露出对自然的崇尚，想象着"制芰荷以为衣兮，集芙蓉以为裳"❹。这种出淤泥而不染的高洁雅美，正是他心灵的写照。荷，中通外直，出淤泥而不染，以荷自喻正直、通达，最能形容屈原自身的修养。以荷花莲叶制作衣裳所创造的外在形象来比拟守礼重美的内在气质，达到外美与内美的完美契合，这就是屈原爱好奇服的最好诠释。

❶ 章惠康，易孟醇.后汉书今注今译［M］.长沙:岳麓书社,1998: 2920.
❷ 礼记［M］.钱玄,等注译.长沙:岳麓书社,2001: 841.
❸ 文怀沙.屈原离骚今译［M］.天津:百花文艺出版社,2005: 33.
❹ 同❸: 35.

（二）礼制下的"女德"之服

中国传统社会是一个讲究尊卑贵贱的礼制社会，同时是一个以农耕为经济方式的社会。在这样的社会背景下，古代人普遍重男轻女。女性礼仪服饰作为一种形象化的思想，折射出男尊女卑的社会观念。《礼记·曲礼上》记载："男女不杂坐，不同椸枷，不同巾栉，不亲授。嫂叔不通问，诸母不漱裳。"❶同样，妻子对丈夫也要毕恭毕敬，《女孝经·纪德行》指出："女子之事夫也，缌笄而朝，则有君臣之严……"❷意思是，女子服侍丈夫，应给夫包好头发、别好簪子上朝，这样君臣之礼才森严。

其实这种男女有别的意识在婴儿出生后就开始培养了，而且在其成长的过程中不断地被强化着。《礼记·内则》曰："子能食食，教以右手。能言，男唯女俞。男鞶革，女鞶丝。六年，教之数与方名。七年，男女不同席，不共食……"❸从这段引文可以清楚地了解男女有别意识的培养与强化过程，在孩子开始学说话时，教儿童答话，男孩用"唯"，女孩用"俞"。其中"唯"声较直，"俞"声较婉；在佩戴装饰物时，男孩佩戴用皮革制成的小囊，而女孩则佩戴用丝线制成的小囊；从7岁开始，男女便"不同席，不共食"。从10岁开始，男女的差别就更明显了，男孩需"出就外傅，居宿于外，学书计……"❹作为社会的中坚力量，他首先需要熟悉社会，掌握生存的本领，而女孩从10岁开始，便"女子十年不出，姆教婉娩听从，执麻枲、治丝茧、织纴（纴）组紃（紃），学女事以共衣服。观于祭祀，纳酒、浆、笾、豆、菹、醢，礼相助奠"❺。所谓"姆"便是指女教师，郑玄注《仪礼·士昏礼》云："妇人五十无子，出不复嫁，以妇道教人者，若今时乳母矣。"❻所谓"婉娩听从"之类便是这些"妇道"，包括妇德、妇言、妇容、妇功，从行为修养、性格脾气、言谈举止、衣着打扮到小活技能等方面都对女性做出了明确的规定和限制，这些教育活动的核心内容，就是对女性贤妻良母意识的强化，这实际上是女子举行成年礼的前提条件。

另外，"三从"的伦理教育表明古代妇女终身都得附属于男性，妇女的身份地位完全由其所属的男性的社会地位及其在社会或本家族中的地位所决定。在服饰上妇女要根据其夫的身份地位来取舍。历代正史《舆服志》以及一些典籍制度对后妃、贵妇的服饰都有严格规定和要求，不可逾越。据《旧唐书·舆服志》记载："外命妇五品已上，皆准夫、子，即非因夫、子别加邑号者，亦准品。妇人宴服，准令各依夫色，上得兼下，下不得僭上。"❼

除了传统的道德规范束缚着妇女们的一衣一衫、一言一行之外，还有就是在"重神韵，轻形骸"的思想作用下，女性着装极为保守，绝不允许有性别特征的显现，尤其在古代社

❶ 礼记［M］. 钱玄，等注译. 长沙：岳麓书社，2001：15.

❷ 李振林，马凯. 中国古代女子全书·女儿规［M］. 兰州：甘肃文化出版社，2003：62.

❸ 同❶：396.

❹ 同❶：397.

❺ 同❶：398.

❻ 李景林，等. 仪礼译注［M］. 长春：吉林文史出版社，1995：26.

❼ 刘昫，等. 旧唐书［M］. 北京：中华书局，1975：1957.

会中，人们非常看重女子的德行，她们必须遵守三从四德，并以其端庄、典雅为美。东晋大画家顾恺之根据西晋张华所著的《女史箴》绘制了一幅长卷，为《女史箴图》，作为教育宫廷女眷的教材读本，用它教导皇后如何母仪天下，宫人如何修身的道德箴条，其中在"修容饰性"一节，中间画有一位神采奕奕的贵族妇女在对镜梳妆，左边的侍女在为贵妇梳理发髻。画面右边还有一贵妇，正左手持镜，用右手整理并欣赏自己的发髻。画中题词有："人咸知修其容，莫知饰其性；性之不饰，或愆礼正；斧之藻之，克念作圣。"❶画作的创作目的在于教化，提醒妇女要不断地完善自己，不断反省自己，用服饰仪表的完美来对自己的内心进行反思与审问。做到内观其心，外观其表，不断明确自己所追求的目标，不因世俗的诱惑而偏离目标。

　　东汉女史学家班昭所著的《女诫》，直接记载了当时封建礼教对女子服饰的要求，如能够体现出她们的顺从、柔弱，严禁女性的性别、体貌特征外显。文章中认为女子所受的教育除了做饭、缝纫技术外，还应知诗书礼仪。她对妇德、妇容、妇功等作了明确的规定："……妇容，不必颜色美丽也；妇功，不必工巧过人也……盥浣尘秽，服饰鲜洁，沐浴以时，身不垢辱，是谓妇容。专心纺绩，不好戏笑，洁齐酒食，以供宾客，是谓妇功……"❷。"妇容"，指女子不必倾城倾国、耀眼夺目，而要经常梳洗污垢，适时沐浴，保持仪表容貌自然大方，服饰装扮洁净得体。"妇功"，指女子不必特别心灵手巧，而要专心于纺纱织丝之事。尽管《女诫》以男尊女卑为立足点，以"从一而终"为归宿点，对封建社会妇女道德教育提出规范，但是班昭所提出的女子"四德"标准是有其积极意义的。她强调女子应该加强自己的个人修养，包括遵守礼制，注重品德，三思而后言，不要惹人讨厌，讲究卫生，干净整洁，做好自己的本职工作，专心纺织，招呼客人，这些都是无可厚非的。仅就服饰教育而言，如上述强调妇德要"行己有耻"，妇容要"盥浣尘秽，服饰鲜洁"等都体现了那个时代对女子的教育宗旨和观念，具有一定的教育意义。

　　东汉著名文学家、书法家蔡邕，在班昭之后对女子服饰有了进一步阐述。针对女孩特点所作的《女训》提出了饰面修心的服饰教育观点，文章以女子修容来比喻女子修身，利用日常生活中都知晓的事情来启发教育女子的行为举止。蔡邕教导女儿说："心犹首面也，是以甚致饰焉。面一旦不修饰，则尘垢秽之；心一朝不思善，则邪恶入之。咸知饰其面，不修其心，惑矣！夫面之不饰，愚者谓之丑；心之不修，贤者谓之恶。愚者谓之丑犹可，贤者谓之恶，将何容焉？"❸她认为人的心思和人的面孔一样，面孔不修饰就龌龊了，心思不修饰就变坏了。接着她进一步教诫道："故览照试（同拭）面，则思其心之洁也；傅脂，则思其心之和也；加粉，则思其心之鲜也；泽发，则思其心之顺也；用栉，则思其心之理也；立髻，则思其心之正也；摄鬓，则思其心之整也。"❹蔡邕紧扣女孩子梳洗打扮全过程

❶ 韩清华，邱科平.中国名画全集［M］.北京:光明日报出版社，2002: 15.
❷ 李振பர்，马凯.中国古代女子全书·女儿规［M］.兰州:甘肃文化出版社，2003: 34.
❸ 成晓军，等.慈母家训［M］.重庆:重庆出版社，2008: 204.
❹ 同❸.

的各个环节，要求女儿在注意外表美的同时，更要注意自己的心灵美，做到洁、和、鲜、顺、理、正、整。

从上述事例可以看出，古代女子的礼仪服饰必须体现出三从四德的品行。在女子"四德"中，"妇功"最具实践性和操作性，也最能体现出女子贤惠、勤劳的品质。所谓"妇功"，应包含两个方面的要求：一是"专心纺绩"，即通常所说的"女红"。它最初写为"女工"，《墨子·辞过》云："女工作文采，男工作刻镂，以为身服。"❶此处"女工"指的就是从事纺织、缝纫和刺绣工作的女性。后来"女工"的词义逐渐演变为女子在纺织方面的劳动成果，这些劳动成果多与"丝"有关，于是"女工"便被"女红"一词所取代，成为一门女子必修的职业课程。

《汉书》有言："雕文刻镂，伤农事者也；锦绣纂组，害女红者也。农事伤，则饥之本也；女红害，则寒之原也。"❷朴素地说明了农事与女红是最根本的民生活动，对整个社会的稳定和发展举足轻重。《女论语》也主张女子要勤学女工，操持家务，"学作章第二"劝诫道："凡为女子，须学女工。纫麻缉苎，粗细不同。车机纺织，切勿匆匆。看蚕煮茧，晓夜相从。采桑摘柘，看雨占风。……衣裳破损，牵西遮东。遭人指点，耻笑乡中。奉劝女子，听取言中。"❸文中最后说，如果照此话去做，即使天气寒冷也将从容不迫，衣服不愁破，家里不愁穷。千万不要学习懒惰的妇人，积累少而愚笨慵懒，不勤女工，不思春夏秋冬。针线活计，粗劣草率，被人指责。嫁到夫家，做人媳妇，羞辱门风。衣着破败，胡乱牵缀，遭人议论，乡邻耻笑。由此可见，女红技术的高下无不体现着女子娴熟的手艺和独具匠心的智慧，在展现女子个人魅力的同时，还可以磨炼她们的心性气质和陶冶她们的思想情感。为人妇后，女子精湛的女工技巧，不仅能使公婆折服，而且也让丈夫感到体面，俗语常言，"要知家中妻，先看丈夫衣"，足以说明女红的实用价值。

尽管一些蒙学书籍宣扬了我国封建社会对女孩子进行"遵三从，行四德"的思想，但在今天，我们应该取其精华去其糟粕。仅就服饰教育而言，仍有可取之处，如讲究卫生、注重女红等，这些无疑对现代女性的行为举止、服饰礼仪教育具有一定积极意义。

（三）忠孝之德

忠孝是儒家伦理道德观念的本元思想，其中又以孝为基础。正如《孝经》所言："夫孝，德之本也，教之所由生也。""夫孝，天之经也，地之义也，民之行也。"所谓孝，就是善事父母。❹《尔雅·释训》记载："善事父母为孝。"❺《荀子·王制》中记有："能以事亲谓之

❶ 孙诒让.墨子闲诂:卷1［M］.孙启治,注释.北京:中华书局,2001:34.
❷ 许嘉璐,等.二十四史全译·汉书［M］.上海:汉语大词典出版社,2004:675.
❸ 李振林,马凯.中国古代女子全书·女儿规［M］.兰州:甘肃文化出版社,2003:81.
❹ 孔丘.孝经［M］.陈书凯,编译.北京:中国纺织出版社,2007:53.
❺ 胡奇光,方环海.尔雅译注［M］.上海:上海古籍出版社,2012:306.

孝"❶这种道德思想，与古而有之的"不忘本"观念是一致的。任何人都来自父母，人的一切都是父母给予的，因此善待父母，使他们生有所养，死有所送，是道德的根本。这种道德观念又包括对祖先的崇拜、对父系宗亲的孝敬，还扩大到敬老爱幼。就其主要的方面而言，孝是中国传统的美德之一。这种美德，被称为"四代不变"的传统，即从上古传说的尧舜时代到夏、商、西周三代均以孝为道德规范。"孝"的教育观念从周公提出以后，在中国传统服饰中最突出、最独特之处就是通过服饰体现孝悌思想，这是中国特有的文化现象。孝的观念表现在诸多具体的服饰观念中，所谓"身体发肤，受之父母，不敢毁伤，孝之始也"❷，这种观念被当作孝顺的首要训导一直贯穿于整个古代服饰中。

《礼记·曲礼上》规定："为人子者，父母存，冠衣不纯素。孤子当室，冠衣不纯（纯：缘。指衣冠的缘边）采。"❸这就是说，父母健在，儿子的冠饰衣缘不应用白色，这是做儿子应守的礼制。如果父亲去世了，丧礼完毕以后，别的孩子穿衣没有什么特殊忌讳，但嫡子或说正出的长子仍不能穿带颜色的衣服或是用彩色布装饰衣边，以表示哀思无尽，不涉华彩。

其中《礼记·内则》中，关于儿女孝敬父母的服饰教育内容很集中。如"男女未冠笄者，鸡初鸣，咸盥漱，栉縰（缡），拂髦总角，衿缨，皆佩容臭，昧爽而朝"❹。如果父母已经吃过了，那就告退；如果还没有吃，就协助兄嫂在旁边视膳。文中的"栉"是梳发，"缡"是用黑帛束发。拂去发上的尘土，将头发梳成两个向上分开的发髻，其余头发分垂两边，下及眉际。这说明发式也有严格的礼教规定。

儿媳妇晨起侍奉公婆，与儿子的穿着礼节基本一致，礼在服饰上的规定更为严格。《礼记·内则》接下来写："妇事舅姑，如事父母。鸡初鸣，咸盥漱，栉縰（缡），笄总，衣绅。左佩纷帨、刀、砺、小觽、金燧，右佩箴、管、线、纩，施縏帙，大觽、木燧、衿缨，綦屦。以适父母舅姑之所"❺。

当然，这仅仅是准备工作，到了父母、公婆面前，还有数不清的规定："父母舅姑之衣、衾、簟、席、枕、几不传；杖、屦，只敬之，勿敢近。……寒不敢袭，痒不敢搔；不有敬事，不敢袒裼。不涉不撅，亵衣衾，不见里。"❻如果父母生病了，还应该："父母有疾，冠者不栉……"❼文中还记载："父母唾洟不见。冠带垢，和灰请漱；衣裳垢，和灰请浣；衣裳绽裂，纫箴请补缀。"❽另外"父母命，不敢违"表现在服饰的要求是："加之衣服，虽不欲，

---

❶ 张觉.荀子译注［M］.上海:上海古籍出版社,2012: 253.

❷ 同❶.

❸ 礼记［M］.钱玄,等注译.长沙:岳麓书社,2001: 8.

❹ 同❸: 363.

❺ 同❸: 362.

❻ 同❸: 365.

❼ 同❸: 363.

❽ 同❸: 363.

必服而待。"❶意思就是父母、公婆给的衣服，虽然自己不喜欢，也要穿起来给长辈看。

《女孝经》为唐玄宗时散郎侯莫陈邈之妻郑氏所作，其基本内容是以封建礼教训诫其侄女，但也包含一些做人的道理。在《女孝经·庶人章》中具体指出："为妇之道，分义之利，先人后己，以事舅姑，纺绩裳衣，社赋蒸献，此庶人妻之孝也。《诗》云：'妇无公事，休其蚕织。'"❷就是说，做妇人之道，要以义来分配利益，先人后己，服侍公婆，纺布制衣，祭祀土地神，给予更多的奉献，这乃是平民之妻的孝道。其中的"妇无公事，休其蚕织"即是对庶人女子行孝的要求，而"纺绩裳衣"则是对庶人女子提出的服饰劳动技能的要求。

还有在《女孝经·事舅姑章》中指出："女子之事舅姑也，敬与父同，爱与母同。守之者义也，执之者礼也。鸡初鸣，咸盥漱衣服以朝焉。冬温夏清，昏定晨省。敬以直内，义以方外，礼信立而后行。"❸

孝，除了包括"事生"这层含义还包括"事死"，它表达了子孙对逝去长辈的敬重和思念。"事死"是传统孝观念中非常重要的一项内容，表现在丧服制度上尤为明显，即以血缘亲属关系的远近为等差的丧服制度，也就是五服制度。西周时期，人们在亲人死后，为了表示纪念和悲痛而穿着丧服，但身穿丧服的形式才刚刚出现并没有成为普通的现象。而且丧服的形式只是"素冠""素衣""素韠"，不着颜色，不带花边谓之"素"，是中国丧服的初期形式。

随着民智渐开，统治者经验的丰富，他们已经意识到"孝"道的实施极有利于他们的统治，而丧礼、丧服就是推行"孝"道的最好形式。一些有远见的贵族政治家开始在丧服方面刻意下功夫，以此来教导人们。《左传·襄公十七年》载："齐晏桓子卒（晏婴之父），晏婴粗缞斩，苴绖、带、杖，菅屦，食鬻，居倚庐，寝苫，枕草。"❹

礼教的束缚，是很严肃的。《册府元龟》记：唐宪宗元和九年（814年）四月癸未，京兆府奏陆博文、陆慎余兄弟二人在父死居丧期间，"衣华服过坊市饮酒食肉"❺，诏令各打四十大板，哥哥押回原籍，弟弟流放循州。居丧期间是不能穿好衣服的。朝服、公服也算华服，所以古代当官的如果家里的父亲去世，朝廷给假三年，让他们回家，以尽人子之孝。

古礼甚至规定了穿丧服者情绪宣泄与言行模式。服斩衰（缞）的人悲痛得脸色如苴麻，服齐衰的人脸色如枲麻，服大功的人神情呆板，只有服小功和缌麻的人才有平常的脸色。这种不同的哀痛在容貌上的表现，严格的规定、详细的区分甚至想造成情感宣泄、言行举止的模式化，在今天看来也许有点过分，但它却是企图将内在的情感外在形式化，自上而下普施于大众，使旁观者悟出五服制所负载的情感色彩，有所期待，且具有一定评判标准。

汉贾谊在《治安策》中说："人主之尊譬如堂，群臣如陛，众庶如地。故陛九级上，廉

---

❶ 礼记［M］. 钱玄，等注译. 长沙：岳麓书社，2001：363.

❷ 李振林，马凯. 中国古代女子全书·女儿规［M］. 兰州：甘肃文化出版社，2003：53.

❸ 同❷.

❹ 冀昀. 左传：上册［M］. 北京：线装书局，2007：349.

❺ 王钦若，等. 册府元龟［M］. 北京：中华书局，1960：1401.

远地，则堂高；陛亡级，廉近地，则堂卑。高者难攀，卑者易陵，理势然也。故古者圣王制为等列，内有公卿大夫士，外有公侯伯子男，然后有官师小吏，延及庶人，等级分明，而天子加焉，故其尊不可及也。"❶君主的尊贵，就像宫殿的厅堂，群臣就好像厅堂下的台阶，百姓就好像平地。所以，如果设置多层台阶，厅堂的侧边远离地面，那么堂屋就显得很高大；如果没有台阶，厅堂的侧边靠近地面，堂屋就显得低矮。高大的厅堂难以攀登，低矮的厅堂则容易受到人的践踏。治理国家的情势也是这样。所以古代英明的君主设立了等级序列，朝内有公、卿、大夫、士四个等级，朝外有公、侯、伯、子、男五等封爵，下面还有官师、小吏，一直到普通百姓，等级分明，而天子凌驾于顶端，所以天子的尊贵是高不可攀的。

贾谊又说："夫立君臣，等上下，使父子有礼，六亲有纪，此非天之所为，人之所设也。夫人之所设，不为不立，不植则僵，不修则坏。《管子》曰：'礼义廉耻，是谓四维；四维不张，国乃灭亡。'"❷意思是确立君臣的地位，规定上下的等级，使父子之间讲礼义，六亲之间守尊卑，这不是上天的规定，而是人为设立的。人们之所以设立这些规矩，是因为不立就不能建立社会的正常秩序，不建立秩序，社会就会混乱，不治理社会，社会就会垮掉。礼义廉耻是四个原则。这四个原则不确立，国家便要灭亡。

对古人制订服饰礼仪，现代人可能很不理解，要那些繁文缛节干什么？共和社会和封建社会尽管体制不一样，但共和社会也是由封建社会发展而来的，有历史与文化的传承，在中国古代社会里，没有礼仪与等级制度是不可想象的。没有规矩不成方圆，古代的礼仪就是社会的大规矩。刘邦初登天子宝座，也同样轻视礼仪，但当他第一次感受到叔孙通制度的礼仪体现了汉官威仪之后，就不再小觑礼仪，而是开始重视礼仪制度。礼仪就是让人们按照一定的礼节、等级制度，遵循纲常。没有礼仪就没有文明，没有礼仪就没有社会秩序，没有礼仪就没有政府的执行力。礼仪之邦的中国，在当下仍然需要文明的熏陶，提高国人的修养与内涵。

我们要说，体面严整、符合礼仪的仪容形象依旧是政治关系表达中的重要手段，在这一点上古今中外没有例外。今天全球各国政要在出访或接见来使的时候，依旧保持着这样的传统。例如著名的英国女王伊丽莎白二世作为英国王室的代言人和一名"虚位元首"承担着代表英国国际形象的职责。而她的形象代表着英国的传统，因此从即位以来几乎没有改变。纯色的制服式套装，同色系礼帽，中跟黑色船鞋以及手套已经成为英国女王出席重要场合的典型装备。这几十年未曾改变的造型似乎恰恰与英国保守与传统相吻合。因此，无论欧洲局势多么复杂，每当女王以她的经典形象亮相，仿佛就在告诉大家英国的传统始终还在延续，更是向英国民众注入了一味定心丸。

同样，当习近平总书记刚刚作为我国新一代的国家领导人携夫人彭丽媛出访时，就在

---

❶ 贾谊. 治安策［M］. 北京：中华书局，1975：11.
❷ 同❶.

世界引起了不小的轰动。向来以保守著称的文明古国竟然也打起了"时尚外交"这张牌，这不得不令人对新中国政治文化建设的与时俱进和国际化视域刮目相看。彭丽媛在金砖五国的出访中曾以十余套精心打造的华服向世界展示了中国女性的新形象。服装造型大方端庄、颇具现代气息，而刺绣、盘扣、云锦等细节元素的设计应用又展示了中国传统文化的精美绝伦、博大精深。作为国家领导人，习近平总书记虽着装以庄重的西服和中式立领男装为主，但通过服装颜色与随访的夫人和谐搭配，同色系的领带、巾帕无处不在，通过细节体现出新时代中国领导人对塑造良好形象的关注。几次亮相中在服饰上做出的改变，使得服饰形象在西方人眼中成为中国新的"政治名片"。不仅出访期间，近年来习近平总书记和夫人在会晤外国来访者时也多以中式服装为主，这不仅反映出中国传统文化的博大精深，更是中国国力日趋强盛，文化愈发自信的表现。因此虽然说古人所尚之宾礼随社会发展变迁已成为礼宾之仪，但今天的新中国早已屹立世界之林，不再趋炎附势、不再阿谀妥协，而是以坚定自信的新面貌向世界敞开怀抱，礼迎天下宾客。

做人先学礼，礼仪是人生教育的第一课，礼仪是社会秩序稳定的表现，礼仪是人际关系和谐的基础，礼仪是社会文明进步的载体。中华五千年文明依托于礼仪，因为有礼仪才有中华的礼仪之邦，才有中华灿烂的文化，才有中华精巧绝妙、出神入化的服饰。礼仪服饰制度得以完善，政治秩序也就完成了一部分。所以，礼仪服饰的形制、图案、色彩、着装、饰物等，都蕴含这一文化层次特殊的、不同于其他层次的文化特点。中国古代官方礼仪服饰和民间礼仪服饰体现出中国古代服饰文化中"雅文化"礼制与"俗文化"礼俗共同存在发展，美美与共。总之，中国传统的礼仪服饰体系与礼仪服饰制度为现代礼仪服饰的研究提供了一种理论系统和思维模式，同时也为我们提供了款式格局和当代礼仪服饰设计的理论源泉。

知服饰，晓礼仪，明是非，重价值，才可以延续中华文明。让古老而灿烂的中华服饰礼仪在融合现代观念与时尚的基础上，再耀中华！

参考文献

[1] 聂崇义. 新定三礼图[M]. 丁鼎, 孙蕴, 校释. 北京: 中华书局, 2022.

[2] 沈从文. 中国古代服饰研究[M]. 北京: 商务印书馆, 2011.

[3] 曹建墩. 三礼名物分类考释[M]. 北京: 商务印书馆, 2021.

[4] 孙机. 中国古舆服论丛[M]. 上海: 上海古籍出版社, 2013.

[5] 华梅. 服饰与中国文化[M]. 北京: 人民出版社, 2001.

[6] 秦蕙田. 五礼通考[M]. 方向东, 王锷, 点校. 北京: 中华书局, 2020.

[7] 周锡保. 中国古代服饰史[M]. 北京: 中国戏剧出版社, 1984.

[8] 华梅, 等. 中国历代《舆服志》研究[M]. 北京: 商务印书馆, 2015.

[9] 杨志刚. 中国礼仪制度研究[M]. 上海: 华东师范大学出版社, 2001.

[10] 周赟. 中国古代礼仪文化[M]. 北京: 中华书局, 2019.

[11] 诸葛铠. 文明的轮回: 中国服饰文化的历程[M]. 北京: 中国纺织出版社, 2007.

[12] 华梅, 等. 东方服饰研究[M]. 北京: 商务印书馆, 2018.

[13] 孙机. 华夏衣冠: 中国古代服饰文化[M]. 上海: 上海古籍出版社, 2016.

[14] 彭林. 仪礼[M]. 长沙: 岳麓书社, 2001.

[15] 邹昌林. 中国礼文化[M]. 北京: 社会科学文献出版社, 2000.

[16] 缪良云. 中国衣经[M]. 上海: 上海文化出版社, 2000.

[17] 陈芳, 等. 粉黛罗绮: 中国古代女子服饰时尚[M]. 北京: 生活·读书·新知三联书店, 2019.

[18] 黄能馥. 中国服饰通史[M]. 北京: 中国纺织出版社, 2007.

[19] 牛犁, 崔荣荣. 绣罗衣裳[M]. 北京: 中国纺织出版社, 2007.

[20] 杨向奎. 宗周社会与礼乐文明[M]. 北京: 北京出版社, 2002.

[21] 蔡子谔. 中国服饰美学史[M]. 石家庄: 河北美术出版社, 2001.

[22] 张琛. 唐代皇帝行幸礼仪制度研究[M]. 上海: 上海三联书店, 2022.

后 记

　　本书依托于2015年度国家社科基金艺术学项目"中国古代仪礼服饰制度研究"。对于礼仪服饰的研究源于我读研究生期间的研究方向——《诗经》中仪礼服饰制度研究。而当时从事这方面研究的人相对较少，尤其是研究先秦时期的服饰仪礼制度，这对我而言是一个新的挑战。参照各家注解《诗经》的著作，发现众说纷纭，甚至有的说法还截然相反，所以这个课题对于我来讲是有难度的。通过深入研究，虽然感觉问题越来越多，但是这些问题都很有意思。通过对《诗经》描述的礼仪服饰进行研究，我深感近三千年前，我们祖先的服饰已经达到了相当高的水平，充分体现了中华民族是一个创造了古代灿烂文化史的伟大民族，我们的国家是具有光辉灿烂文明史的伟大国家！

　　毕业后我来到天津科技大学任教，基于多年研究积累，2015年我成功申报国家社科基金艺术学项目"中国古代仪礼服饰制度研究"。在研究期间，系统地阐述中国古代服饰仪礼制度，无疑存在许多困难，而为了能为中国文化史提供某些新的内容，使人们对中国古代仪礼服饰制度有较明晰的了解，我们奔走于全国各地博物馆与图书馆，认真搜集了大量的历史文献资料，并进行了详尽的考据与辨析；日复一日地静坐在电脑前，一边听着噼里啪啦的键盘敲打声，一边收获着连续奋战的成果；同时，结合田野调查与实地考察的结果，对中国古代仪礼服饰制度的传承流变进行了深入探讨。在此基础上，我们还结合文化学、社会学、人类学等学科理论，对古代仪礼服饰的文化内涵及社会功能进行了全面剖析，揭示其在中国传统文化中的重要地位及对后世服饰文化发展的深远影响。通过课题组成员全面研究与考证，终于在中国古代服饰史论研究中，属于仪礼服饰制度这部分研究内容在一番坚持与辗转跋涉后得以完成。在完成本书之后，我们深感中国古代仪礼服饰制度研究的重要性和深远意义，同时也意识到这项研究的复杂性和长期性。古代仪礼服饰制度是一个涉及多学科、多层次和多维度的复杂体系，需要我们在不断深入研究中逐渐揭示其全貌。因此，本书的完成只是一个初步的探索和尝试，未来的研究还有很长的路要走。

　　本书在撰写过程中得到了许多专家、学者的大力支持与帮助。特别是我的导师华梅先生，她在百忙之中审阅了全书书稿，并提出了许多宝贵的修改意见，华老师对我的谆谆教诲我将铭记于心，这将激励我在今后的工作和学习中更加努力。同时，我也要感谢参与本书撰写的刘婕和王春晓两位老师，其辛勤工作和严谨态度为本书提供了丰富的素材和实证支持；感谢天津科技大学社科处对本书提供的资金资助和支持；感谢中国纺织出版社服装分社李春奕副社长严谨认真地对本书进行核对。最后谨向所有关心和支持我的诸位领导、同事、专家、学者、家人致以诚挚的谢意！

　　我们希望本书能够引起更多读者对中国古代服饰文化的关注和兴趣，激发更多的学者参与到这一研究领域中。通过共同的努力和探索，我们相信中国古代服饰文化的研究会取得更加丰硕的成果，这将为中华民族优秀传统文化的传承和发展作出更大的贡献。

　　书中不当之处，尚祈方家学者不吝赐教！

著者

2025 年 1 月